国家社会科学基金一般项目
“海洋经济供给侧结构性改革的实现路径研究”
（项目编号：16BJY048）最终研究报告

海洋经济供给侧结构性改革研究

向晓梅 等 / 著

社会科学文献出版社
SOCIAL SCIENCES ACADEMIC PRESS (CHINA)

目　录

绪　论

一　研究背景及意义

（一）研究背景

习近平总书记在致2019中国海洋经济博览会的贺信中指出，海洋对人类社会生存和发展具有重要意义，海洋孕育了生命、连通了世界、促进了发展。海洋是高质量发展战略要地。要加快海洋科技创新步伐，提高海洋资源开发能力，培育壮大海洋战略性新兴产业。要促进海上互联互通和各领域务实合作，积极发展“蓝色伙伴关系”。要高度重视海洋生态文明建设，加强海洋环境污染防治，保护海洋生物多样性，实现海洋资源有序开发利用，为子孙后代留下一片碧海蓝天（习近平，2020）。“中国梦”实现的关键是“海洋梦”，中国供给侧结构性改革中最大的短板是海洋经济领域。供给侧结构性改革目的是以新供给创造新需求，并倒逼产业转型升级。适时推进海洋供给侧结构性改革，提高海洋经济全要素生产率水平，保护海洋生态环境，是转变海洋经济发展方式和战略性调整经济结构的关键，是适应和引领海洋经济发展新常态的重大创新。在资源需求和人口剧增，土地、环境问题凸显的压力下，能否以海洋资源的开发利用形成新的供给空间，对海洋生产要素、生产方式以及技术创新进行改革提升，将海洋经济打造成撬动中国供给侧结构性改革的重要支点，关系到中国下一轮经济增长。

针对目前中国海洋产业受到规模经济和技术约束、空间布局同质化、海洋经济尚未达到潜在的生产可能性边界等问题，以及中国必须利用海洋资源来破解土地与环境发展瓶颈、形成新的供给空间的紧迫性与现实可能性，本书构建了海洋经济供给侧结构性改革动力机制模型，提出海洋全要素生产率的增长是海洋经济供给侧结构性改革的重要切入点。通过海洋要素效率的提升来推动海洋产业结构的优化，通过海洋要素资源的集聚来改善海洋空间结构布局，同时，政府通过海洋制度供给引导投资和资源流向，是海洋经济突破规模和技术约束，实现海洋技术、海洋产业和海洋空间“三大突破”的重要基础，从而保障海洋经济全要素生产率水平的显著提升。本书提出政府在干预市场失灵、引导海洋资源集聚、制度改革和科技创新方面的思路，在提高海洋经济全要素生产率、海洋资源利用率、政府治理水平，以及促进海洋经济结构调整等方面提出相应的改革路径。

（二）理论价值及现实意义

首先，本书具有一定的理论意义和学术价值。其一，当前学术界对于海洋经济供给侧结构性改革的研究主要集中于海洋经济现状及海洋要素效率的研究和定量分析，较少研究海洋经济的空间异质性及海洋制度创新绩效。本书拟合了海洋经济供给侧结构性改革中“要素效率—空间结构—产业结构—政府职能”四位一体的理论逻辑框架，以海洋要素效率的提升带动海洋产业结构的优化，以海洋要素资源的集聚促进海洋空间结构的改善，以海洋制度供给引导投资和资源流向，实现海洋产业部门、空间布局和技术水平的突破。其二，现有研究在分析要素投入对海洋经济增长的影响时，大多是描述性研究，本书将数据包络分析、位序 - 规模法则、偏离 - 份额分析法、空间杜宾模型等微观计量研究方法应用到海洋经济研究中，在方法论上具有创新性。本书运用数据包络分析测算了考虑环境因素前后的海洋 Malmquist 指数和海洋绿色 Malmquist 指数；以位序 - 规模法则分析了各省（区、市）海洋经济规模位序变动情况；以偏离 - 份额分析法探讨了海洋产业结构变动对海洋经济增长的影响，以及三次产业的空间集聚和扩散过程；构建空间杜宾模型，辨析投资、人力资本及技术进步与海洋经济增长的关系；通过测算中国十大主要海洋产业的劳动生产率水平，得出海洋经济产业结构变化失衡指数，并运用 DEA 方法测算出中国海洋经济产业效率。

其次，本书具有较强的现实意义和应用价值。其一，对推进中国海洋经济供给侧结构性改革具有指导意义。对引导海洋资源的合理流动及有效配置、提高海洋要素效率、推进海洋经济供给侧结构性改革，都具有重要的作用。本书综合测评了中国海洋经济发展现状、海洋要素效率、海洋空间交互效应和海洋制度绩效水平，找出中国海洋经济发展差距和与供给侧结构性改革相对接的实现路径，这对政府加强海洋经济实践工作具有重要的参考价值。其二，对促进中国海洋产业进一步转型升级具有指导意义。海洋产业转型升级是中国海洋经济高质量发展的必经之路。本书通过定性分析和定量分析比较中国海洋传统产业、海洋战略性新兴产业转型升级的现状、问题和挑战，为促进中国海洋产业优化存量、提升增量提供基本的判断。这对政府出台措施来提升海洋技术创新水平、实现发展动能转换和产业转型升级，具有重要的指导意义。其三，对缩小海洋经济区域发展差距具有一定的指导意义。海洋经济发展的初级阶段对海域、海岸等自然资源条件的依赖性较大。要突破这种资源依赖型路径依赖，使海洋经济欠发达区域在长期内收敛于高水平平衡增长路径，必须在客观评估各沿海地区海洋经济竞争力的基础上，以提高供给体系质量为主攻方向，实现区域海洋经济平衡增长。本书从全国沿海主要省（区、市）层面测度海洋经济竞争力，从辨析各省（区、市）海洋经济资源特色、发展现状入手，探讨提出基于功能和类型的海洋经济区域划分方法，以判别海洋经济开发的空间格局、等级体系和时序，并定量分析各区域海洋经济、海洋产业竞争力，对优化海洋经济发展格局、实现海洋经济区域一体化发展具有重要的指导意义。

二 主要研究内容

本书运用海洋经济、空间经济、供给经济前沿理论，深入诠释海洋经济供给侧结构性改革的内涵和作用机制，构建海洋经济全要素生产率评价体系，分析区域差异，以确定海洋经济供给结构优化路径，实现海洋经济在产业、空间和制度等层面的协调发展。本书主要由绪论和八个章节构成。

绪论。主要介绍了研究的宏观背景和重要意义，总结了研究的基本思路、研究方法和逻辑框架，概括了本书的主要创新点。

第一章，海洋经济供给侧结构性改革理论综述。本章介绍了国内、国外海洋经济供给侧结构性改革的研究现状，总结了影响海洋经济供给侧结构性改革的要素结构、产业结构、区域空间结构、制度结构的相关文献。

第二章，海洋经济供给侧结构性改革动力机制分析。本章对海洋经济供给侧结构性改革的内涵及维度进行了重新界定，对海洋经济供给侧结构性改革的内部、外部动力及耦合机制进行细化分析，提出海洋经济供给侧结构性改革的提升要素效率、优化产业结构、优化空间结构、优化政府职能四大突破路径。

第三章，中国海洋经济发展现状与供给侧结构性改革。本章概括总结了中国海洋经济整体实力、区域海洋经济发展、海洋科技创新、海洋综合管理的主要现状，探讨了中国海洋经济发展的优势、劣势、机遇、挑战，并从去产能、去杠杆、去库存、降成本、补短板的角度对中国海洋经济供给侧结构性改革的实施现状进行了分析。

第四章，海洋经济要素供给及要素效率分析。海洋资源的开发强度和要素效率的提升受到海岸带生态与经济、海洋归属感、海岸防护、生物多样性等海域资源环境承载力的影响。本章首先分析了海洋自然要素、社会要素、环境要素三个方面的要素供给状况；然后从海域岸线资源、海域主体功能、海域环境质量、海域开发强度、海域风险承载力等角度分析了海域自然属性对中国 11 个沿海省（区、市）经济要素构成和分布的影响；最后拟合了海洋环境综合指数，考察纳入海洋环境保护因素后 2006 ~ 2015 年各地区海洋全要素生产率增长水平。考察期内，中国海洋环境综合指数整体呈上升趋势，表明沿海省（区、市）对海洋资源环境保护的力度持续加大，但目前中国再次进入海洋绿色全要素生产率指数下降期，海洋技术创新水平和技术使用效率都亟待提升。

第五章，中国海洋经济区域演化特征与增长动力机制。海洋固定资产投资、人力资本、技术进步与海洋经济增长之间存在互动机制，海洋经济的发展具有空间交互效应和空间溢出效应。本章通过微观计量分析判别各沿海省（区、市）海洋经济开发的演进时序、空间格局，探讨海洋三次产业的空间集聚和扩散过程，分析投资、人力资本及技术进步与海洋经济增长的关系，指出沿海地区固定资产投资具有显著的空间溢出效应，海洋经济存在区域过度竞争，部分省份的海洋产业具有虹吸效应。

第六章，海洋传统产业供给侧结构性改革。解决海洋传统产业中的结构性问题，是深入推进海洋供给侧结构性改革、实现海洋强国的重要支撑。本章界定了海洋传统产业的范围和特征，概括总结了海洋传统产业转型升级的影响因素和理论机制，对海洋渔业、海洋交通运输业、海洋旅游业发展的现状、问题进行细化分析，指出中国三大海洋传统支柱产业转型升级的方向与重点，并对供给侧结构性改革背景下海洋传统产业转型升级的路径进行探讨。

第七章，海洋战略性新兴产业供给侧结构性改革。海洋战略性新兴产业作为海洋产业和新兴技术的深度融合，在推动海洋经济供给侧结构性改革和培育经济发展新动能中具有决定性作用。本章对海洋战略性新兴产业的概念、产业特征、形成模式进行了界定，指出中国海洋战略性新兴产业劳动生产率近年来呈显著增长态势，且对产业结构年度失衡指数的贡献相对较小，尤其是海洋生物医药业、海洋电力和海水利用业，产业不合理程度要低于绝大多数海洋传统产业，海洋战略性新兴产业综合技术效率始终高于同期传统产业及海洋产业整体。海洋战略性新兴产业供给侧结构性改革的推进，要以创新驱动、军民融合和中国标准“三大战略”为指引，采取自主创新与引进模仿再创新“两条路径”，加快产业核心关键技术突破。

第八章，制度创新、有为政府与海洋经济供给侧结构性改革。就“海洋经济发展的制度创新逻辑”问题，本章首先基于海洋经济的特有属性明确了政府在制度创新和制度供给中的定位，分析了海洋经济不同发展阶段制度创新的逻辑；然后评估了中国海洋经济发展中制度创新的绩效；最后总结了美国、英国、加拿大、澳大利亚、日本、韩国等海洋经济强国海洋经济制度创新的经验，提出中国海洋经济供给侧结构性改革中制度创新的“有为政府”和“有效市场”路径。

三 研究重点及难点

（一）研究重点

本书研究重点是通过对海洋经济供给侧结构性改革的机制研究，找出中国海洋经济供给侧结构性改革的路径及策略，包括海洋经济要素投入结构调整、产业结构调整、空间结构调整、政策结构调整等。在此理论研究基础上，提出中国海洋经济供给侧结构性改革的路径，包括提升海洋经济的全要素生产率、提高海洋资源利用率、推动海洋产业结构调整、处理好政府与市场的关系等。在发挥市场对海洋资源有效配置作用的同时，重点考虑到当海洋经济因需要大规模投资和公共产品的特征而引致市场失灵时，政府应如何通过改善制度供给来弥补市场的缺陷。

（二）研究难点

本书研究难点主要包括两点。一是海洋官方统计年鉴具有滞后性，目前官方年鉴仅能找到《中国海洋统计年鉴 2017》。本书主要利用海洋统计年鉴中的数据进行相关分析，为弥补官方数据缺失，通过查找历年《中国海洋经济统计公报》《中国海洋生态环境状况公报》《中国渔业统计年鉴》《交通运输行业发展统计公报》《海岛统计调查公报》《中国港口年鉴》《中国邮轮发展报告》等，获取尽量多的数据资源。二是目前海洋经济供给侧结构性改革的理论基础较为薄弱，本书借鉴产业经济学、区域经济学、空间地理学的相关理论，试图构建“要素效率—空间结构—产业结构—政府职能”四位一体的理论逻辑框架，从中国海洋产业结构、区域海洋经济、海洋科技创新、海洋综合管理等方面入手，分析中国海洋经济发展现状与问题，并提出中国海洋经济供给侧结构性改革的实现路径。

四　研究方法

本书对海洋经济供给侧结构性改革的内涵与维度进行了重新界定，细化分析其内外部动力和耦合机制，在概括总结中国海洋经济发展及供给侧结构性改革现状的基础上，利用数据包络分析、位序－规模法则、偏离－份额分析法、空间杜宾模型等多种微观计量方法，对海洋经济要素的空间交互效应和溢出效应、海洋经济产业效率以及海洋生产要素短缺的原因做深入分析，探讨了海域自然属性对海洋经济要素构成和分布的影响、海洋经济竞争力区域差异时空演化特征及机制、海洋传统产业和海洋战略性新兴产业供给侧结构性改革的路径，以及海洋经济制度创新的“有为政府”“有效市场”路径。

五　主要创新之处

与国内外其他研究相比，本书的创新点主要体现在以下几个方面。

第一，在理论层面，形成“要素效率—空间结构—产业结构—政府职能”四位一体的逻辑框架，重新界定了海洋经济供给侧结构性改革的内涵和维度，细化分析其内外部动力和耦合机制，从资源要素、产业升级、空间布局、制度绩效等多角度综合测评中国海洋经济供给侧结构性改革发展状况，提出以海洋要素资源的合理配置提升海洋经济效率，以“优化存量、提升增量”推进不同类型海洋产业转型升级，以强化海洋空间交互效应推进海洋经济区域空间格局优化，以“有为政府”和“有效市场”提升海洋制度创新绩效，在理论及实践上均具有创新意义。

第二，在测度方法层面，将数据包络分析、位序－规模法则、偏离－份额分析法、空间杜宾模型等微观计量研究方法应用到海洋经济研究中。现有研究在分析要素投入对海洋经济增长的影响时，大多是描述性研究。本书运用数据包络分析测算了考虑环境因素前后的海洋 Malmquist 指数和海洋绿色 Malmquist 指数；以位序－规模法则分析了各省（区、市）海洋经济规模位序变动情况；以偏离－份额分析法探讨海洋产业结构变动对海洋经济增长的影响，以及三次产业的空间集聚和扩散过程；通过构建空间杜宾模型，辨析投资、人力资本及技术进步与海洋经济增长的关系；通过测算中国十大主要海洋产业的劳动生产率水平，得出海洋经济产业结构变化失衡指数，并运用 DEA 方法测算出中国海洋经济产业效率。

第三，在空间体系层面，本书比较深入地探讨了海洋经济竞争力区域差异时空演化特征及机制。现有的研究缺乏对海洋经济空间交互效应及溢出效应的量化分析，以及海洋经济制度创新的绩效评估。本书从区域层面研究了全国、三大海洋经济区域及沿海省（区、市）的海洋经济特征，测算了规模结构和产业结构的区域差异，探讨了考虑空间交互效应前后海洋固定资产投资、人力资本、技术进步与海洋经济增长之间的互动机制；从辨析各省（区、市）海洋经济资源特色、发展现状入手，探讨提出基于功能和类型的海洋经济区域划分方法，以判别海洋经济开发的空间格局、等级体系和时序，并定量分析各区域海洋经济、海洋产业竞争力。

第四，在制度创新层面，本书探讨了政府有效干预的内在机制，提出海洋经济制度创新的“有为政府”“有效市场”路径。从制度创新的逻辑、制度创新的阶段性特征入手，剖析中国海洋经济制度创新的演进过程，从海洋经济发展、海洋资源开发、海洋产业体系、海洋生态保护的角度对海洋经济制度创新绩效进行评估，指出提高制度创新绩效的“有为政府”“有效市场”路径。

第一章
海洋经济供给侧结构性改革理论综述

第一节 国外研究现状

国外海洋经济相关研究涉及国家海洋战略、涉海企业、海洋生态及可持续发展等领域，主要视角集中在合理开发海洋资源、维护海洋生态系统的稳定等技术层面，但在海洋产业升级、海洋经济增长及空间布局优化等领域的研究较少（乔琳，2009）。

一 国家海洋战略及规划

国外有关海洋经济的研究首先体现在各国政府适时制定的海洋经济战略、政策以及规划上。1995 年，美国在《1995—2005 年海洋战略发展规划》中指出，重点发展海洋监测技术，推进气候、海洋灾害等方面的预报和评价工作。1990 年，日本在《海洋开发基本构想及推进海洋开发方针政策的长期展望》中提出，海洋科技重点发展领域为海洋矿产资源开发技术、海水资源开发技术、海洋生物技术、海洋空间利用、海洋探测技术、海洋通用技术、海洋能利用技术等七个领域。英国海洋科学技术协调委员会 1989 年向政府提交《英国海洋科学技术发展战略报告》，提出今后数十年英国海洋科技发展规划及主要研究领域有海洋环境、海洋遥感、涉海的电子和电气工程研究、材料、结构物和系统的研究以及海洋研究和勘探所需的先进仪器的开发与应用（向云波，

2009)。1996年，《法国海洋科学技术研究战略计划》指出其战略计划要点是沿海环境研究、海洋生物资源开发、深海洋底矿物资源勘探、海洋与气候之间关系等。2003年，《澳大利亚海洋产业发展战略》指出，主要发展的海洋产业除了海洋旅游业和海洋油气业之外，还包括军用舰船制造业、渔业和海运业（向晓梅等，2019）。

二　海洋经济可持续发展

国外海洋经济研究还集中在海洋经济可持续发展方面。1992年，联合国环境与发展大会通过的《21世纪议程》中指出：海洋是全球生命支持系统的基础组成部分，是人类可持续发展的重要财富，并对海岸带、近海、国家管辖海域以及公海和深海大洋的环境保护做了详尽规定，并提出相关政策措施。这标志着海洋经济可持续发展理论正式形成，相关研究也逐步兴起。Montero（2002）对海岸带经济综合管理规律进行了研究，强调可持续发展的重要性。Paul和Teresa（2003）对海洋水产业的环境影响进行分析，并建立了相应的模型，提出要推动海洋产业可持续发展。

第二节　国内研究现状

一　海洋经济要素结构优化理论

陈可文（2001）将海洋市场分为产品和要素两类市场，分别按照完全竞争、完全垄断、垄断竞争和寡头垄断四种结构对各类市场进行归纳，分析了海洋水产品、海洋油气、海盐及矿产品、海洋运输服务、海域使用、海洋资本、海洋劳务、海洋经营者等各类市场的具体结构特点和价格决定机制。海洋经济要素结构优化的文献主要集中于以下几个方面。一是海洋产业要素投入问题，主要集中在投入要素的优化配置与“交互效应”研究，乔俊果和朱坚真（2012）认为中国海洋经济要素配置存在扭曲，固定资产投资仍是推动中国海洋经济增长的重要因素，但海洋科技的重要性正日益凸显。二是海洋技术进步的贡献度研究，王玲玲（2015）指出发达国家海洋科技进步在海洋经济发展中的贡献率高达80%左右，中国仅为20%左右。三是海洋经济全要素生产率研究，戴彬等（2015）通过海洋经济产业结构层面的分析，研究海洋经济全要素生产率，并指出其效率提升的可能性；向晓梅等（2019）主要采用数据包络分析（DEA）和随机前沿分析（SFA）模型测算区域海洋经济的技术效率，研究结果显示，中国海洋经济全要素生产率的提升主要由技术进步决定，且技术效率呈上升趋势。

二 海洋产业结构优化理论

尤芳湖等（2000）指出，海洋产业是开发利用和保护海洋资源而形成的各种物质生产和服务部门的总和，包括海洋渔业、海水养殖业、海水制盐业及盐化工业、海洋石油化工业、海洋旅游业、海洋交通运输业、海滨采矿和船舶工业、海水淡化和海水综合利用、海洋能利用、海洋药物开发、海洋新型空间利用、深海采矿、海洋工程、海洋科技教育综合服务、海洋信息服务、海洋环境保护等，海洋产业是一个不断扩大的海洋产业群，是海洋经济的实体部门。陈可文（2001）依据海洋产业技术标准和发展的时序，把海洋产业划分为传统海洋产业、新兴海洋产业和未来海洋产业，并将新兴海洋产业和未来海洋产业称为海洋高技术产业，认为中国海洋高技术产业主要包括海洋油气业、海洋生物技术及其相关海水养殖产业、滨海旅游业、海水淡化和海水利用产业、深海采矿产业、海洋药物产业、海洋能产业、海洋仪器制造业和海洋信息服务业等。韩立民和文艳（2004）以分析海洋科技产业的内涵、特征、现状为出发点，系统分析了海洋科技产业城的功能定位，并以此为基础，提出关于构建中国海洋科技产业城的战略目标和发展部署。包诠真（2009）分析了知识经济与海洋高新技术产业的关系，提出在知识经济时代下发展海洋高新技术产业所面临的最迫切的问题，并提出相应的政策建议。张超英等（2012）、白福臣和周景楠（2015）从分析海洋三次产业结构演进趋势着手，分析海洋产业结构与海洋经济增长之间的关系，指出传统的资源依赖型海洋产业对海洋经济增长的贡献不断减小，而海洋服务业等高附加值海洋新兴产业具有较大发展潜力。

三　海洋经济区域空间结构优化理论

邢治华和崔峥嵘（2003）认为，环渤海地区发展海洋经济的必然选择是联合与协作，强调协调区域整体利益与局部利益，从而避免区域间的无序竞争及由此引发的矛盾和冲突，避免资源利用和环境保护方面出现失误，从而保证海洋经济的可持续发展。李靖宇和袁宾潞（2007）探讨了长江口及浙江沿岸海洋经济区域布局和产业布局优化问题。于文金等（2008）首次提出南海经济圈概念，认为南海经济圈是指环南海区域的国家和地区以围绕南海海洋资源开发为中心，以港口、深水航线、沿海公路铁路、航空线为联系纽带，以沿海港口重镇、沿海工业带、重要海岛、海上交通线等发展轴线为依托，对内在市场、信息、劳务、金融和科技等方面紧密合作，对外开放的、多元化的多层次区域经济共同体，它是东亚自由贸易区内的次经济圈。总体来看，中国学者对海洋经济空间结构的分析主要集中在三个方面。一是海洋经济空间活动问题。孙吉亭和赵玉杰（2011）从海陆一体、沿海经济带建设，以及由陆地、海岸到深海的海洋区域经济序列研究等方面探讨了区域海洋经济空间布局优化与统筹机制。二是海陆区域经济协调研究。刘伟（2011）研究了海陆一体化的分产业布局和分空间尺度的协调，以及相应的支撑体系，对海陆一体化的层次、内容、发生机制以及平衡机制进行分析，提出实现区域效益最优的解决方案。在实践层面，中国在1990年以后，把海洋资源开发作为国家重要发展战略，提出形成若干个海洋经济强省的规划，但各省（区、市）是相对独立的经济利益主体，各自所提出的海洋经济强省战略尚待进一步协调。三是涉海国际经济合作研究。刘大海等（2011）研究了涉海国际经济贸易、涉海产业的国际竞争力、海洋渔业的国际产业政策协调机制与合作模式等，探讨了国际海洋经济合作的理论与框架。

四 海洋经济制度结构优化理论

文艳和倪国江（2008）分析了澳大利亚的海洋经济发展战略，并提出了海洋经济发展中的政府规制范围和目标等相关问题。于谨凯和李宝星（2008）借鉴美国、日本以及英国发展海洋高新技术产业采取的战略和措施，在对中国海洋高新技术产业发展模式开展阶段性分析的基础上，提出包括合资、建设产业科技园以及发展海洋高新技术产业模式等在内的中国海洋高新技术产业发展策略。刘明（2008）从海洋产业发展、海洋资源供给、海洋科技以及海洋环境治理及保护四个方面构建了海洋经济可持续发展评价指标体系。

第三节 文献评述

综上所述，目前研究海洋经济供给侧结构性改革的文献有以下特点。一是对海洋经济相对于陆域经济的特殊性未能深入剖析，对海洋经济独有的发展阶段划分尚需深入。由于要素的趋利性，在海洋经济制度供给不足的情况下，生产要素很难主动向海洋产业部门集聚，而长周期内海洋经济的增长是由要素禀赋以及要素配置效率（即由技术、制度、文化等因素决定的全要素生产率）决定的，海洋经济供给侧的有效刺激不足的现状尚未成为理论界的研究重点。二是针对海洋经济的定量研究主要是对现状的解释。通过这些研究很难找到海洋经济的统一量化测评标准，目前的研究尚未将海洋经济要素投入、结构调整、技术进步、制度环境改善等供给侧的结构性调整以及海洋经济对区域经济带动效应的提升同时纳入量化评价体系。三是目前对海洋经济供给侧结构性改革中的政府作用和制度环境的研究近乎空白，保障海洋经济开发的制度供给不足（孙才志等，2015），海洋经济效率改善缺少理论基础和着力点。四是对海洋经济制度供给与空间差异之间耦合关系的研究尤为不足，对海洋经济开发空间格局中存在的区域协调、空间布局不够优化等问题缺乏深入研究（乔翔，2007）。五是中国以往的区划工作多集中在陆地系统，对海洋系统的关注很少，在“一带一路”倡议下，加强对海洋国土的区划以优化空间格局值得进一步探讨。本书借鉴供给侧结构性改革而“立题”，希望厘清海洋经济供给侧结构性改革的内涵和重点，把它作为提升海洋经济增长效率的新策略。具体而言，海洋经济供给侧结构性改革以改善要素生产条件和技术条件为抓手，以港口及近岸城市、海洋产业园区为主要载体，协调近海开发与深海探索的有序开展，通过政策供给，引导海洋高端要素集聚，培育海洋经济增长极，实现各沿海省（区、市）之间的分工合作和共同开发，打造海洋强国。

第　二　章
海洋经济供给侧结构性改革动力机制分析

第一节　海洋经济供给侧结构性改革的内涵及维度

基于中国海洋经济的特征，本书认为海洋经济供给侧结构性改革应从提高要素供给质量出发，用改革的办法推进海洋经济结构调整，矫正海洋产业要素配置扭曲，扩大有效供给，提高海洋供给结构对海洋需求变化的适应性和灵活性，提高海洋全要素生产率，推进海洋产业转型升级，促进海洋经济可持续发展。从供给侧结构性改革的角度来讲，海洋经济供给侧结构性改革的着力点也与陆域经济不同，具体而言包括四个方面的内容，即海洋经济要素结构优化、海洋产业结构优化、海洋区域空间结构优化，以及海洋制度供给结构优化（向晓梅等，2019）。

一　海洋经济要素结构优化

海洋经济的要素供给包括自然要素、社会要素、环境要素等。其中，自然要素是指依托海洋基础自然属性形成的要素禀赋条件，反映了可供开发利用或具有潜在利用价值的海洋资源，由大陆海岸线长度、海域面积等海域资源，湿地面积、海洋捕捞量等生物资源，原油产量、风能发电能力等能源资源，矿业产量、海盐产量等矿产资源，以及所属海洋主体功能区等空间特征资源组成，海洋优质资源越多，经济种类越丰富，海域功能越全面，海洋资源及空间优势越明显，海洋自然要素供给条件就越优越。社会要素由涉海就业人数、涉海科技人员数、涉海企业的创收能力等组成，反映海岸带的生态与经济。环境要素可划分为海洋生态环境要素及海洋政策环境要素，既包括海洋经济发展的生态环境、基础设施，也包括海洋经济发展的政府管理力度，由海洋生物多样性、海洋风险承载力、海洋环境容量、海洋港口基础设施建设水平、政府管理水平、海洋文化认同感等组成。海洋经济增长有赖于上述资源要素的综合作用，对海洋经济要素的合理、有效调节与控制，决定着地区海洋经济发展的规模、结构与水平。但目前而言，中国海洋经济发展方式依然粗放，区域海洋创新体系尚不健全，海洋创新链、海洋资本链与海洋产业链耦合不足，海洋产业原创技术、共性技术、关键技术支撑乏力的问题更为凸显，迫切需要通过海洋要素突破来提升海洋经济全要素生产率，提高海洋资源要素利用率。

二　海洋产业结构优化

海洋产业结构指各海洋产业的构成及各产业之间的联系和比例关系。海洋产业结构是否合理，对一个国家海洋经济的发展至关重要。优化海洋产业结构需要处理好海洋产业“稳增长”与“调结构”的关系，加快改造优化海洋传统产业，积极培育海洋战略性新兴产业，有效化解过剩产能，实现海洋产业“量质双升”。现阶段中国海洋产业的供给侧结构性问题凸显：一方面，绿色安全海洋水产品、高品质的滨海旅游服务供给不足，海洋生物医药、海洋化工业等科技含量较高的海洋第二产业发展缓慢，供给结构已不适应需求结构的快速变化；另一方面，低端海洋产业重复建设和产能相对过剩，占据了大量稀缺的海岸线资源。“有供给无需求、低效率的供给抑制有效需求、有需求无供给”等供给侧问题普遍存在，而这些问题的本质就是海洋产业结构的不合理造成供需错位，使现有供给无法满足有效需求。海洋经济要想实现长期健康发展，势必要融入国家供给侧结构性改革大战略，提高海洋产业的供给质量，以产业突破推动海洋产业结构调整（向晓梅等，2019）。

三 海洋区域空间结构优化

区域空间结构是海洋经济在发展过程中表现出的在一定地域空间内的极化与扩散，从而引导区域海洋经济由均衡向非均衡再向更高层次均衡发展的现象。准确把握中国海洋经济空间格局演变，可以发挥各地海洋资源和区域比较优势，因海（地）制宜布局海洋经济要素，促进海（地）区域经济增长和协调发展。当前中国海洋空间资源供需矛盾仍然突出，海洋空间资源供给与需求不匹配，迫切需要通过统一规划并合理布局海洋产业和临港工业园区、港口岸线资源、腹地工业园区，可以把岸线、港口、海域开发与产业、城市、陆域发展有机结合起来，从而优化海洋空间结构，促进海洋要素的流动与合理配置，形成海陆统筹、协调发展格局。

四 海洋制度供给结构优化

区域发展政策及制度设计对海洋经济发展也会产生重要影响。制度创新的根本就是要优化配置海洋经济发展的投入要素，设计有利于激发海洋经济各要素发挥作用的制度，推进海洋经济的增长与可持续发展，形成能够激发海洋经济的“有为政府 + 有效市场”的制度结构。随着中国“维护海洋权益，建设海洋强国”战略的提出，进一步深化政府海洋管理体制供给侧结构性改革的任务逐渐提上日程，迫切需要制度突破来提升政府治理水平。

第二节 海洋经济供给侧结构性改革的动力机制

海洋经济供给侧结构性改革的动力机制是指驱动海洋经济供给侧结构性改革合理化影响因素的结构体系及其运行规则，具有一定的稳定性和规律性。海洋经济供给侧结构性改革的动力机制包括内生机制和外生机制，内生机制简而言之是指海洋经济供给侧结构性改革演进的动力来自海洋经济内部，包括海洋资源要素、金融资本供给、技术溢出、人力资本集聚等，是一种张力；外生机制是指海洋经济供给侧结构性改革演进的动力来自海洋产业外部环境，是一种推力，主要包括政府的制度设计等。海洋经济供给侧结构性改革是由内外动力源在政府主导、市场牵引和企业推动的共同作用下完成的。

一 海洋经济供给侧结构性改革内部动力影响因素

海洋经济供给侧结构性改革是由内外动力源在政府主导、市场牵引和企业推动的共同作用下完成的，其相互作用的过程包含了海洋经济供给侧结构性改革四个维度结构的不断优化发展（向晓梅等，2019）。

内生机制主要包括海洋资源要素、金融资本供给、技术溢出、人力资本集聚等，是一种张力。

第一，海洋资源禀赋是海洋经济供给侧结构性改革的物质基础，海洋资源禀赋的种类、储量与质量等级、生态环境等对海洋经济的结构优化及空间布局有重要导向作用，它甚至是决定性因素。在进行海洋空间结构优化时，只有了解各类海洋产业对资源要素的具体需求，才能把各海洋产业布局到最适合的区域。

第二，金融资本供给环境主要包括金融机构、金融监管及社会信用等要素。海洋经济具有高投入、高风险、高收益的特征，需要进行大量的资本投入和积累。融资障碍已成为部分地区海洋战略性新兴产业发展迟滞的主因，必须通过完善金融服务功能助力海洋产业转型升级。

第三，技术溢出水平是影响海洋产业优化及布局的决定性因素，技术密集型是海洋高技术产业的基本特征，海洋战略性新兴产业倾向布局于经济发展水平高、资本充足、技术先进的地区。

第四，人力资本集聚程度是衡量区域海洋经济发展水平差异的重要标准。随着海洋经济的快速发展，涉海企业、科研机构、高等学校等机构对海洋方面的各种类型人才的需求更为迫切，人才成为衡量海洋经济发展水平的重要影响因素。

二 海洋经济供给侧结构性改革外部动力影响因素

政府政策及制度供给是推动海洋经济供给侧结构性改革的核心因素和关键变量，海洋经济发展的制度创新的根本是要优化配置海洋经济发展的投入要素，实现最优化的产出并提升效率。由于存在市场失灵，海洋经济供给侧结构性改革存在外部不经济，这时需要政府制定法律法规，加强产业规制，降低海洋产业集聚的外部不经济，有效合理地布局海洋产业，合理配置海洋资源，达到海洋产业集聚区整体效益的最大化。因此，海洋产业的健康可持续发展离不开政府的支持。

三 海洋经济供给侧结构性改革动力耦合机制

贯穿内生动力与外生动力作用的便是技术与制度创新，并由此推动海洋要素的优化配置、海洋产业结构的优化升级，从而实现海洋要素、产业部门、空间布局和技术水平“四大突破”（向晓梅等，2019）。

市场是海洋经济供给侧结构性改革的内在动力，牵引着各种生产要素自由流动，从而加快了海洋产业结构与空间布局优化的步伐，是优化空间布局最为有效的动力。随着科学技术的不断进步，海洋产业所受的资源要素约束会不断减小。通过市场机制作用改善金融环境，为海洋经济发达地区“锦上添花”，也为欠发达地区“雪中送炭”，从而实现海洋资源要素的合理配置与动态均衡，推动海洋全要素生产率的提升，并由此协调推动产业的优化升级与海洋经济的空间布局优化。

涉海企业是海洋经济供给侧结构性改革的核心主体，如何鼓励与促进企业提升技术水平，形成产业链上下游配套的产业集群，也就成为海洋经济供给侧结构性改革成败的关键。企业的创新能力直接影响海洋全要素生产率的提升及海洋产业发展水平，而海洋产业的空间布局也必须充分考虑各地海洋高新技术企业在近岸城市、海洋产业园、港口等地区的空间集聚能力。

政府是海洋经济供给侧结构性改革的推动者与引导者，政府通过制定政策可以形成能够激发海洋经济的“有为政府 + 有效市场”的制度结构。政府通过制定激励性产业政策，以顶层设计的方式影响海洋产业的结构优化与产业集聚；通过制定海洋经济布局规划，纠正市场失灵所造成的海洋经济空间结构失衡，从区域发展层面构建相对合理的地区间海洋经济分工体系，优化海洋产业在空间上的合理布局，提升海洋产业竞争力。

海洋经济供给侧结构性改革动力耦合机制如图 2－1 所示。

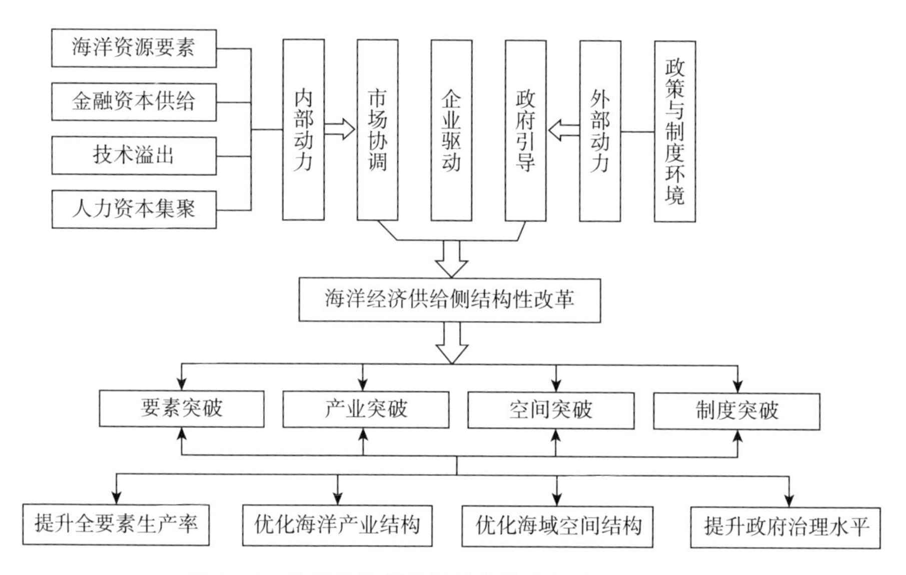

图 2－1　海洋经济供给侧结构性改革动力耦合机制

第三节　海洋经济供给侧结构性改革的四大突破路径

推动海洋经济供给侧结构性改革要把创新贯穿于全省海洋经济发展全过程，加快海洋经济要素结构调整与整合，优化海洋产业结构，构建特色海洋经济集聚区，加快推进海洋综合管理，实现海洋经济发展由传统要素驱动、投资驱动向创新驱动转变，建设海洋强国。

一 创新要素配置机制，提升海洋资源利用效率及全要素生产率

在海洋经济体系中，海洋要素的供给及经济效率对形成高端化、多元化和现代化的海洋经济有效需求至关重要。海洋要素供给条件的改善，是海洋经济体系健康运行及海洋经济供给侧结构性改革持续推进的坚实基础。提高海洋产业生产要素的中高端供给水平，是提高海洋经济运行效率的重要前提。通过提高海洋全要素生产率来实现下一阶段中国海洋经济供给侧结构性改革，能够实现由要素驱动向创新驱动的转变，政府要利用政策引导要素在海洋空间、主导产业部门和关键技术领域集聚，通过优化要素供给和提升政府治理水平，在海洋经济的供给侧发力，实现海洋经济效率提升（向晓梅等，2019）。

一是健全海洋资源市场化配置的制度建设。明确海洋（域）资源的产权，合理评价海洋资源的资产价格，推进海洋资源的市场化交易平台建设，推动海域使用权的流转，提高海洋资源的使用效率；推进海洋公共产品、重大项目的市场化配置进程，充分运用PPP模式，提高海洋资源的使用效能。

二是加强全国海洋创新资源要素的规划和布局。建立开放、共享、流动、竞争、激励与约束相结合的海洋科技工作运行机制，促进跨区域、跨学科和跨部门海洋科技资源的优化整合，切实突破中国海洋科技“资源分散”瓶颈。强化企业自主创新的主体地位。强化以企业为主体、以市场为导向、产学研相结合的创新体制，发挥市场在海洋科技资源配置中的基础性作用，尽量减少创新活动中的行政干预。强化海洋科技创新激励与保护机制。建立科学合理的海洋科技创新评价与考核体系，对基础研究、应用研究进行分类评价，创新海洋科技项目遴选制度，制定促进海洋科技创新的知识产权保护政策，完善海洋科技创新的财税激励政策。建立国际海洋科技合作新机制。进一步拓展海洋科技创新的国际交流与合作领域，鼓励本土海洋企业与跨国企业建立海洋高新技术特别是深海技术研发机构，积极融入全球海洋科技创新分工体系，

在更大范围、更广领域内整合利用全球海洋高新技术创新资源。充分利用现代的先进技术，促进海洋经济信息化，加入“互联网+”的经济潮流。加快海洋信息化资源整合，推进“智慧海洋”建设。

三是加速金融资本市场要素配置，打造金融、科技与产业三链融合的海洋“创新生态链”。积极探索海洋科技与金融资源全面结合的新机制与新模式，构建包括种子基金、天使基金、创业投资、担保资金和政府创投引导基金等在内的覆盖创新链条全过程的海洋科技金融服务体系，引导社会资本加大对海洋高新技术研发及海洋新兴产业的投资。利用金融工具和金融政策，推动对海洋经济产业结构和企业结构的优化；利用不同金融机构的信息优势和产业培育经验，提供海洋经济发展所需的市场信息、技术信息、企业成长等方面的帮助。集合政府、社会、民间等多渠道建设符合产业发展特征的投资基金，提升其市场化程度，同时加强监管，规避投机风险。探索多种融资支持途径，包括银行信贷支持、政策性银行支持、合作性金融支持、资本市场（股票融资和债券融资）支持、股权投资基金支持，以及信托、小额贷款公司、融资性担保、融资租赁等非银行金融的支持、民营资本的支持。积极发挥海洋保险业、担保业等风险控制性金融对海洋经济发展的支持作用。

二　构筑现代产业体系，以海洋产业突破实现要素配置效率提升

海洋经济供给侧结构性改革首先要对产品的供给进行改革，即对产业进行革新。海洋经济产业分为传统产业和新兴产业。海洋经济供给侧结构性改革首要的任务就是改革传统产业，从产品供应及产业链延伸角度，在高品质、低成本的基础上提供更加优质的产品。海洋战略性新兴产业以海洋技术创新和海洋经济发展需求为基础，以海洋高科技成果产业化为核心内容，具有知识技术密集、物质资源消耗少、成长潜力大、综合效益好等特征，代表着海洋竞争的产业发展方向。发展以科技为引领、以创新为驱动的海洋战略性新兴产业，培育处于全球海洋产业链高

端、引领海洋经济发展方向的先进海洋经济产业集群，是海洋经济供给侧结构性改革的重要内容。因此，要推动海洋经济供给侧结构性改革，就必须优化海洋经济产业结构。

一是以“补短板”为重点，打造现代海洋产业体系。优化海洋经济产业结构，以改造海洋渔业、海洋交通运输业、海洋旅游业等海洋传统优势产业为基础，以培育壮大海洋工程装备制造业、海洋生物医药业、海洋新能源产业、海水淡化与综合利用业、海洋科研教育管理服务业等海洋战略性新兴产业为支撑，培育处于全球海洋产业链高端、引领海洋经济发展方向的先进海洋经济产业集群，坚持创新驱动，打造具有国际竞争力的现代海洋产业体系。

二是以绿色发展为导向，改造优化海洋传统优势产业。加强海洋资源集约利用，提高海洋生物资源利用效率，大力推广高效生态养殖模式，加大渔业资源增殖放流力度，遏制近海渔业资源衰退势头，恢复渔业资源及生态环境。加强海洋环境综合治理，制定实施近岸海域排污总量控制计划，实施沿海陆域、近岸海域、河口附近海域的污染排放许可证制度，开展重点入海排污口及邻近海域的在线连续监测，制定处理海上船舶溢油、有毒化学品等重大污染事故的应急预案，减小环境灾害影响。加强海洋生态建设和修复，建立海洋生态红线制度，将重要、敏感、脆弱海洋生态系统纳入海洋生态红线区管辖范围并实施强制性保护和严格管控，建立健全海洋资源有偿使用和生态补偿制度，提高自然岸线恢复率，改善近海海水水质，扩大滨海湿地面积。

三是以技术突破为重点，扶持推动海洋战略性新兴产业。积极推动海洋企业、高校等科研机构联合建设多方结合的海洋战略性新兴产业技术创新战略联盟，建立面向市场需求的产学研紧密结合的运行机制，整合产业技术创新资源，立足产业技术创新需求，开展联合攻关，尽快形成一批具有自主知识产权的新技术、新产品，不断提高关键技术、产品及设备的国产化率。加强国际技术合作，引进海洋高新技术，通过消化吸收进而模仿创新，提高海洋新能源、海水综合利用等海洋战略性新兴产业技术创新的起点。

三 构建经济集聚区，以海洋空间突破实现海洋经济集聚效应提升

在供给侧结构性改革的大背景下，合理优化海洋经济整体布局，优化海洋产业结构，发挥海洋经济产业集群作用，构建科学合理的海洋产业分工体系，避免不同区域间的过度无序竞争，从而形成优势互补、相互促进的区域海洋经济格局，是中国海洋经济亟须破解的重要难题（向晓梅等，2019）。

一是优化临海产业布局。加快建设科技引领、产业高端、优势突出、布局合理的现代海洋产业集聚区，明确海洋经济载体平台“港口—园区—城市—海岸带—近海—深海”的空间等级体系，在“一带一路”倡议下，为优化海洋国土开发和嵌入全球海洋经济体系指明方向。

二是建设若干个特色鲜明的海洋园区。高起点、高标准编制特色海洋产业园区建设规划，对产业园区给予财政税收、专项资金、用地用海政策等的支持和倾斜，拓宽产业园区的投融资渠道，建立高效、灵活的管理体制。

三是打造若干个具有竞争力的海洋中心城市。整合区域要素结构，培育具有区域比较优势和竞争力的海洋产业；制定和实施具有全球或区域竞争力的人才政策，吸引高端人才就业创新；建设国家级或区域性的科研平台，培养海洋后备人才；加强海洋综合管理，为海洋经济发展提供支撑；深度挖掘城市发展中的特色海洋文化，为海洋经济发展提供持久动力。

四 提升政府治理水平，以制度创新突破实现海洋经济效率提升

依托制度创新，着力强化涉海政策保障体系，在海洋经济供给侧结构性改革中既要发挥市场的调节作用，也要发挥政府的干预管理作用，同时还要提高政府的科学管理水平，合理行使管理的权利以防范管理失当。

一是推进海洋管理体制改革。推进和深化海洋管理的顶层设计，制定和完善科学合理、可持续、具有一定前瞻性和总体战略性质的政策和规划；建立并完善从上到下、较为集中的海洋经济管理体制机制，包括完善的海洋管理机构、科学的联动协调工作机制。同时，辅以培育、发展和完善能够参与海洋管理、配合政府海洋工作的社会中介机构或具有较强服务性质、公益性质的海洋服务组织。改变目前海洋经济管理体制较为分散、单一的情况。

二是加强涉海规划的衔接，加强各地区各部门间的联系沟通，打破行政边界的限制，实现规划的各司其职、相互衔接，使其相互促进、协同发展。建立健全海洋经济发展的用海审批、海洋资源收储流转、海洋经济投融资等机制，创造信息对称、海洋要素自由流动的市场环境。

三是加强“一带一路”沿线国家在海洋资源开发利用、海洋产业、海上互联互通、海运便利化、信息基础设施连通建设、海洋防灾减灾、海洋科技、海上公共服务等领域的深度合作。借助特色海洋经济园区和中外合作园区提升合作层次，拓展蓝色经济发展空间，打造中国海洋开放合作前沿高地。

第 三 章
中国海洋经济发展现状与供给侧结构性改革

随着世界经济的快速发展，陆域资源的承载力日益见顶，各国纷纷将视角转向海洋，海洋作为开展经济活动的重要通道和载体的作用日益显著。历史数据表明，1990 年，海洋经济占世界经济的比重仅为 5%，目前已经超过 10%，预计到 2050 年将达到 20%。2008 年国际金融危机爆发后，海洋经济逐渐成为拉动全球经济复苏的重要动力，海洋已经成为全球新的竞争和发展主战场，蓝色经济正逐渐成为当今世界经济发展的重要增长点和动力极。面对严峻的海洋经济竞争形势，中国需要积极应对，发展海洋经济，建设海洋强国。

第一节 中国海洋经济发展现状

海洋是中国未来经济社会发展的重要战略空间，是孕育新产业和新增长点的重要领域，也是世界各国未来竞争的高地。党的十八大、十九大连续提出要“发展海洋经济，建设海洋强国”。壮大海洋经济、培育蓝色空间，对推动中国经济持续发展、实现“两个一百年”的重要目标具有重大意义。

整体来看，中国海洋经济发展处在稳步增长阶段，海洋生产总值显著提高，海洋经济对国民生产总值的贡献力度稳步加大，海洋发展环境进一步优化，海洋开放水平进一步提升，海洋科研实力不断升级，海洋经济发展前景广阔。

一　海洋经济综合实力

2019年，中国海洋生产总值为89415亿元，占国内生产总值的9.0%（见图3－1），占沿海地区生产总值的17.1%；全国涉海就业人员为3684万人，占全国就业人数的4.75%；沿海地区固定资产投资总额为269907.9亿元，约占全国的47%。[①] 粗略比较，2016年中国在海洋经济规模、海洋经济占全国经济比重及涉海就业人数占全国就业人数比重等方面相对于美国来说都具有更强实力（见表3－1）。

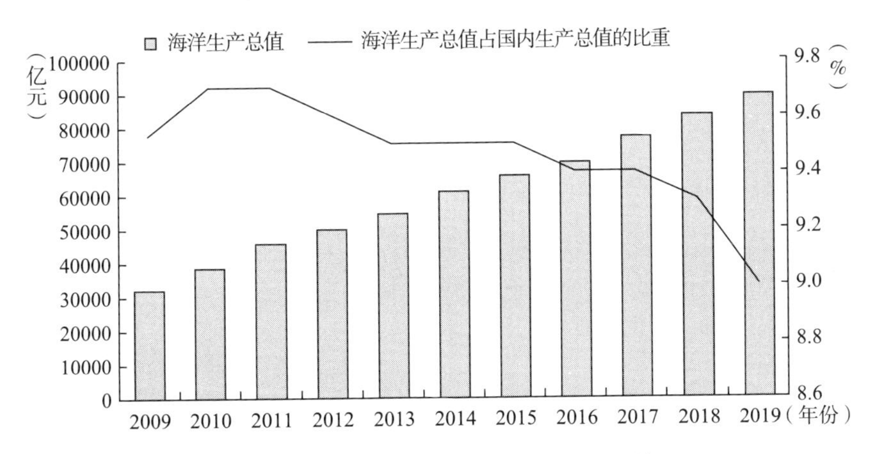

图3－1　2009～2019年中国海洋生产总值情况

资料来源：根据历年《中国海洋经济统计公报》整理所得。

表3－1　2016年中国、美国海洋经济比较

指标	中国	美国
海洋GDP（亿元）	69694	3039
海洋GDP占全国GDP比重（%）	9.4	1.6
涉海就业人数（万人）	3623	326
涉海就业人数占全国就业人数比重（%）	4.67	2.16

注：因美国海洋经济相关数据更新至2016年，此处用2016年的数据做对比。

资料来源：《中国海洋统计年鉴2017》，以及美国国家海洋经济计划（NOEP）网站（https://www.oceaneconomics.org）。

① 资料来源：根据《2019年国民经济和社会发展统计公报》《2019年中国海洋经济统计公报》，以及2019年沿海各省（区、市）《国民经济和社会发展统计公报》计算整理而得。

二　海洋产业结构

从产业结构看，2019 年中国海洋产业增加值为 35724 亿元，占海洋生产总值的 40.0%，其中主要海洋产业、海洋科研教育管理服务业增加值分别为 33609 亿元、19356 亿元；海洋相关产业增加值为 30449 亿元，占海洋生产总值的 36.5%。按照三次产业结构核算，2019 年中国海洋第一、第二、第三产业增加值分别为 3729 亿元、31987 亿元、53700 亿元，三次产业结构比例为 4.2∶35.8∶60.0（见图 3－2），呈现“三、二、一”的良好结构态势，产业结构不断优化。在海洋主要产业中，滨海旅游业、海洋交通运输业和海洋渔业等传统产业占主导地位。[①]

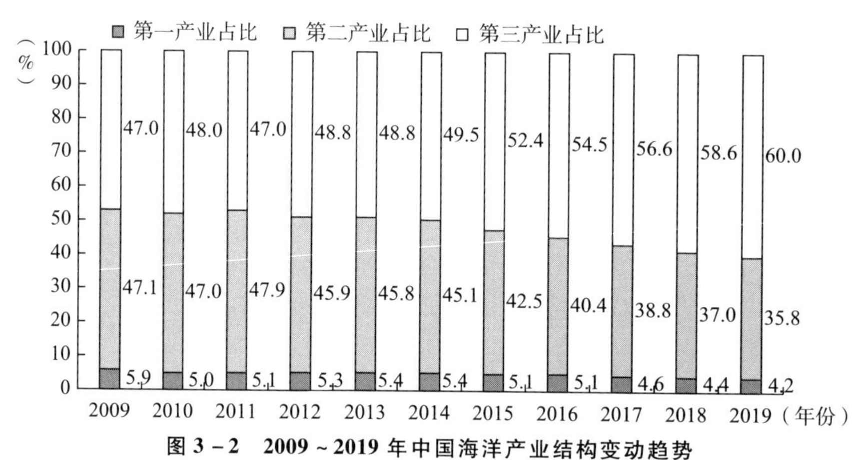

图 3－2　2009～2019 年中国海洋产业结构变动趋势

资料来源：根据历年《中国海洋经济统计公报》整理所得。

（一）海洋渔业平稳增长

2019 年，中国海洋渔业实现增加值 4715 亿元，比上年增长 4.4%。在海洋渔业“转方式、调结构”背景下，海洋捕捞产量持续减少，近海渔业资源得到一定恢复。截至 2016 年[②]，海洋水产品产量为 3490.1

---

① 资料来源：《2019 年中国海洋经济统计公报》。

② 注：因数据的可得性，此处引用 2016 年的相关数据，数据来源于《中国海洋统计年鉴 2017》。

万吨，比上年增长2.4%。其中，海水养殖产量持续增加，达到1963.1万吨，比上年增长4.7%；海洋捕捞产量增速有所放缓，为1328.3万吨，比上年增长1.0%；远洋捕捞产量为198.8万吨，比上年减少9.3%。2016年，海水养殖面积明显减少，为216.7万公顷，比上年减少6.5%。2016年，远洋渔船数量达到2571艘，比上年增长2.3%；总功率达到240.4万千瓦，比上年增长11.5%。

（二）海洋油气业略有增长，海洋战略性新兴产业发展势头较好

2019年，海洋油气业全年增加值为1541亿元，比上年增加4.7%。其中，海洋原油产量为4916万吨，比上年增长2.3%；海洋天然气产量再创新高，达到162亿立方米，比上年增长5.4%。海洋矿业保持平稳发展，实现增加值194亿元，比上年增长3.1%。海洋盐业产量保持稳定，实现增加值31亿元，比上年增长0.2%。海洋化工业发展平稳，生产效益显著，实现增加值1157亿元，比上年增长7.3%。海洋生物医药业快速增长，实现增加值443亿元，比上年增长8.0%。海洋电力业发展势头强劲，全年实现增加值199亿元，比上年增长7.2%。此外，海上风电装备“走出去”取得重大进展，海洋能技术已达国际先进水平，中国已经在南非、泰国等国家承担风电建设工作。海水利用业发展较快，产业标准化、国际化步伐加快，多个项目有序推进，全年实现增加值18亿元，比上年增长7.4%。海洋船舶造船完工量显著增加，实现增加值1182亿元，比上年增长11.3%。海洋工程建筑业发展向好，实现增加值1732亿元，比上年增长4.5%。

（三）海洋第三产业增长较快，海洋新业态成为海洋经济新增长点

2019年，海洋交通运输业总体发展稳定，海洋运输服务能力不断提高，全年实现增加值6427亿元，比上年增长5.8%，海洋货运量比上年增长8.4%；滨海旅游业发展规模进一步扩大，实现增加值18086亿元，比上年增长9.3%，邮轮游艇旅游、海岛游等新业态成为海洋旅游的新增长点。2019年中国主要海洋产业增加值构成如图3－3所示。海洋服务业充分利用当前互联网的快速发展态势，将海洋服务与大数据等信息服务结合起来，使海洋生产服务更加便捷高效。

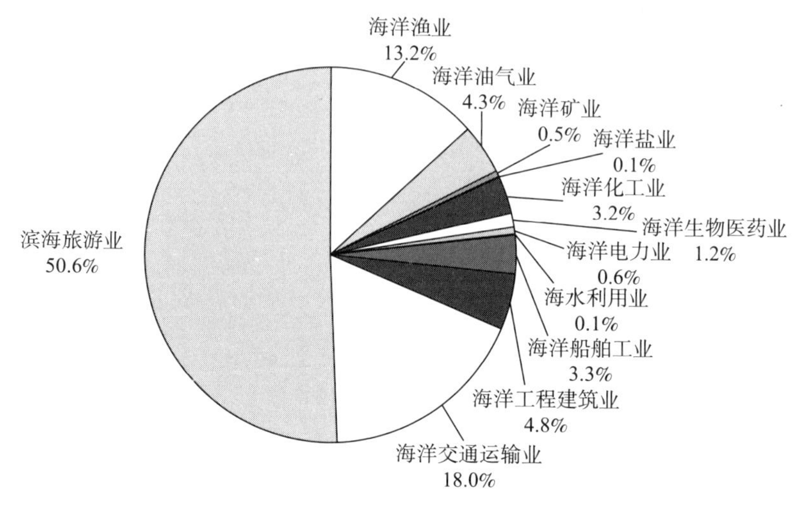

图 3－3　2019 年中国主要海洋产业增加值构成

资料来源：《2019 年中国海洋经济统计公报》。

三　区域海洋经济

中国海岸线曲折绵延，海洋经济的快速发展也给众多沿海省（区、市）带来高速发展的机遇。中国主要有三大海洋经济圈，即北部海洋经济圈、东部海洋经济圈和南部海洋经济圈[①]。2019 年，北部海洋经济圈海洋生产总值为 26360 亿元，比上年名义增长 8.1%，占全国海洋生产总值的比重为 29.5%；东部海洋经济圈海洋生产总值为 26570 亿元，比上年名义增长 8.6%，占全国海洋生产总值的比重为 29.7%；南部海洋经济圈海洋生产总值为 36486 亿元，比上年名义增长 10.4%，占全国海洋生产总值的比重为 40.8%。[②] 按照五大海洋经济区域[③]划分，环渤

① 北部海洋经济圈是由辽东半岛、渤海湾和山东半岛沿岸地区组成的经济区域，主要包括辽宁省、河北省、天津市和山东省的海域与陆域。东部海洋经济圈是由长江三角洲的沿岸地区组成的经济区域，主要包括江苏省、上海市和浙江省的海域与陆域。南部海洋经济圈是由福建、珠江口及其两翼、北部湾、海南岛沿岸地区组成的经济区域，主要包括福建省、广东省、广西壮族自治区和海南省的海域与陆域。

② 数据来源：《2019 年中国海洋经济统计公报》。

③ 五大海洋经济区域为环渤海经济区、长三角经济区、海峡西岸经济区、珠三角经济区和北部湾经济区。

海、长三角和珠三角经济区有着雄厚的经济实力、发达的制造体系、先进的科学技术、高度开放的社会环境，是中国海洋经济的重要发展区域，海洋生产总值占全国海洋生产总值的85%左右，2016年，三个地区占全国海洋生产总值的比重分别为34.5%、28.2%和22.5%。[①]

（一）环渤海经济区

环渤海经济区位于中国东部沿海的最北方，是中国面向东北亚地区对外开放的门户，是中国海洋经济发展主要聚集区，包括辽宁省、天津市、河北省、山东省的海域与陆域。

环渤海经济区依靠独特的海洋资源禀赋和地缘优势取得了快速发展，海洋生产总值连续多年居中国沿海五大经济区首位。2016年，环渤海经济区海洋生产总值为24323.0亿元，占全国海洋生产总值的比重为34.5%，占地区生产总值的比重为17.3%（见图3-4）；环渤海经济区海洋产业增加值为14006亿元，海洋相关产业增加值为8651亿元；滨海旅游业、海洋交通运输业、海洋渔业、海洋工程建筑业四大产业增加值占该地区主要海洋产业增加值的87.7%。

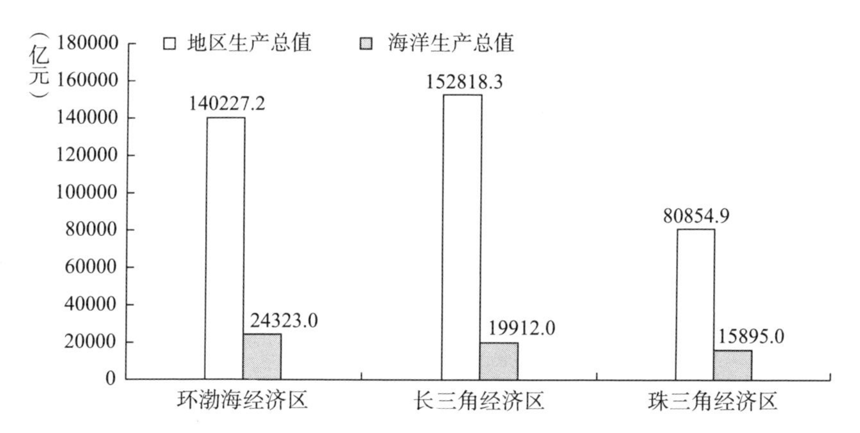

图3-4 2016年环渤海、长三角、珠三角经济区生产总值与海洋生产总值

资料来源：《2016年中国海洋经济统计公报》。

① 注：2018年起，国家海洋经济区域划分由五大经济区变更为三大经济圈。因数据的可得性，下文对环渤海、长三角和珠三角经济区的相关描述采用2016年数据，相关数据资料来源于《2016年中国海洋经济统计公报》。

环渤海经济区在海洋交通运输业、海洋渔业等产业方面具有优势。青岛、天津和大连三大枢纽港口环绕渤海呈满弓状，连同丹东、营口、黄骅、烟台、威海、曹妃甸、日照等地形成了世界上密集程度最高的港口群。在海洋渔业方面，环渤海经济区海水养殖面积占全国的62.6%，海水养殖产量占全国的45.08%，海洋捕捞产量占全国的28.05%。

（二）长三角经济区

长三角经济区包括上海、浙江和江苏等省市，是中国经济最为发达的地区之一。以发达的陆域经济为支撑，长三角经济区海洋产业发展良好，在全国海洋经济中占据重要地位。2016年，长三角经济区海洋生产总值为19912.0亿元，占全国海洋生产总值的比重为28.2%，占地区生产总值的比重为13.0%；长三角经济区海洋产业增加值为12514亿元，海洋相关产业增加值为8153亿元；滨海旅游业、海洋交通运输业、海洋船舶工业和海洋渔业四个产业增加值占该地区主要海洋产业增加值的92.4%。

目前长三角经济区海洋产业重型化、高端化趋势已经显现。该经济区在海洋工程装备制造业、海洋船舶工业等方面处于领先地位，已成为中国主要的海洋工程装备及相关配套产品的研发与制造基地。该经济区聚集了数十家海洋工程装备研发机构以及100多家船舶和海洋工程制造企业，产业规模和集群效应不断扩大。上海、江苏和浙江已经分别成为中国海洋工程装备制造业、海洋船舶制造及修造的中心。

（三）珠三角经济区

珠三角经济区以广东省沿海地区为主。进入21世纪以来，珠三角经济区海洋产业总量不断增长，结构逐步优化。2016年，珠三角经济区海洋生产总值为15895.0亿元，占全国海洋生产总值的比重为22.5%，占地区生产总值的比重为19.7%；珠三角经济区海洋产业增加值为10224亿元，海洋相关产业增加值为5744亿元；滨海旅游业、海洋交通运输业、海洋化工业和海洋工程建筑业四个产业增加值占该地区主要海洋产业增加值的83.4%。

随着海洋开发向经济社会各个领域的全方位渗透，珠三角经济区海洋产业体系已扩展到第一、第二、第三产业的各个类别。近年来，该经济区大力推动资源开发利用型和制造型海洋产业发展，不断拓展海洋经济的深度和广度，海洋传统产业稳步发展，海洋生物制造、海水综合利用等高新技术产业逐步壮大，观赏渔业、游艇旅游业等新兴产业不断涌现，形成了以海洋交通运输业、海洋渔业、滨海旅游业和海洋油气业为主体，海洋船舶制造、海洋电力、海洋生物医药等产业全面发展的区域海洋产业格局。

2019 年 2 月 18 日，中共中央、国务院正式发布《粤港澳大湾区发展规划纲要》。在这一主要针对珠三角 9 市及香港、澳门的国家级发展战略规划中，明确强调大力发展海洋经济，建设现代海洋产业基地。据统计，大湾区中珠三角 9 市范围内现有涉海单位约 15650 家，主要涉及海洋旅游业（7490 家）和海洋交通运输业（4559 家），其次为海洋船舶工业（591 家）、海洋技术服务业（591 家）、海洋信息服务业（532 家），此外还有海洋管理产业、涉海金融服务业、海洋渔业、海洋水产品加工业等的涉海单位。

（四）沿海省（区、市）海洋经济发展比较

具体到沿海 11 个省（区、市）的海洋经济发展情况来看，沿海各省（区、市）在海洋经济规模和效益、海洋产业结构等方面存在一定差异。在海洋经济规模总量方面，广东、山东位列前二且远超其他省（区、市），辽宁、河北、广西和海南的海洋经济规模较小（见图 3－5），这在一定程度上可能与其所在地理位置及当地经济社会发展状况有关。①

在产业结构方面，2016 年，上海、福建、海南海洋生产总值占 GDP 比重均接近 30%，广东、山东、江苏及浙江等海洋大省与之相比还有一定差距（见表 3－2）。沿海各省（区、市）海洋经济的三次产业结构比较合理，基本呈现第二、第三产业并重的均衡发展格局，但辽宁、江苏、山东、广西等地区海洋经济中的第三产业占比低于上海、福

① 注：因数据的可得性，下文对沿海 11 个省（区、市）海洋经济的相关描述采用 2016 年数据，相关数据来源于《中国海洋统计年鉴 2017》。

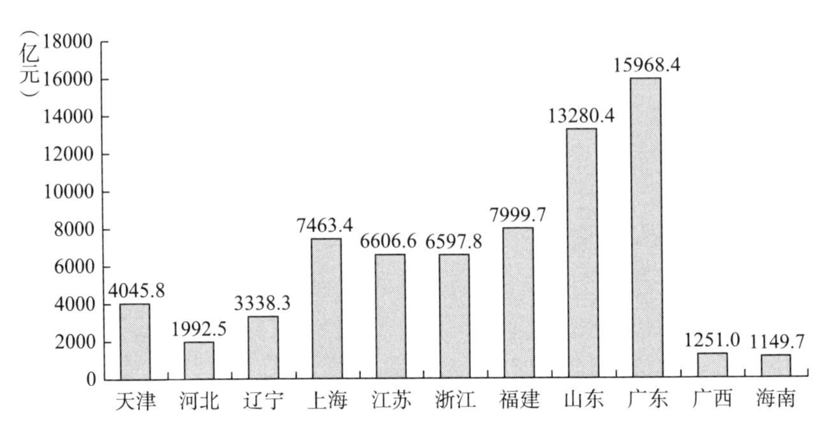

图 3－5 2016 年沿海省（区、市）海洋生产总值

资料来源：《中国海洋统计年鉴 2017》。

建、广东及海南等地区。其主要原因在于沿海各省（区、市）的经济规模差别较大；此外，辽宁、广西和海南的海洋第一、第二产业结构仍有待优化。综合来看，沿海 11 个省（区、市）中上海的海洋经济三次产业结构最为合理；其次是广东，广东的海洋产业分布健全，制造业基础雄厚，服务业规模也较大，但与上海相比，广东的第三产业仍有很大提升空间。

表 3－2 2016 年沿海省（区、市）海洋三次产业结构及海洋生产总值占 GDP 比重

单位：%

省（区、市）	第一产业	第二产业	第三产业	海洋生产总值占 GDP 比重
全国	5.1	39.7	55.2	16.4
天津	0.4	45.4	54.2	22.6
河北	4.4	37.1	58.5	6.2
辽宁	12.7	35.7	51.6	15.0
上海	0.1	34.4	65.5	26.5
江苏	6.6	49.8	43.6	8.5
浙江	7.6	34.7	57.7	14.0
福建	7.3	35.7	57.0	27.8
山东	5.8	43.2	51.0	19.5
广东	1.7	40.7	57.6	19.8

续表

省（区、市）	第一产业	第二产业	第三产业	海洋生产总值占 GDP 比重
广西	16.3	34.7	49.0	6.8
海南	23.1	19.5	57.4	28.4

资料来源：《中国海洋统计年鉴 2017》。

从具体产业来看，海水养殖主要集中在山东、福建、辽宁及广东，海洋捕捞分布在除上海、天津、河北、江苏和广西之外的其他地区；海洋原油及天然气产量主要集中在天津和广东；海洋矿业主要集中在山东、浙江、广西和福建；海洋盐业主要集中在山东；在海洋造船方面，江苏具有明显的产业优势，上海、辽宁、浙江及广东也具备一定规模；在港口方面，海洋货物周转量和国际标准集装箱吞吐量主要集中在上海和广东，此外，辽宁、浙江、福建和山东规模也较大。

在经济效益方面，沿海各省（区、市）海洋经济效益水平不一，存在较大的提质增效空间。2016 年，沿海各省（区、市）单位海岸线 GDP 从 0.59 亿元/千米到 44.48 亿元/千米不等，除上海和天津两直辖市外，辽宁、浙江、福建、广西和海南的单位海岸线 GDP 在沿海省（区、市）中仍处于偏低的水平；在第二梯队中，河北、江苏、山东的单位海岸线 GDP 均超过 4 亿元/千米，只有广东处在偏低水平（见表 3－3），说明大部分沿海省（区、市）海洋经济发展较为粗放，效益弱势较为突出，海洋经济提质增效仍存在较大空间。

表 3－3　2016 年沿海省（区、市）单位海岸线 GDP

单位：亿元/千米

省（区、市）	单位海岸线 GDP	省（区、市）	单位海岸线 GDP
天津	30.33	福建	2.65
河北	4.09	山东	4.25
辽宁	1.53	广东	3.70
上海	44.48	广西	0.85
江苏	6.35	海南	0.59
浙江	2.93		

资料来源：根据《中国海洋统计年鉴 2017》数据及沿海省（区、市）海岸线长度计算所得。

四 海洋科研创新情况

近几年，中国海洋科研创新保持稳步发展，截至2016年已经取得瞩目的成绩。[①] 截至2016年，中国有海洋科研机构160家，其中海洋基础科学研究机构有100家，海洋工程技术研究机构有48家，海洋信息服务机构有9家，海洋技术服务机构有3家；有海洋从业人员29258人，其中科技活动人员达25946人；海洋科研机构承担海洋科技课题18139项，R&D课题13883项，发表海洋科技论文16016篇，出版海洋科技著作369种；专利授权数达2851件，其中发明专利1876件，拥有发明专利总数8332件。在经费方面，2016年海洋科研机构经费收入总计249.88亿元，海洋科研机构R&D经费支出为131.49亿元。海洋科研创新力量主要集中在环渤海、长三角和珠三角地区。

截至2016年，中国沿海11个省（区、市）在创新投入规模和创新能力方面仍然存在较大差异。广东的海洋经济创新能力居全国首位，在投入规模、从业人数和创新专利成果方面均占全国的10%以上，其中拥有发明专利总数占比超过全国的30%；天津、山东、上海、浙江等省市的海洋科技创新综合实力排名在沿海省（区、市）中也比较靠前，但和广东仍有一定差距；此外，天津、上海、浙江和福建的创新专利数量与其投入规模不成正比，说明其海洋创新效率偏低；与其他省（区、市）相比，河北、福建、广西和海南的海洋科研创新投入规模很小，创新能力较差，这与其海洋经济基础以及所处地理位置有一定关系。此外，北京虽然不是沿海城市，但其海洋科技创新投入占全国总量的1/4以上，拥有发明专利总数占全国的近20%（见表3－4），综合实力不容小觑，这在一定程度上与其政治背景有关。

海洋教育方面，2016年中国开设海洋专业的高等院校达537个，专任教师数388477人。高等教育和中等职业教育海洋专业毕业生数分

① 注：因数据的可得性，下文相关描述采用2016年数据，相关数据来源于《中国海洋统计年鉴2017》。

别为92524人和16003人；招生人数分别为81141人和17804人；在校人数分别为278783人和38756人。

表3-4　2016年沿海省（区、市）及北京海洋科研创新情况

地区	省（区、市）	科研机构（家）	占全国比重（%）	从业人员（人）	占全国比重（%）	海洋科研机构经费投入（亿元）	占全国比重（%）	拥有发明专利总数（项）	占全国比重（%）
环渤海	天津	11	6.88	2012	6.88	15.92	6.37	168	2.02
	河北	5	3.13	525	1.79	2.39	0.96	4	0.05
	山东	20	12.50	3532	12.07	36.07	14.43	1071	12.85
	辽宁	17	10.63	1992	6.81	17.73	7.10	703	8.44
长三角	上海	11	6.88	2571	8.79	37.77	15.12	548	6.58
	江苏	8	5.00	1441	4.93	12.28	4.91	419	5.03
	浙江	19	11.88	1839	6.29	12.91	5.17	220	2.64
海峡西岸	福建	14	8.75	1193	4.08	7.82	3.13	150	1.80
珠三角	广东	22	13.75	4542	15.52	29.19	11.68	2847	34.17
环北部湾	广西	8	5.00	436	1.49	1.42	0.57	78	0.94
	海南	3	1.88	290	0.99	1.59	0.64	36	0.43
	北京	18	11.25	7408	25.32	65.06	26.04	1651	19.82

资料来源：《中国海洋统计年鉴2017》。

五　海洋综合管理情况

近年来，中国海洋行政管理工作扎实推进，各项海洋工作取得明显成效。2016年[①]颁发海域使用权证书3413本，其中山东占1/3，河北、辽宁占比也较大，其他省（区、市）占比较小；确权海域面积为291308.2公顷，其中山东占45.0%，辽宁占36.6%；征收海域使用金65.46亿元，但广东、浙江等海域面积较大的省份确权工作推进相对缓慢。2011~2016年，依法批准开发利用无居民海岛17座，其中祥云岛用岛面积最大，为1492.8公顷，其他无人岛用岛面积均不足100公顷，

① 因数据的可得性，下文相关描述采用2016年数据，相关数据资料来源于《中国海洋统计年鉴2017》。

大部分不足10公顷。在海洋倾废管理方面，全年共签发疏浚物海洋倾倒许可证412份，新选划倾倒区18个。在海洋行政执法方面，实施各项海洋执法检查共6405项合计16039次，发现违法行为86起，主要集中在海域使用、海洋工程建设项目环境保护、海洋倾废和海岛保护等方面。

此外，2016年全国提供海洋数值预报服务共43711次，开展海洋调查项目705个，获得数据共85.0万个，各项海洋观测数据获得量共13785.3MB，全年接收存档卫星遥感数据量共计109223.7GB。2016年接收纸质档案19397卷（册），电子档案5376GB；共有12项国家标准和56项行业标准通过立项审查，出版国家标准12项、行业标准20项。

第二节　中国海洋经济SWOT分析

一　优势

（一）海洋资源丰富，为海洋经济发展提供充足的资源保障

中国大陆岸线长达1.8万千米，管辖海域约300万平方千米，面积在500平方米以上的岛屿有7300多个。中国海域面积辽阔，蕴藏资源丰富，属于名副其实的海洋大国。

海洋生物资源丰富。据统计，中国海域已知海洋生物约2.6万种，占全球海洋已知生物种类数量的10%以上。近海海洋生物种类繁多，超过20000种。海洋渔场面积广阔，2019年中国水产品产量为6480.36万吨，养殖产量为5079.07万吨，捕捞产量为1184.27万吨。[①]

海洋矿产资源充足。2016年，海洋油气资源沉积盆地约70万平方千米，中国石油累计探明技术可采储量约为12.43亿吨，天然气累计探明技术可采储量约为0.66万亿立方米[②]，同时海底蕴藏着大量的天然气水合物资源，即已成为美国等海洋强国大力研究开发的绿色环保能源

① 数据来源：《2020中国渔业统计年鉴》。

② 数据来源：《中国海洋统计年鉴2017》。

“可燃冰”，仅南海海底发现的“可燃冰”储量就高达数百亿吨。中国拥有大量滨海砂矿资源，主要包括钛铁矿、锆石、金红石等几十种矿石，其中以广东海滨矿砂资源最为丰富，储量居全国首位。

海洋旅游资源丰富。中国海岸线长，纬度跨度大，沿海城市众多，海岛众多，分布密集，旅游及文化景点多样。2019 年，全国滨海旅游业增加值同比增长 9.3%①，滨海旅游业发展迅速，是海洋经济发展的支柱产业。

中国海洋资源丰富，类型多样，为中国海洋经济的发展提供了充足的资源保障，使其可以满足各种类型的需求，市场发展前景广阔。

（二）国内市场巨大，可以充分应对国际市场萎缩和风险

沿海地区港口众多，上海港、广州港等均为世界级的知名港口，有着便利的海运条件，通过内引外联，成为中国内陆地区和对外联系的重要窗口。沿海城市有着天然的联系属性，当国际市场萎靡不振时，中国作为人口大国，人均 GDP 不断上升，购买力也不断上涨，因此有着潜力巨大的国内市场，在应对国际风险和危机时可以缓解国际市场不振带来的增长压力。

（三）保障体系较为完善

中国在开发和利用海洋资源时，一直坚持保障绿色共享的发展理念，坚持保护资源、保护生态环境，使有限的海洋资源满足高速增长的经济社会发展需求，以优良的海域供应政策和海洋开发策略促进海洋经济发展模式由粗放、污染的模式向集约型、环境友好型模式转变。中国不断加强立法，陆续颁布《领海及毗连区法》《海洋环境保护法》《渔业法》《港口法》等 20 多部涉海法律法规，初步构建起中国海洋法律制度框架；加强制度管理，设立南海海洋分局，对海洋进行更好的研究和开发。2014 年 1 月，“促进全国海洋经济发展部际联席会议制度”由国务院批复建立，编制印发第一次全国海洋经济调查总体方案、管理办法和实施方案，为海洋制度的完善添砖加瓦。

---

① 自然资源部海洋战略规划与经济司 2020 年 5 月发布的《2019 年中国海洋经济统计公报》。

二　劣势

（一）海洋经济发展水平落后，经济发展不平衡、不协调

从总量上看，中国海洋经济发展水平在世界海洋国家中处于中上水平，总量低于美国、日本等发达国家，而且由于中国是人口大国，其人均产值、劳动生产率、经济效益等方面和发达国家相比依然有着不小的差距。同时中国海洋经济发展中不平衡、不协调的结构性问题依然严峻。中国沿海地区海洋产业结构、产业种类趋同较为明显，近海海域污染问题严重，诸多问题制约了海洋经济的持续健康发展，重点领域和关键环节依然需要进一步改革。以海洋资源开发利用为例，近海资源开发无序与开发过度问题突出，岸线承载功能众多，自然岸线过度开发，比例不断降低，岸线经济密度远低于美国、日本等；近海开发过度而深海、远海开发利用率较低，对海洋产业的发展贡献有限。此外，沿海地区无序竞争、产业结构趋同、重复建设的问题依然没有得到有效解决，沿海海洋产业没有形成产业集聚效应和规模效应，海洋经济发展依旧需要实施供给侧结构性改革。区域发展不平衡不协调的问题也较为突出，当前中国主要的海洋经济大省为广东、山东、江苏、浙江，其他省份的海洋经济总量较小，产业结构不够合理，海洋第一产业占比较高，尚未进入海洋经济工业化和服务化阶段，因此仍旧需要长期的产业升级和海洋经济发展。

（二）海洋经济的市场化建设有待加强

海洋经济是外向型经济，外向型经济的发展离不开国际合作，因此海洋发挥着国际要素充分流动的作用。随着海洋经济的发展，海洋资源、空间、技术、劳动、资本等已经全部纳入了海洋经济快速而自由的要素流动模式之中。中国的海洋经济需要进行结构性改革，其中存在的重要问题就是海洋要素流动的不迅速、不平衡、不充分。资本、技术、劳动等要素没有充分进入市场，海洋经济的管理模式依然沿用过去的方式，市场作为要素流动的活力没有被充分激发出来，海洋外向型经济的潜在动力还未完全释放。

（三）中国海洋制度建设有待完善

海洋公共管理制度既是促进海洋开发的重要部分，也可能是海洋经济进一步发展的阻碍因素。由于海洋和大陆的空间架构和资源的异质性，海洋管理制度面临诸多不确定性。中国的海洋战略刚刚起步，海洋科技力量仍然较弱，海洋生态建设依旧有待加强，海洋军事力量和世界发达国家相比仍有不小的差距，因此中国海洋建设依赖于更高标准、更长远和精准的制度规划。

当前，中国的海洋制度建设遇到了诸多问题。首先，中国海域广阔、海岸线绵长，海洋制度建设要根据中国的实际情况来具体确定，而广大的海洋空间就成为中国政府了解海洋、认识海洋的阻碍。其次，中国海洋科技投入和主要海洋强国相比有着不小的差距，而中国政府在鼓励海洋科技、促进海洋产出方面还未找到行之有效的政策。最后，中国不断加强海洋经济建设，必将和国际主要海洋强国进行充分的合作和竞争，中国需要加强针对海洋的相关立法行动，用法律制度保障中国的海洋经济安全，而中国在海洋公共服务层面缺乏顶层设计。

（四）科技投入有待加大，产业供给侧改革方兴未艾

海洋产业分为传统产业和新兴产业，传统产业的附加值已经见顶，海洋供给侧结构性改革首要的任务就是改革传统产业，从产品供应及产业链延伸角度，在高品质、低成本的基础上提供更加优质的产品。对于战略性新兴产业来说，海洋新兴产业具有风险高、回报周期长、科技含量高等特点，战略性新兴产业的培育就是未来中国海洋经济发展的主要方向和前进动力，也是难点和重点。当前，中国海洋战略性新兴产业对海洋经济的引擎作用尚未凸显，海洋新兴产业的增加值占比仍较小，仅占海洋经济总量的1/4，并且海洋战略性新兴产业主要贡献力量为科研教育管理服务业，第二产业占比较低。海洋实体经济发展缓慢，也影响着海洋经济的潜在动力和未来发展方向。中国海洋经济科技要素含量低，科技投入占GDP的比重只有2%左右，海洋科技的投入占比也相对较低，海洋科研成果的产出不如主要海洋强国。例如，中国船舶业技术水平、核心竞争力、创新能力相对较弱，从船舶出口结构来看，仍然以

油船、散装船为主，承接的订单中高端船舶产品占比很小。虽然中国已经成为世界渔业大国，但渔业仍然处在粗放式、浪费式的发展阶段，在装备技术水平、作业方式等方面与海洋渔业强国差距明显。总之，中国的海洋产业缺乏核心技术，仍集中在渔业、油气业等传统基础产业，技术水平和层次总体偏低，而高新技术产业起步较晚，仍需要相当长的发展时间，当前中国的海洋产业仍与产业链和价值链的高端行列有一定的差距。

三 机遇

（一）国家重视海洋经济发展，政策支持力度不断加大

20 世纪 90 年代以来，中国一直将发展海洋经济作为促进经济发展的重要举措。党的十六大提出“实施海洋开发”的战略，党的十八大、十九大重提“建设海洋强国”的发展战略。2013 年 9 月，习近平主席出访中亚、东南亚期间提出“一带一路”合作倡议，连通世界主要海洋国家，为世界海洋经济的发展提出重要的方案。2019 年 2 月 18 日，《粤港澳大湾区发展规划纲要》正式出台，标志着中国在探索海洋经济、湾区经济的建设与发展上又迈出一大步。

（二）新兴产业成为海洋经济新的增长极

国务院 2010 年公布的《关于加快培育和发展战略性新兴产业的决定》提出，要大力扶持涉海型战略性新兴产业。由于海洋产业风险高、开发难度大，海洋产业有着陆地产业没有的高技术性、绿色节约型等特性，海洋产业具有一定的高端性。当今世界，各国纷纷转型，更加注重实体经济，着重发展先进制造业和高技术制造业，海洋生物医药、海洋新能源、海上风电等高技术产业有着高成长性和高附加值，海洋服务业新产业、新业态层出不穷，邮轮游艇等新式旅游业态快速发展，海洋新兴产业的快速增长将成为海洋经济新的支撑。

（三）海洋供给侧结构性改革成为海洋经济新的发展模式

中国经济从高速发展模式进入中高速增长模式，经济进入新常态，过去粗放型的发展模式难以为继，需要对海洋产业结构进行调整和优

化。针对中国经济发展的痛点，中国提出“供给侧结构性改革”这一重要发展模式，为国内经济注入新的活力，也为海洋经济改变发展模式、提升经济质量做出指引。

四 挑战

（一）国际竞争激烈，海洋经济面临较大的不确定性

发达国家由于经济技术发展较早，海洋经济较为发达，也更为重视海洋经济的发展。美国提出《21世纪海洋发展战略》，在海洋生态保护、海洋经济、海洋探查和海洋科研教育四个核心层面提出要建设新世纪的海洋强国。英国提出“英国2025海洋计划”和“英国海洋战略2010—2025”，支持海洋经济、社会、科研等多方面的发展。日本在2007年通过了《海洋基本法》，在法律层面为日本海洋经济发展提供根本保证，展现了日本实施海洋战略的雄心。世界各国纷纷在海洋建设方面发力，加强在海洋领域的竞争。由于中国海洋产业起步较晚，中国海洋经济仍处在较为低端的位置，核心技术受制于发达国家，因此面临着更复杂的海洋竞争环境。

（二）贸易保护主义抬头，给中国海洋经济带来较大风险

自特朗普执政以来，美国频频对世界各国贸易政策进行抨击，中美贸易摩擦仍在持续，同时其他各国也加强贸易保护主义，对核心技术或者产品实行禁止贸易、禁运等措施，这对具有外向型特点的海洋经济来说是不小的挑战，中国海洋经济和世界贸易高度相关，贸易保护主义将大大冲击中国的海洋经济发展。

（三）灾害频发，海洋生态面临威胁

中国海域面积广阔，海洋生态治理和保护的难度也大大增加。沿海工业的快速发展，虽然为经济高速增长做出巨大贡献，但也造成了不小的生态污染，众多海域海洋水质刚刚达标，仍有大量水源地污染严重。同时，中国每年频繁遭受台风、赤潮等海洋灾害，广东、福建、浙江等海洋大省是台风重灾区。中国海洋生态环境面临较大威胁，也严重威胁着海洋经济社会的健康发展。

第三节 中国海洋经济供给侧结构性改革的现状

当前中国经济面临新的形势，经济进入新常态。海洋经济发展业已进入新的时期，需要推动供给侧结构性改革在海洋经济领域的应用，继续推进“三去一降一补”，加快产业转型升级。

一 海洋经济去产能

海洋传统产业如海洋渔业、海洋石油等资源依赖型产业，由于过去的开发模式单一，不注重生态环保等问题，海洋产品的产出受到量和质的双重阻碍。随着中国经济进入新常态，海洋产业的发展也遇到瓶颈，产出下降、收益降低等问题严重阻碍了海洋产业的发展。低质量、低附加值的海洋产品现状亟待改变。为此中国在海洋经济去产能方面采取了大量措施。第一，在海洋渔业方面，加快推进渔民转产转业，实施减船转产工程，升级改造渔船，逐步淘汰老旧渔船，发展选择性好、高效节能的捕捞渔船，提出到2020年全国压减海洋捕捞机动渔船2万艘、功率150万千瓦，2020年国内海洋捕捞总产量减少到1000万吨以内。第二，从船舶出口结构来看，仍然以油船、散装船为主，承接的订单中高端船舶产品占比很小。因此中国应大力提升海洋装备制造水平，提高高端产能比重，降低传统造船业产能，提升行业准入标准，推动海洋造船业的中小企业兼并重组。第三，港口资源存在浪费现象，因此需要化解港口重复建设和产能过剩问题，整合港口资源。如天津港与唐山港集团合资经营集装箱码头，西北部湾沿海港口群实现统一规划、统一建设、统一管理、统一运营。

二 海洋经济去杠杆

相对于较为安全的陆域经济，海洋自然环境更加复杂多变，并且由于远离陆地，经营环境大不相同，沿海地区涉海企业面临的自然灾害也较为频繁，产业投入大、周期长等都使民营企业面临极高的不确定风险。而中国在企业风险保护方面有待加强，金融服务已经不能满足当前涉海企业的需求，需要更高水平的融资、保险等金融服务。当前，涉海中小企业缺乏有效的资本市场支撑，金融机构更加偏好具有较强实力的大中型企业，商业性银行贷款利率高、期限短，中小企业实力不足，无法满足银行在信贷等方面的要求。因此，海洋经济发展需要增强投融资和远洋、灾害保险等海洋金融服务能力。海洋金融供给不足、金融服务相对欠缺，会造成企业负债率较高，面临较大的经营风险。因此，去杠杆有助于促进涉海企业的规范运营，降低风险。2018 年，中国规模以上涉海工业企业资产负债率为 56.0%，同比降低 3.6%；每百元主营业务收入成本为 78 元，同比减少 1.7 元。因此政府应降低企业负债率，加速进行企业市场化债转股改造，持续优化债务结构。同时，政府加强对海洋金融产品的创新、提高银行等对涉海企业的金融服务能力，针对不同主体提供针对性的金融支持。

三　海洋经济去库存

无效的供给大大制约了海洋经济的有效产出。如海工产业过去快速发展，海工装备产品基本实现全领域覆盖，但由于国际金融危机、国际油价大跌等因素，国际市场大幅萎缩，造成海工产品库存大量积压，影响企业持续经营。为此海工产业创新商业模式，通过开展基金投资、融资租赁、资产重整等多种途径推动海工装备产业改革，强化项目全过程风险管控，帮助企业解决融资和运营租赁问题，提高了应对市场风险的能力。

四　海洋经济降成本

海洋经济作为战略性新兴产业，是中国建设现代化产业体系的重中之重，海洋产业的发展需要更多政策支持，可通过降低成本来支持海洋经济的发展。由于原材料价格逐渐上涨，国内人工、土地等成本不断攀升，企业运营成本压力也逐渐上涨。海洋相关产品科技含量高、开发难度大，需要大量的资本投入，企业创新也面临较大的成本压力。因此需要针对海洋经济进行改革，降低运营成本与研发成本，提升竞争力。第一，政府加大对海洋制造业的投资力度，同时提供优惠政策，切实推进减税降费，确保企业的税费成本降低。第二，政府优化服务流程，降低交易成本，切实推动要素依据市场经济充分流动，同时减少审批、认证等环节，降低制度性交易成本。第三，对涉海企业的研发进行补贴，对高技术企业进行资金补贴和研发支持，切实促进科技创新活动的实施。第四，企业推动信息化建设，大力发展工业机器人、智能制造等新型制造技术，在降低人工成本的同时提升制造效率。推进“互联网 + 港口物流”新模式，对传统港口进行智能化改造。

五　海洋经济补短板

中国海洋产业起步较晚，发展水平与国际先进地区仍有较大差距，需要多方面补足短板。首先，中国海洋产业缺乏核心技术。目前中国仍然以海洋传统产业为主，技术水平与层次总体偏低，高技术产业仍需要较长时间的发展。其次，中国海域面积辽阔，广阔的海洋空间成为中国制定完善合理政策的较大阻碍，中国海洋产业在制度设计与创新层面较为缺乏。最后，中国海洋科技投入仍有较大缺口，海洋战略性新兴产业的培育依旧处于起步阶段。海洋经济的发展需要大力补足短板，应在多个方面对中国海洋经济实施改革。

中国大力发展智慧渔业，发展“互联网 + 渔业”和物联网技术，产学研多级支持海洋渔业科技创新发展，推动海洋第一、第二、第三产业相互融合，逐步形成集养殖、加工、休闲等于一体的现代渔业体系，完善渔业产业链，全面提升水产品加工工艺水平和装备现代化水平。

中国海上风电业为战略性新兴产业，虽然起步较晚，但已经取得较快发展。截至 2016 年底，中国海上风电累计装机容量为 162 万千瓦，海上风电占全国风电装机总量的比重为 0.96%。2016 年，中国海上风电新增装机 154 台，容量达到 59 万千瓦，同比增长 64%。国家能源局印发《全国海上风电开发建设方案（2014—2016）》《海上风电开发建设管理办法》等，从政策层面鼓励和引导海上风电健康发展，实现能源结构调整，为海上风电的发展提供支持。

海工装备制造业是中国战略性新兴产业的重要组成部分和高端装备制造业的重点发展方向，相关海工装备企业通过自主研发、引进技术、参股并购等形式，大力培育发展海工装备制造业的核心优势配套产品，加快从陆地向海洋的装备制造领域的拓展。相关部门也推出一系列政策文件鼓励海工装备制造业发展，以重大工程示范项目为载体，在海洋船舶、海洋探测等大型工程制造方面取得突破。

海水作为非常规水源，通过有效的开发利用，可以成为淡水资源的重要补充。目前，海水淡化和海水直接利用已经成为解决人口稠密的沿海地区淡水资源短缺问题的重要途径之一。根据《2019 年全国海水利用报告》，截至 2019 年底，全国现有海水淡化工程 115 个，工程规模为 1573760399055 吨/日，新建成海水淡化工程规模为 399055 吨/日；年海水冷却用水量为 1486.13 亿吨，同比新增 94.57 亿吨。中国已经掌握反渗透和低温多效海水淡化技术，关键设备研制取得突破，相关技术达到或者接近国际先进水平。技术的突破使得海水淡化成本大大下降，投资成本、运行维护成本和能源消耗成本都有所降低，成本下降也扩大了海水淡化的市场空间，低成本的海水淡化技术将给企业带来不可比拟的价格优势。

信息技术的快速发展和深入应用，将极大提升海洋资源的开发能力、利用能力，同时也极大提升政府的公共服务能力，形成全天候、全覆盖的海洋信息服务体系。近年来，中国海洋信息产业加快发展，智慧海洋、国家海底科学观测网等一批重大项目快速推进，山东、浙江、广东、福建、天津等省市加强规划布局和政策引导，当地的科研院所和企业联合成立专门从事海洋信息技术开发和应用的部门。

第四章

海洋经济要素供给及要素效率分析

随着海洋开发向深度和广度的拓展，海洋经济不断得到迅猛发展，已经形成独立的经济体系。在海洋经济体系中，海洋要素的供给及海洋要素的经济效率对形成高端化、多元化和现代化的海洋经济有效需求至关重要。依据海洋经济的特点，海洋经济的要素供给可以从自然要素、社会要素、环境要素三个方面进行分类分析。其中，自然要素是指依托海洋基础自然属性形成的要素禀赋条件，反映可供开发利用或具有潜在利用价值的海洋资源，包括海域资源、海洋生物资源、海洋能源资源和海洋矿产资源，海洋优质资源越多，经济种类越丰富，海域功能越全面，海洋资源优势越明显，海洋自然要素供给条件就越优越；社会要素由涉海就业人数、海洋科技研发能力等组成，反映海洋人力资源水平以及发展动力；环境要素由海洋基础设施、海洋生态环境、政府管理水平等组成，反映海洋经济可持续发展能力。

第一节　中国海洋经济要素供给现状分析

一　中国海洋自然要素供给现状分析

（一）海洋岸线绵长，海域面积广阔

中国自古以来就是海洋大国，拥有长达1.8万千米的大陆岸线和长达1.4万千米的岛屿岸线，在世界沿海国家中居前10位，其中沿海省

（区、市）大陆海岸线长度如图4－1所示；管辖约300万平方千米的海域，在世界沿海国家中居第9位，海域面积相当于中国陆地面积的1/3；岛屿面积约8万平方千米，其中面积大于500平方米的岛屿有7300多个。

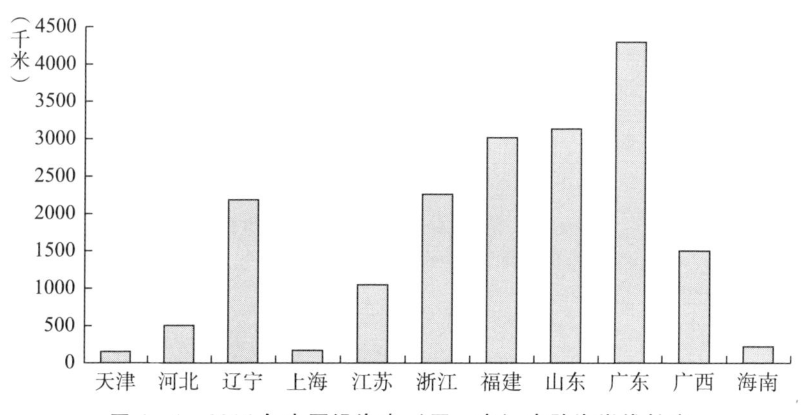

图4－1 2016年中国沿海省（区、市）大陆海岸线长度

资料来源：《中国海洋统计年鉴2017》。

（二）蓝色土地资源丰富，海湾、海岛数量众多

中国沿海滩涂资源不断增加，每年淤涨的滩涂总面积约40万亩，滩涂资源主要分布在平原海岸，其中黄海占26.8%、渤海占31.3%、东海占25.6%、南海占16.3%。中国0～15米水深的浅海面积为123760平方千米，占近海总面积的2.6%，其中东海38980平方千米、渤海31120平方千米、黄海30330平方千米、南海23330平方千米。此外，2016年中国沿海省（区、市）蓝色土地资源情况如图4－2所示。丰富的蓝色土地资源为中国发展种植业、养殖业提供了良好基础。

中国沿岸有160多个大于10平方千米的海湾，适宜建港的海湾和大河口共有118个。中国海岛总面积约占陆地总面积的0.8%，其中400多个有人居住的岛屿上居住人口总数约500万人。从海岛区域分布来看，东海岛屿数量众多，占全国岛屿总数的近60%。从海岛资源蕴含量来看，全国海岛共有1900多万亩农田，5600多万亩森林，650多万亩滩涂，1200多万亩可养殖水域，370多个港址。海岛具有

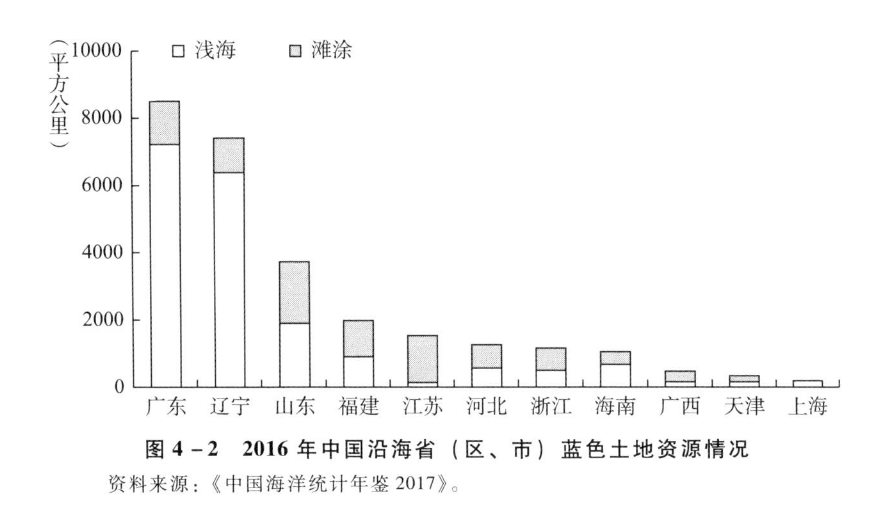

图 4－2 2016 年中国沿海省（区、市）蓝色土地资源情况

资料来源：《中国海洋统计年鉴 2017》。

独特的自然景观、生态环境、人文古迹等，不少海岛蕴藏着大量非金属和金属矿物，全国可供旅游的海岛接近 300 个，南沙群岛及其附近海域蕴藏着丰富的石油和天然气资源。

（三）海洋生物、能源、矿产等要素禀赋优势突出

中国近海海洋生物物种繁多，达 20278 种。海洋植物主要为藻类及少量种子植物，其中被确认的浮游藻类达 1500 多种。海洋动物种类涵盖了从低等的原生动物到高等的哺乳动物的各个门、纲类动物，其中无脊椎动物有 9000 多种，脊椎动物有 3200 多种。中国近海的年平均生物生产量为 3.020 吨/千米^2，其中东海为 3.92 吨/千米^2。中国海洋渔业的最佳资源可捕量为 280 万～329 万吨，其中东海区为 140 万～170 万吨，南海区为 100 万～121 万吨，黄海渤海区为 55 万～65 万吨。

据初步统计，中国近海大陆架石油资源量为 240 余亿吨，其中南海（不包括台湾西南部、东沙群岛南部和西部、中沙和南沙群南海域，下同）约为 150 亿吨、东海约为 50 亿吨、渤海约为 40 亿吨、南黄海约为 5 亿吨；中国天然气资源量约为 13 万亿立方米，其中南海约为 10 万亿立方米、东海约为 2 万亿立方米、渤海约为 1 万亿立方米、南黄海约为 600 亿立方米。中国深海区石油资源量估计为 200 多亿吨，天然气资源量估计约为 8 万亿立方米。中国海洋石油的累计探明技术可采储量为

457990 万吨，剩余技术可采储量为 60533.1 万吨。中国海洋天然气累计探明技术可采储量为 11792.2 亿立方米，剩余技术可采储量为 5103 亿立方米。

中国滨海砂矿探明储量为 15.25 亿吨，其中以锆石和钛铁矿为主的滨海金属矿为 0.25 亿吨，非金属矿为 15 亿吨。中国滨海砂矿的种类达 60 多种，世界滨海砂矿的种类几乎在中国均有蕴藏。中国滨海金属矿主要分布在南方沿海，广东和福建两省的储量占中国总储量的 90% 以上。

（四）海洋生态类型和群落结构富有多样性，滨海旅游资源丰富

中国海域纵跨暖温带、亚热带和热带等 3 个温度带，具有海岸滩涂生态系统和河口、湿地、海岛、红树林、珊瑚礁、上升流及大洋等各种生态系统，海洋自然景观旅游资源、娱乐与运动旅游资源、人类海洋历史遗迹旅游资源、海洋科学旅游资源、海洋自然保护区旅游资源等各种滨海旅游资源丰富多彩。据初步统计，中国有滨海旅游景点 1500 多处，滨海沙滩 100 多处，包括 16 个国家历史文化名城，25 处国家重点风景名胜区，130 处全国重点文物保护单位以及 5 处国家海岸自然保护区。

二 中国海洋社会要素供给现状分析

（一）海洋人力资源规模庞大

进入 21 世纪以来，海洋经济日益壮大，提供的就业岗位逐年增多，涉海就业人数呈现持续快速增长的态势。据初步测算，2018 年，中国涉海就业人数达 3684 万人，比 2017 年（3657 万人）增长 0.7%，是 2001 年（2107.6 万人）的 1.75 倍，2001 ~ 2018 年的年均增速为 3.3%。分产业来看，在主要海洋产业中，海洋渔业及相关产业就业人数由 2001 年的 348.3 万人增加到 2016 年的 598.7 万人，年均增速达 3.68%；滨海旅游业就业人数由 2001 年的 78.3 万人增加到 2016 年的 134.6 万人，增长了 0.72 倍。分区域来看，在 11 个沿海省（区、市）中，广东、山东、福建、浙江、辽宁等海洋经济大省也是涉海就业人数规模最大的地区，其中广东涉海就业人数规模 16 年来均居全国首位，

由2001年的505.3万人增加到2016年的868.5万人，增长了0.7倍，年均增速达3.7%（见表4-1）。由此可见，2001年以来，中国涉海就业人数规模保持较高增速，滨海旅游等海洋服务业成为提供涉海就业岗位的重要产业，广东、山东、福建、浙江等省市成为提供涉海就业岗位的重要地区。

表4-1 2001~2016年沿海省（区、市）涉海就业人数情况

单位：万人

省(区、市)	2001年	2006年	2010年	2011年	2012年	2013年	2014年	2015年	2016年
天津	106.4	149.4	169.2	172.7	175.1	177.4	179.4	181.2	182.9
河北	58.0	81.5	92.2	94.2	95.5	96.7	97.8	98.8	99.7
辽宁	196.0	275.3	311.6	318.2	322.6	326.8	330.5	333.7	336.9
上海	127.5	179.1	202.7	207.0	209.8	212.6	215.0	217.1	219.1
江苏	116.9	164.2	185.9	189.8	192.4	194.9	197.1	199.0	200.9
浙江	256.4	360.1	407.6	416.3	422.0	427.5	432.3	436.6	440.7
福建	259.7	364.8	412.9	421.6	427.4	433.0	437.9	442.2	446.4
山东	319.9	449.3	508.6	519.4	526.5	533.4	539.4	544.7	549.8
广东	505.3	709.7	803.4	820.4	831.6	842.6	852.0	860.3	868.5
广西	68.9	96.8	109.5	111.9	113.4	114.9	116.2	117.3	118.4
海南	80.6	113.2	128.1	130.9	132.7	134.4	135.9	137.2	138.5
其他	12.0	19.0	19.1	19.5	19.7	20.0	20.2	20.4	20.6
合计	2107.6	2962.4	3350.8	3421.7	3468.8	3514.3	3553.7	3588.5	3622.5

资料来源：根据历年《中国海洋统计年鉴》整理所得。

（二）海洋科技资源有待增加

中国涉海就业人员中从事科技活动的高端人才较为缺乏。据统计，2016年，中国海洋科研人员总数为29258人，每万涉海就业人员中科研人员数量为8.1人，比2010年少约2.5人。其中具有高级职称的仅4.1人，仅比2010年多约0.8人，涉海科研人员尤其是高端人才规模增速较为缓慢。而2016年沿海省（区、市）海洋经济人力资源情况如图4-3所示。从行业分布来看，中国涉海科研人员大多分布在海洋基础科学研究领域，从事海洋基础科学研究的人员从2010年的16431人增加到2016年的18985人，年均增速约为2.4%；从事海洋工程技术研究

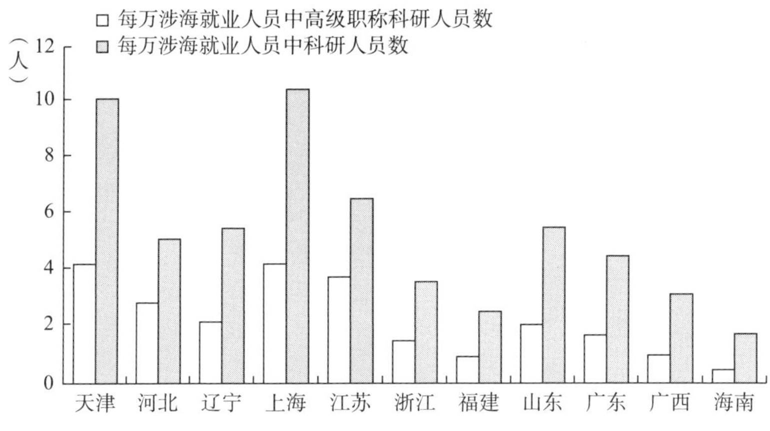

图 4－3 2016 年沿海省（区、市）海洋经济人力资源情况

资料来源：根据《中国海洋统计年鉴 2017》整理所得。

的人员从 2010 年的 17179 人减少到 2016 年的 6969 人；从事海洋信息服务业和海洋技术服务业的科研人员比重不足 10%。从区域分布来看，北京、广东、山东、上海、江苏等省市是涉海科研大省，北京虽不是涉海省市，但科研实力较强，从事海洋科学技术研究的人员数量较多，2016 年北京海洋科研从业人员数量为 7408 人，占全国涉海科研人员总数的 25.3%，人员规模是位居第二的广东（4542 人）的 1.6 倍。

近年来，中国海洋 R&D 经费内部支出由 2011 年的 1091.3 万元增加至 2016 年的 1314.9 万元，年均增速达 3.8%。北京、上海、广东和山东作为海洋科研大省，2016 年海洋 R&D 经费内部支出占全国 R&D 经费内部支出的比重分别为 25.6%、16.4%、15.0% 和 10.5%（见表 4－2）。但海洋 R&D 经费内部支出在海洋 GDP 中所占比重依然较低，这在一定程度上制约了中国海洋科技创新能力的提升。

表 4－2 2011～2016 年全国及沿海省（区、市）海洋 R&D 经费内部支出情况

单位：万元

省（区、市）	2011 年	2012 年	2013 年	2014 年	2015 年	2016 年
北京	476.8	515.4	615.6	610.0	609.2	336.7
天津	52.2	65.3	69.6	79.6	89.5	75.8
河北	3.3	3.7	4.2	6.8	9.1	7.1

续表

省（区、市）	2011 年	2012 年	2013 年	2014 年	2015 年	2016 年
辽宁	32.2	39.7	63.5	57.1	102.3	106.8
上海	128.5	143.4	176.4	216.4	230.7	215.0
江苏	58.4	49.4	64.9	106.0	83.1	76.9
浙江	31.9	33.7	33.1	39.1	55.6	48.0
福建	22.0	25.6	24.3	35.4	36.6	40.8
山东	151.8	172.9	191.7	195.1	180.2	138.3
广东	85.8	101.5	111.9	140.8	177.9	196.6
广西	2.7	4.1	3.9	9.5	8.5	3.3
海南	0.9	0.01	0.0	0.0	0.3	1.7
其他	44.7	71.7	70.7	70.5	82.5	68.0
全国	1091.3	1226.5	1429.8	1566.4	1665.6	1314.9

资料来源：根据历年《中国海洋统计年鉴》整理所得。

“十二五”以来，中国海洋科技力量有所提升。2016 年，中国海洋专利申请受理数为 4095 件，其中海洋基础科学研究领域的专利申请受理数为 2250 件，占总数的 54.9%；海洋技术服务业领域的专利申请受理数为 1284 件，占总数的 31.4%。分地区来看，北京、辽宁、上海、山东、广东海洋专利申请受理数在全国所占的比重较大，尤其是广东海洋专利申请受理数量由 2010 年的 229 件增长至 2016 年的 1326 件（见表 4－3），年均增速达 34.0%，远远高于全国同期平均增速，表明广东海洋科技发展水平在“十二五”期间获得了快速提升，海洋经济发展后劲充足。

表 4－3　2010～2016 年全国及沿海省（区、市）海洋专利申请受理情况

单位：件

省（区、市）	2010 年	2011 年	2012 年	2013 年	2014 年	2015 年	2016 年
北京	1714	1974	2460	2228	2371	2647	734
天津	86	111	130	113	134	188	123
河北	0	6	8	3	6	4	5
辽宁	502	546	616	575	595	878	350
上海	725	831	842	1073	1196	1170	357

续表

省(区、市)	2010 年	2011 年	2012 年	2013 年	2014 年	2015 年	2016 年
江苏	136	133	125	172	220	320	156
浙江	42	67	47	115	350	154	241
福建	31	23	24	53	60	55	57
山东	267	232	401	455	498	561	443
广东	229	278	273	327	432	976	1326
广西	6	33	16	15	54	48	26
海南	3	2	2	0	0	0	10
其他	88	176	176	211	195	175	267
全国	3829	4412	5120	5340	6111	7176	4095

资料来源：根据历年《中国海洋统计年鉴》整理所得。

三 中国海洋环境要素供给现状分析

（一）海洋基础设施较为完备

中国海洋经济基础设施水平在全球范围内处于领先地位。从港口设施来看，中国拥有众多大型港口码头，在全球海洋运输中发挥着至关重要的作用。2016 年，集装箱吞吐量居世界前 20 位的港口中，中国有上海港、深圳港、宁波—舟山港、香港港、广州港、青岛港、天津港、高雄港、厦门港、大连港等十大港口入选，其中上海港以 3713 万标准箱的集装箱吞吐量居世界首位。“十二五”期间，沿海规模以上港口货物吞吐量由 2010 年的 548358 万吨增长至 2015 年的 784578 万吨，年均增速达 7.4%。分地区来看，广东、上海、山东、浙江、天津集装箱吞吐量较大，其中广东拥有深圳港、广州港两大港口，集装箱吞吐量连续多年居全国首位（见表 4－4）。

表 4－4 2010～2016 年沿海省（区、市）国际标准集装箱吞吐量

单位：万标准箱

省(区、市)	2010 年	2011 年	2012 年	2013 年	2014 年	2015 年	2016 年
天津	1009	1159	1230	1301	1406	1411	1452
河北	62	77	90	135	184	253	305

续表

省(区、市)	2010 年	2011 年	2012 年	2013 年	2014 年	2015 年	2016 年
辽宁	969	1200	1514	1798	1860	1838	1880
上海	2907	3174	3253	3362	3529	3654	3713
江苏	391	488	504	554	511	518	490
浙江	1404	1584	1759	1910	2136	2257	2362
福建	867	970	1073	1169	1271	1364	1440
山东	1531	1691	1899	2076	2256	2402	2509
广东	3868	4103	4256	4420	4752	4915	5094
广西	56	74	82	100	112	142	179
海南	82	112	137	142	162	154	165
合计	13145	14632	15797	16967	18179	18907	19590

资料来源：根据历年《中国海洋统计年鉴》整理所得。

（二）海洋生态环境压力有所缓解

“十二五”期间，中国沿海省（区、市）工业废水排放总量、一般工业固体废物倾倒丢弃量均呈较为明显的下降趋势（见图 4－4），直接排入海的工业废水排放总量由 2010 年的 117954 万吨降至 2015 年的 95750.6 万吨，海水污染状况在一定程度上有所缓解。海洋自然保护区面积由 2010 年的 158400 平方千米扩大至 2015 年的 250182 平方千米，年均增速达 9.6%，其中广东拥有 50 个自然保护区，数量居全国首位，

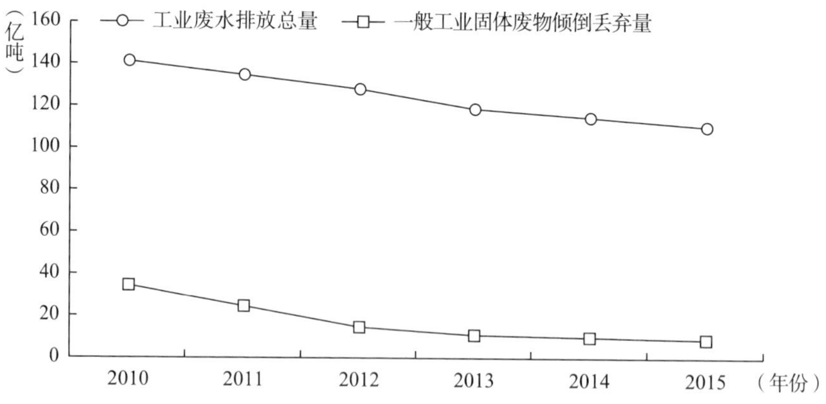

图 4－4　2010～2015 年沿海省（区、市）主要污染物排放量

资料来源：根据历年《中国海洋统计年鉴》整理所得。

海南拥有 24997 平方千米的自然保护区，面积居全国首位。2015 年，中国共征收海域使用金 820625.4 万元，其中山东征收海域使用金 125401.4 万元，征收金额居全国首位。

第二节　海洋要素资源分布与海洋经济的相关性研究

海洋要素资源分布必然遵循海洋自然规律，根据不同海域海洋资源、海洋环境现状以及未来的环境承载力、现有的资源开发强度及发展潜力，依据海域不同特点，遵循其主体功能要求，科学开发海洋，规范开发秩序，调整开发内容，提升开发能力及效率，逐步转变为循环利用型开发方式，同时，海域使用管理向节约集约、精细化管理转型，逐步构建人海和谐、陆海统筹的开发格局，实现海洋开发可持续发展。尤其在“十三五”期间，中国海洋经济结构调整步伐加快，海洋经济在拓展发展空间、建设生态文明、加快动力转换的同时，紧紧抓住“一带一路”建设的重大机遇，推进海洋经济持续健康发展。不同区域海洋经济体分布与发展的特征首先取决于所处海域的自然资源特征，主要包括其管辖海域面积、海岸线长度，所属海域的主体功能、空间特征，所有资源的开发强度与开发潜力，海域的环境质量以及风险承载力等。本节将从上述角度分析海域自然属性对中国 11 个沿海省（区、市）经济要素构成和分布的影响。

一　海岸线、海域面积与海洋经济相关性分析

海洋经济与陆地经济的显著区别在于，其对所在海域的区位、自然资源和自然环境等自然属性依赖性更强，例如只有在海域水深达到一定要求的区域才有可能建设港口码头，在具有砂质岸线、景色优美的区域才有可能发展滨海旅游业，因此综合评价海域开发利用的适宜性和海洋资源环境承载能力，并根据海域的基本功能和资源状况来布局海洋经济格局就显得尤为重要。同时，根据经济社会发展的需求，

统筹安排各行业因地制宜、节约集约用海，合理控制各行业用海规模，引导海洋产业优化布局。从效率改善、技术进步以及规模效应入手，提升海洋经济全要素生产率。

从沿海各省（区、市）大陆海岸线长度与海洋生产总值对比来看，除了上海、天津两个直辖市之外，拥有大陆海岸线长度较长、管辖海域面积较大的省份如广东、福建、山东、江苏等，其 2012～2015 年的海洋生产总值也相对较高，基本与其拥有的大陆海岸线长度及管辖海域面积变动趋势一致（见表 4－5）。自然岸线越长、管辖海域面积越大的省（区、市）海洋生产总值越高，体现了海岸线长、海域面积大的自然优势。

表 4－5 沿海省（区、市）大陆海岸线长度、管辖海域面积与海洋生产总值

序号	省（区、市）	大陆海岸线长度（千米）	管辖海域面积（万平方千米）	2012 年海洋生产总值（亿元）	2013 年海洋生产总值（亿元）	2014 年海洋生产总值（亿元）	2015 年海洋生产总值（亿元）
1	天津	154	0.30	3939.2	4554.1	5032.2	4923.5
2	河北	487	0.72	1622.0	1741.8	2051.7	2127.7
3	辽宁	2017	4.13	3391.7	3741.9	3917.0	3529.2
4	上海	213	1.08	5946.3	6305.7	6249.0	6759.7
5	江苏	1040	3.75	4722.9	4921.2	5590.2	6101.7
6	浙江	2200	26.00	4947.5	5257.9	5437.7	6016.6
7	福建	3523	13.60	4482.8	5028.0	5980.2	7075.6
8	山东	3024	4.73	8972.1	9696.2	11288.0	12422.3
9	广东	3368	41.90	10506.6	11283.6	13229.8	14443.1
10	广西	1595	12.90	761.0	899.4	1021.2	1130.2
11	海南	1823（本岛）	200.00	752.9	883.5	902.1	1004.7

注：管辖海域面积包括内水、领海以及专属经济区；大陆海岸线长度及管辖海域面积数据来源于各省海洋功能区划。

资料来源：根据历年《中国海洋统计年鉴》整理所得。

二 对海洋功能区划及主体功能的分析

中国海洋主体功能区按照内水、领海和专属经济区来划分。目前，中国已明确公布的内水和领海面积为38万平方千米，是海洋开发活动的核心区域，这一区域也是坚持陆海统筹、实现人口资源环境协调发展的关键区域。根据《全国海洋主体功能区规划》的主体功能划分以及规划目标，海洋主体功能区按开发内容可分为农渔业生产、产业与城镇建设、生态环境服务三种功能。根据其主体功能，按海洋空间划分为四类区域，即优化开发区域、重点开发区域、限制开发区域以及禁止开发区域。

1. 优化开发区域

优化开发区域是指现有开发利用强度较高，资源环境约束较强，产业结构亟须调整和优化的海域。在此按地域主要划分为环渤海经济区、长三角经济区、泛珠三角经济区。

环渤海经济区主要包括渤海湾海域、辽东半岛海域、山东半岛海域以及苏北海域。其中，渤海湾海域需要优化港口布局和功能，加快海洋精细化工业、海水综合利用等新型产业发展，严格控制重化工业规模，提高溢油事故应急能力，保护海洋种质资源，建设防护林体系，推进海岸生态修复。辽东半岛海域主要目标是加快建设航运产业，优化整合港口资源，开展渔业健康养殖，加强海域环境污染防治。山东半岛海域急需培育现代化港口集群，加快海洋新兴产业发展，提高滨海旅游业的国际竞争力，开展海洋污染治理以及生态修复，加强防范海洋灾害。苏北海域旨在提升港口服务能力，统筹海上风电建设，扩大海洋牧场规模，发展生态养殖，同时加快滨海湿地建设。

长三角经济区主要包括长江口及其两翼海域和海峡西部海域。其中，长江口及其两翼规划发展现代航运，调整、整合、升级港口资源，提高上海的国际航运中心水平；重点关注该海域生态环境保护，加强杭州湾等海域污染综合治理能力，建立健全海洋灾害预警系统；此外，发展生态养殖以及都市休闲渔业。海峡西部海域力推建设现代化港口群，建设两岸渔业交流合作基地，加强两岸旅游对接，构建生态格局，完善海洋灾害预警和防御决策系统。

泛珠三角经济区主要包括珠江口及其两翼海域、北部湾海域以及海南岛海域。珠江口及其两翼海域旨在构建布局合理、协调发展的现代化港口群，发展高端旅游业，发展深水养殖，加强渔业资源养护和海洋生态环境修复，保护海洋生物多样性，健全海洋环境污染事故应急体系。北部湾海域旨在构建西南现代化港口群，推进生态养殖，发展特色旅游产业，加强对红树林、珊瑚礁、海草床等特殊生态系统的保护。海南岛海域包括海南岛周边及三沙海域，需要大力调整渔业生产结构，实施捕养结合，推进海洋牧场建设；保护珊瑚礁、红树林、海草床等特殊生态系统，提高休闲旅游服务水平。

2. 重点开发区域

重点开发区域是指在沿海经济社会发展中具有重要地位，发展潜力较大，资源环境承载能力较强，可以进行高强度集中开发的海域。该区域主要包括城镇建设用海区、港口和临港产业用海区、海洋工程和资源开发区。

城镇建设用海区要求符合各级海洋功能区划、城市总体规划、防洪规划以及相应的行业发展规划等，严格遵守节约集约用海原则，着重提高海域综合利用效能，大力增强生态环境服务功能，增强海洋防灾减灾能力。为满足国家区域发展战略要求，港口和临港产业用海区需要提高产业布局合理性，促进产业集聚发展，防止产业低水平重复建设和结构趋同化。海洋工程和资源开发区指海洋能源、矿产资源勘探开发利用以及国家批准建设的重大基础设施所需的海域，这一区域应做好海域使用论证以及海洋环境影响评价，避免重大环境污染事件发生。

3. 限制开发区域

限制开发区域是指以提供海洋水产品为主要功能的海域，包括用于保护海洋渔业资源和海洋生态功能的海域，主要包括海洋渔业保障区、海洋特别保护区、海岛及其周边海域。

海洋渔业保障区包括海水养殖区、传统渔场和水产种质资源保护区。对于海水养殖区来说，应推进海洋牧场建设，拓展深水养殖，提高区域综合开发能力。对于传统渔场来说，要严格执行伏季休渔制度，调整捕捞作业结构，促进增殖放流，合理开发利用渔业资源，改善渔业资源结构。对于海洋特别保护区来说，应以保持生态系统完整性、节约集约利用资源、加强保护区管理与建设、提升生态服务能力等为目标。中国目前有国家级海洋特别保护区 23 个，总面积约 2859 平方千米，均以以上原则实施管理。

4. 禁止开发区域

禁止开发区域指对维护海洋生物多样性、保护典型海洋生态系统具有重要作用的海域，主要包括各级各类海洋自然保护区和领海基点所在岛礁等。海洋自然保护区和领海基点所在岛礁等海域严格实施强制性保护措施，并分类管理。尤其对于领海基点标志，任何单位和个人均不得破坏或擅自移动。

此外，专属经济区和大陆架及其他管辖海域主体功能区可划分为重点开发区域和限制开发区域。

重点开发区域：包括资源勘探开发区、重点边远岛礁及其周边海域。这些区域的开发应遵循有序、适度的原则。资源勘探开发活动应加强资源勘探与评估、提高深海开采技术、推进装备能力建设等。

限制开发区域：包括除重点开发区域以外的其他海域。本区域相应产业的开发应遵循保护海洋生态环境、适度开展渔业捕捞的原则。

经济产业结构调整需合理利用海洋空间，产业格局与空间格局一致、清晰，提高资源利用效率和可持续发展能力。海洋经济发展不可避免地需要依托良好的海洋生态资源环境，因此需要进一步改善海洋生态系统，提升海洋生态服务能力。同时，整治和修复在粗放式经济开发模式下已受损的生态海岸线，达到海洋主体功能规划中全国近岸海域保留区面积比例不低于 10%、大陆自然岸线保有率不低于 35%、海洋保护区占管辖海域面积比重增加到 5% 的要求。

三　海域环境质量对海洋经济发展的影响

海洋经济的发展依托良好的海洋环境质量，但是传统粗放式的经济发展模式常常是以牺牲环境为代价的，海洋经济供给侧结构性改革需要结合海洋生态经济的发展，粗放式的海洋传统产业优化转型以及生态型的新型海洋产业的发展都离不开海洋环境质量的提升。

（一）海水质量

2019年，中国近岸海域海水质量监测结果表明，春季劣四类海水水质的海域面积占近岸海域的13.2%；夏季劣四类海水水质的海域面积占近岸海域的10.1%；秋季劣四类海水水质的海域面积为4.68万平方千米，占近岸海域的11.7%。总体来说，全国近岸海域水质稳中向好，劣四类海水水质的海域面积占比为11.7%，同比下降1.8个百分点。污染海域在环渤海海域主要分布在辽东湾、渤海湾、莱州湾，在长江口及其两翼海域主要分布在江苏沿岸、长江口、杭州湾、浙江沿岸，以及珠江口等近岸海域。管辖海域海水质量监测结果表明，2019年夏季劣四类海水水质的海域面积为2.83万平方千米（见表4-6），但海水水质质量总体较好，符合一类海水水质标准的海域面积占管辖海域的97%。[①]

表4-6 2019年夏季中国管辖海域未达到一类海水水质标准的各类海域面积

单位：平方千米

海区	二类水质	三类水质	四类水质	劣四类水质	合计
渤海	8770	2210	750	1010	12740
黄海	4890	5410	490	760	11550
东海	15820	8270	6280	22240	52610
南海	4850	2550	1040	4330	12770
管辖海域	34330	18440	8560	28340	89670

资料来源：《2019年中国海洋生态环境状况公报》。

从2012~2019年夏季中国管辖海域未达到一类海水水质标准的各类海域面积来看，劣四类海水水质的海域面积逐年减少，海水水质质量稳中向好，总体有所改善（见图4-5）。但也可以看出，海水质量较差的区域主要集中在海洋渔业、港口业、海洋油气业等产业较为发达的区域，具体来说主要集中在长江口、珠江口以及环渤海海域。

① 数据来源：《2019年中国海洋生态环境状况公报》。

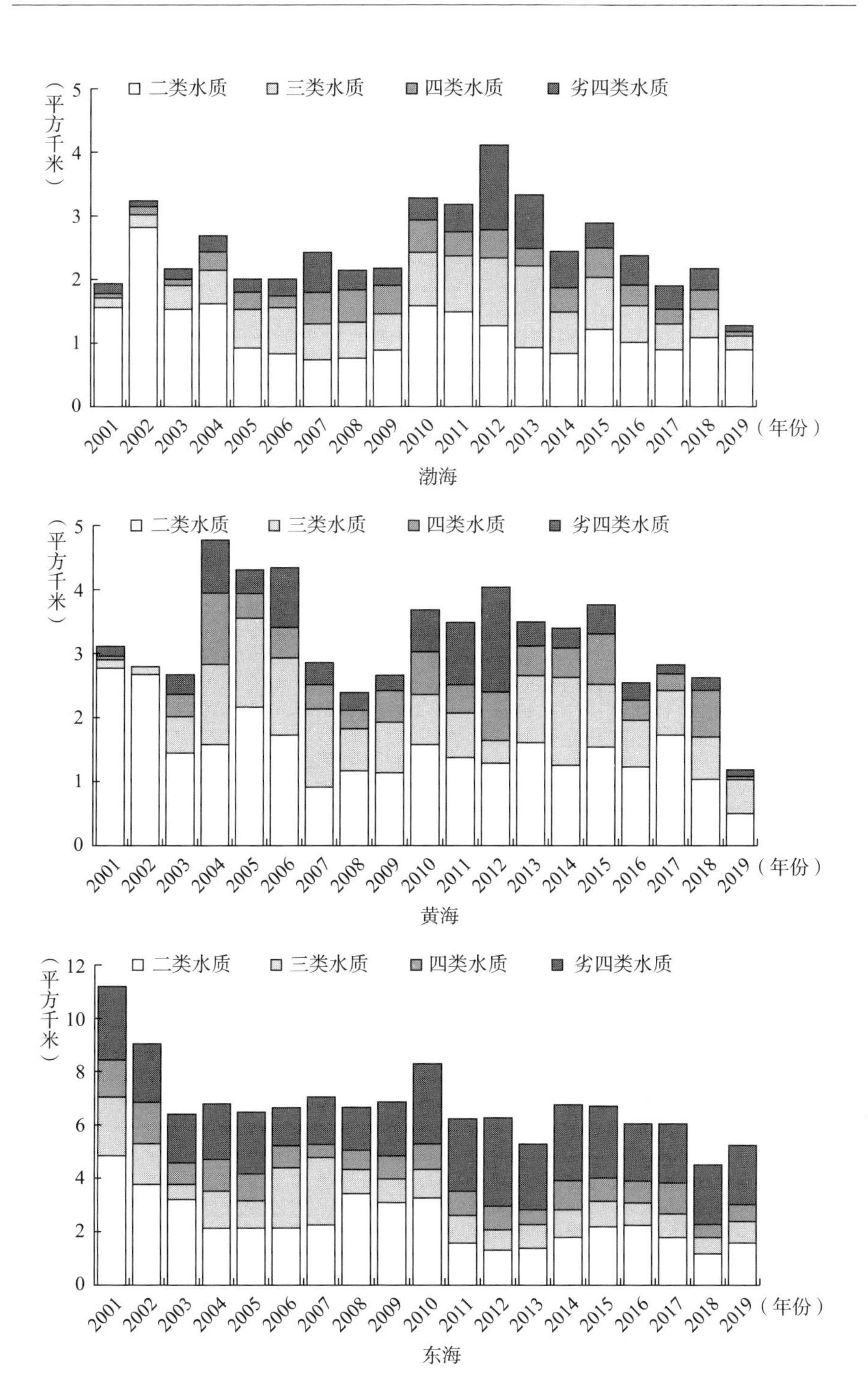
二类水质
三类水质
四类水质
劣四类水质
（平方千米）
0
1
2
3
4
5
2001
2002
2003
2004
2005
2006
2007
2008
2009
2010
2011
2012
2013
2014
2015
2016
2017
2018
2019
（年份）
渤海
二类水质
三类水质
四类水质
劣四类水质
（平方千米）
0
1
2
3
4
5
2001
2002
2003
2004
2005
2006
2007
2008
2009
2010
2011
2012
2013
2014
2015
2016
2017
2018
2019
（年份）
黄海
二类水质
三类水质
四类水质
劣四类水质
（平方千米）
0
2
4
6
8
10
12
2001
2002
2003
2004
2005
2006
2007
2008
2009
2010
2011
2012
2013
2014
2015
2016
2017
2018
2019
（年份）
东海

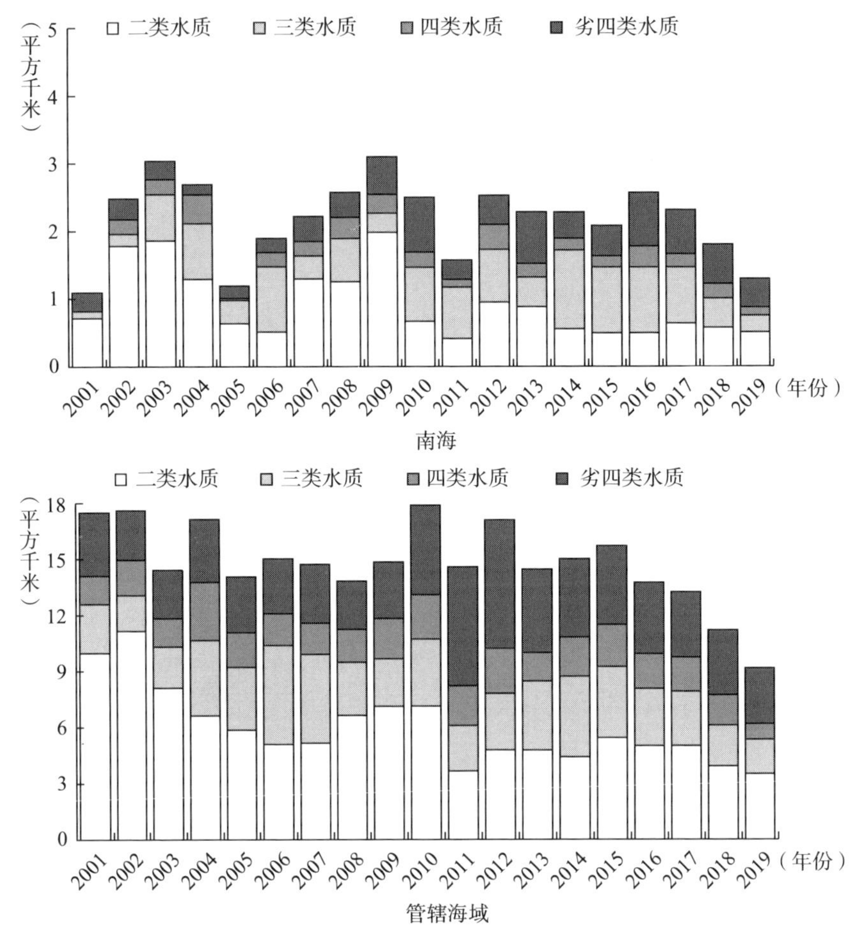

图 4-5 2001～2019 年夏季中国管辖海域未达到一类海水水质标准的各类海域面积

资料来源：《2019 年中国海洋生态环境状况公报》。

（二）海水富营养化

从 2011～2019 年夏季中国管辖海域富营养化面积（见图 4-6）来看，重度富营养化海域的面积有所减少，总体呈缩小趋势。但也可以看出，重度富营养化区域主要集中在辽东湾、长江口、杭州湾、珠江口等海洋渔业、港口业、滨海旅游业等产业较为发达的区域。

通过上述海水质量、海水富营养化面积的变化趋势可以看出，海洋经济发达的区域，如长三角、珠三角和环渤海海域近年来海洋环境质量

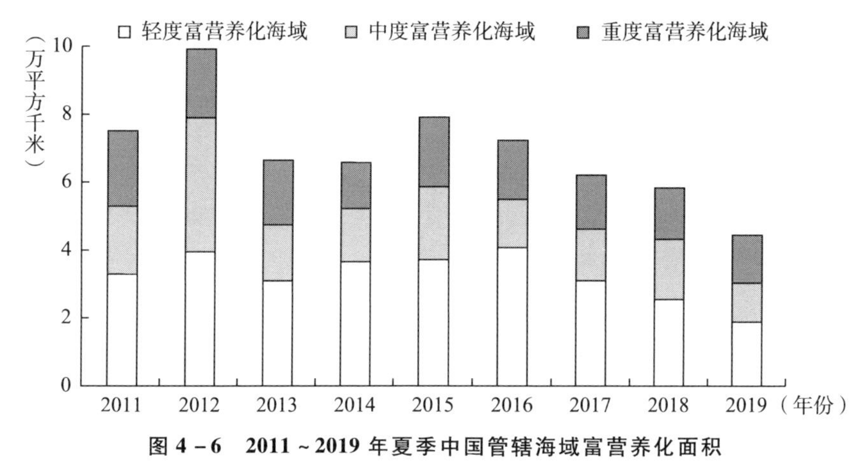

图 4－6　2011～2019 年夏季中国管辖海域富营养化面积

资料来源：根据历年《中国海洋生态环境状况公报》整理所得。

相对于经济不发达区域还是付出了较大的环境代价。由此可见，海洋经济发达的区域，海洋环境受污染程度也相对较高，二者的空间分布基本相符。因此，为了海洋经济的可持续发展，无论是海洋传统产业的优化升级还是新兴海洋产业的发展都必须同时包含海洋生态环境的保护与修复。

四　海域开发强度与可持续发展

2014～2019 年，全国海洋生产总值呈逐年增加的趋势，增长速率逐渐放缓，在国内生产总值中所占比例基本保持在 9% 以上，其中第一产业和第二产业增加值稳定增长，但是占海洋生产总值的比重逐步下降，第三产业的增加值增速与第一产业和第二产业相比较快，其占海洋生产总值的比重不断增加，2015 年之后已超过 52.4%，近几年仍以每年 2 个百分点左右的速度稳步增长（见表 4－7）。

表 4－7　2014～2019 年中国海洋生产概况

经济指标	2014 年	2015 年	2016 年	2017 年	2018 年	2019 年
全国海洋生产总值（万亿元）	5.99	6.47	7.05	7.76	8.34	8.94
全国海洋生产总值同比增长（%）	7.7	7.0	6.8	6.9	6.7	6.2

续表

经济指标	2014 年	2015 年	2016 年	2017 年	2018 年	2019 年
全国海洋生产总值占 GDP 比重（%）	9.4	9.6	9.5	9.4	9.3	9.0
第一产业增加值（万亿元）	0.32	0.33	0.36	0.36	0.36	0.37
第一产业占海洋生产总值比重（%）	5.4	5.1	5.1	4.6	4.4	4.2
第二产业增加值（万亿元）	2.70	2.75	2.85	3.01	3.09	3.20
第二产业占海洋生产总值比重（%）	45.1	42.5	40.4	38.8	37.0	35.8
第三产业增加值（万亿元）	2.97	3.39	3.85	4.39	4.90	5.37
第三产业占海洋生产总值比重（%）	49.5	52.4	54.5	56.6	58.6	60.0

资料来源：根据历年《中国海洋经济统计公报》整理所得。

在海洋相关产业中，滨海旅游业、海洋交通运输业和海洋渔业三大海洋传统产业仍然在海洋经济中占有绝对优势。2014～2019 年，这三大产业在海洋经济产值中所占比例均超过 74%，其中，滨海旅游业产值逐年增加，与海洋经济中第三产业的发展趋势一致，而海洋交通运输业和海洋渔业在产业结构中所占比例则逐年下降，与第一、第二产业结构调整趋势相同（见表 4－8）。

表 4－8　2014～2019 年海洋优势产业占比情况

单位：%

优势产业	2014 年	2015 年	2016 年	2017 年	2018 年	2019 年
滨海旅游业	35.3	40.6	42.1	46.1	47.8	50.6
海洋交通运输业	22.1	20.7	21.0	19.9	19.4	18.0
海洋渔业	17.1	16.2	16.2	14.7	14.3	13.2

资料来源：根据历年《中国海洋经济统计公报》整理所得。

但从各省（区、市）用海情况来看，渔业用海和交通运输业用海仍然是绝大部分地区的主要用海方式，旅游娱乐用海所占比例较小。由此可见，粗放式的传统产业依然是各地的经济支柱，产业结构的调整则需要结合海域自然属性，加强海洋生态文明建设水平，考虑综合用海方式来提高单位海域的经济产值。

五　对海洋灾害等风险的承载力分析

一个区域的海洋经济发展与所处海域对海洋自然灾害等风险的承载能力息息相关，良好的海域自然灾害风险承受力是海洋经济健康发展的必要条件之一。2012～2019年，全国由海洋自然灾害造成的直接经济损失分别为155.25亿元、163.48亿元、136.14亿元、72.74亿元、50.00亿元、63.98亿元、47.77亿元、117.03亿元（表4－9），其中最主要的致灾原因包括风暴潮、海浪、海冰、赤潮以及海岸侵蚀等。其中，海冰灾害主要发生在环渤海区域，主要对渤海海域的海洋油气业造成影响；赤潮灾害发生的主要区域在长江口及其附近海域，主要对海洋渔业生产造成影响；海岸侵蚀则会对沿岸的构筑物等造成破坏；地震一般来说对铺设在海底的各类管道、光（电）缆会造成损害，严重时可能导致区域性信息传输中断。而中国近海发生最频繁、带来损失最大的海洋灾害主要是风暴潮、海浪、赤（绿）潮等，尤其是风暴潮和海浪在东海和南海海域频发。如2012年，浙江、福建由赤潮和风暴潮灾害造成的直接经济损失分别为47.62亿元、22.76亿元，山东由绿潮（浒苔）灾害造成的直接经济损失约为35亿元；南海区广东、广西和海南近年来遭受的海洋灾害以风暴潮和海浪为主，尤其是广东2012～2019年由海洋灾害造成的直接经济损失分别为17.47亿元、74.41亿元、60.41亿元、28.77亿元、9.63亿元、54.10亿元、23.78亿元和0.03亿元，8年来总计直接经济损失超过268亿元。

表4－9　2012～2019年海洋灾害造成的直接经济损失

单位：亿元

	2012年	2013年	2014年	2015年	2016年	2017年	2018年	2019年
主要致灾原因	风暴潮、海浪、海冰、赤潮等	风暴潮、海浪、海冰等	风暴潮、海浪、海冰等	风暴潮、海浪、海冰等	风暴潮、海浪、海冰、海岸侵蚀等	风暴潮、海浪、海冰、海岸侵蚀等	风暴潮、海浪、海冰、海岸侵蚀等	风暴潮、海浪、海冰、海岸侵蚀等
总直接经济损失	155.25	163.48	136.14	72.74	50.00	63.98	47.77	117.03

续表

		2012 年	2013 年	2014 年	2015 年	2016 年	2017 年	2018 年	2019 年
沿海各省（区、市）直接经济损失	辽宁	4.49	3.24	0.15	0.06	0.45	0.22	1.82	1.26
	河北	20.44	—	0	0	9.35	0.64	1.68	3.34
	天津	0.04	—	0	0	0.80	0	0	0.01
	山东	34.92	1.44	1.49	0.44	2.39	0.26	0.71	21.63
	江苏	6.24	0.29	0.51	0.58	0.37	4.63	0.94	0.37
	上海	0.06	—	0	0.05	0	0	0.54	0.03
	浙江	47.62	28.23	4.37	11.25	2.42	0.92	5.88	87.35
	福建	22.76	45.08	4.30	30.79	16.21	1.27	11.54	0.64
	广东	17.47	74.41	60.41	28.77	9.63	54.10	23.78	0.03
	广西	5.33	4.90	28.30	0.47	2.69	0.12	0.85	2.33
	海南	0.83	5.89	36.31	0.33	5.69	1.82	0.03	0.04

资料来源：根据历年《中国海洋灾害公报》整理所得。

第三节　中国海洋全要素生产率指数测算

海洋经济供给侧结构性改革的实现，需要改变依靠传统要素投入实现经济增长的动力模式，通过海洋技术进步与创新实现海洋全要素生产率的提升，同时尽量减少海洋经济增长过程中对海洋环境造成的污染。因此，在充分考虑海洋环境污染排放和海洋环境污染治理的情况下，选取 4 个相关指标，运用熵值法将其拟合为一个海洋环境综合指数，将其与沿海各省（区、市）的海洋生产总值相乘得到海洋绿色生产总值，利用 Malmquist 生产率指数模型测算中国 11 个沿海省（区、市）2006 ~ 2015 年海洋全要素生产率指数和海洋绿色全要素生产率指数，并将其拆分为技术效率与技术进步率。通过提高海洋全要素生产率来实现下一阶段中国海洋经济供给侧结构性改革，推动由要素驱动向创新驱动的转变，提出政府要利用政策引导要素在海洋空间、主导产业部门和关键技术领域集聚，通过优化要素供给和提高政府治理水平，从海洋经济的供给侧提升海洋经济效率。

一　数据收集与指标选取

本书参照国家对沿海经济带的划分方法，将 11 个沿海省（区、市）划分为环渤海、长三角和泛珠三角经济区[①]，考察纳入环境保护因素后 2006～2015 年各地区的海洋经济全要素生产率和海洋经济绿色全要素生产率增长差异。相关数据主要来源于官方统计年鉴。

在产出指标方面，本书拟合了海洋环境综合指数，将其与沿海各省（区、市）的海洋生产总值相乘得到海洋绿色生产总值；在投入指标方面，本书将资本、劳动、技术投入要素纳入模型，其中劳动和技术投入以各地区涉海就业人员数量和年末各地区海洋专利授权数量来衡量，各地区海洋资本存量数据按照张军等（2004）的估计方法，首先采用永续盘存法对各地区资本存量进行估算，并以各地区海洋生产总值占地区生产总值的比重为比例，测度各地区海洋资本投入量。

二　海洋环境综合指数的构造

为准确度量沿海各地区的海洋环境综合指数，本书选取海洋固体废物综合利用率和海洋工业废水排放达标率作为正向指标，选取海洋工业固体废物排放量、海洋工业废水直接入海量与海岸线长度之比作为逆向指标，利用熵值法将其拟合为海洋环境综合指数。鉴于海洋统计数据的可得性，暂以各沿海省（区、市）工业固体废物排放量、工业废水直接入海量来替代各沿海省（区、市）海洋工业的固体废物及废水排放量。本书计算了 2006～2015 年中国 11 个沿海省（区、市）的海洋环境综合指数，如表 4－10 所示。

表 4－10　2006～2015 年中国沿海省（区、市）海洋环境综合指数

地区	2006 年	2007 年	2008 年	2009 年	2010 年	2011 年	2012 年	2013 年	2014 年	2015 年
天津	0.89	0.89	0.90	0.89	0.89	0.91	0.90	0.90	0.90	0.90

① 环渤海经济区包括辽宁、河北、天津和山东；长三角经济区包括江苏、上海和浙江；泛珠三角经济区包括广东、海南、福建和广西。

续表

地区	2006年	2007年	2008年	2009年	2010年	2011年	2012年	2013年	2014年	2015年
河北	0.51	0.51	0.49	0.66	0.71	0.66	0.65	0.67	0.67	0.72
辽宁	0.45	0.52	0.51	0.46	0.56	0.51	0.52	0.53	0.53	0.49
上海	0.66	0.64	0.74	0.85	0.83	0.72	0.72	0.73	0.72	0.72
江苏	0.86	0.86	0.86	0.86	0.86	0.86	0.84	0.86	0.86	0.86
浙江	0.64	0.64	0.72	0.79	0.81	0.81	0.81	0.82	0.82	0.82
福建	0.72	0.72	0.73	0.77	0.76	0.68	0.81	0.81	0.81	0.77
山东	0.85	0.86	0.86	0.87	0.86	0.85	0.85	0.85	0.86	0.85
广东	0.60	0.59	0.65	0.69	0.71	0.74	0.74	0.74	0.74	0.76
广西	0.57	0.64	0.47	0.67	0.71	0.69	0.73	0.74	0.72	0.71
海南	0.70	0.74	0.77	0.77	0.79	0.65	0.70	0.71	0.66	0.70
环渤海	0.675	0.693	0.688	0.723	0.756	0.730	0.730	0.738	0.740	0.738
长三角	0.720	0.710	0.770	0.830	0.840	0.790	0.790	0.800	0.800	0.800
泛珠三角	0.645	0.673	0.655	0.725	0.743	0.690	0.745	0.750	0.733	0.738
全国沿海	0.68	0.69	0.70	0.75	0.77	0.73	0.75	0.76	0.75	0.75

根据表4－10，2006～2015年，全国平均的海洋环境综合指数整体呈上升趋势，中国沿海省（区、市）对海洋环境保护的力度持续加大。天津、江苏、浙江、福建海洋环境综合指数较高，表明这些沿海省（区、市）在发展海洋经济的同时较为注重对海洋污染排放的管控和海洋生态环境的治理，海洋经济发展的环境代价较小，其中天津的海洋环境综合指数十年来稳居全国首位。辽宁、河北海洋环境综合指数多年来均处于较低水平，表明海洋经济发展的环境代价较大，海洋污染较为严重，海洋生态环境的治理有待加强。广东、广西海洋环境综合指数十年来呈现较为明显的上升趋势，表明其海洋环保意识不断增强，海洋生态环境的治理力度持续增大。

分区域来看，2006～2015年长三角经济区海洋环境综合指数远高于环渤海经济区和泛珠三角经济区，2012年之前泛珠三角经济区海洋环境综合指数均低于环渤海经济区，2012年以后泛珠三角经济区加大对海洋环境污染的治理力度和对海洋生态环境的保护力度，海洋环境综合指数迅速提升，与环渤海经济区海洋环境综合指数基本持平（见图4－7）。

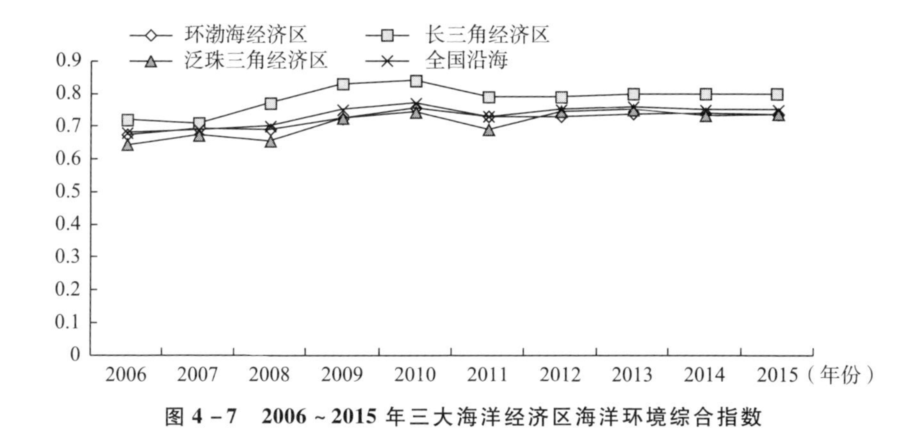

图4－7　2006～2015年三大海洋经济区海洋环境综合指数

三　海洋全要素生产率指数测算结果与分析

为分析各沿海省（区、市）海洋全要素生产率指数的动态变化，本书对所选取的11个沿海省（区、市）考虑海洋环境综合指数前后的海洋全要素生产率指数、技术进步指数与技术效率指数进行了测算，表4－11和图4－8为2006～2015年海洋全要素生产率指数估算结果和趋势。

表4－11　2006～2015年海洋平均全要素生产率指数估算结果

年份	Malmquist指数	绿色Malmquist指数	技术效率指数	绿色技术效率指数	技术进步指数	绿色技术进步指数
2006～2007	1.008	1.073	1.034	1.016	0.975	1.056
2007～2008	0.826	0.851	0.971	1.010	0.851	0.843
2008～2009	0.731	0.785	0.986	1.001	0.741	0.784
2009～2010	1.031	1.046	1.012	1.033	1.019	1.013
2010～2011	0.880	0.813	0.935	0.905	0.941	0.898
2011～2012	0.876	0.899	1.013	1.020	0.865	0.881
2012～2013	1.012	1.025	1.005	1.025	1.006	1.001
2013～2014	0.959	0.935	0.960	0.949	0.999	0.985

续表

年份	Malmquist 指数	绿色 Malmquist 指数	技术效率指数	绿色技术效率指数	技术进步指数	绿色技术进步指数
2014～2015	0.941	0.933	1.019	1.001	0.923	0.932
平均	0.918	0.929	0.993	0.996	0.924	0.933

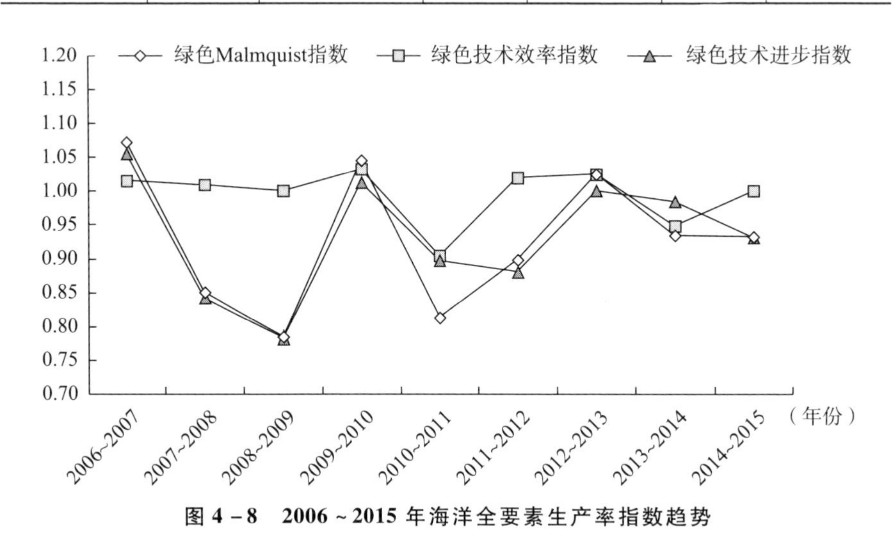

图 4-8 2006～2015 年海洋全要素生产率指数趋势

根据表 4-11、图 4-8 可以看出，总体而言，2006 年以后中国海洋全要素生产率指数下降趋势较为明显，且主要是由海洋技术进步率的变动导致的，海洋技术效率变化幅度不大，即海洋全要素生产率的变动趋势由海洋技术进步率的变化主导，中国海洋经济具有“增长效应”，缺乏“水平效应”。具体而言，从全国海洋平均全要素生产率指数时间序列来看，加入海洋环境综合指数后，2006～2015 年海洋全要素生产率、技术效率与技术进步指数均有小幅上升，表明中国海洋经济发展过程中对环境的友好性较高，较为注重海洋环境保护和海洋生态修复，传统的海洋全要素生产率测算低估了海洋经济的实际经济效率。参照图 4-8，加入海洋环境综合指数变量以后，2006 年以来的海洋经济增长可以划分为三个时期：2006～2009 年，中国海洋绿色全要素生产率指数显著下降，其中海洋绿色技术效率指数变动较小，海洋绿色技术进步指数持续下降；2010～2012 年，中国海洋绿色全要素生产率指数震荡波动，其中海洋绿色技术效率指数、海洋绿色技术进步指数均呈现先下降后上升的 V 形趋势，2012 年海洋绿色全要素生产率指数与 2010 年基本持平；2013～2015 年，再次进入海洋绿色全要素生产率指数下降期，其中海洋绿色技术效率指数震荡下降，海洋绿色技术进步指数持续下降。实证研究表明，中国海洋绿色技术效率指数总体变动幅度不大，中国海洋经济的增长及海洋绿色全要素生产率的变动主要由海洋绿色技术进步驱动，且环境友好型后发技术优势还在持续扩张。为细化分析中国海洋全要素生产率指数的区域增长差异，本书测算了 2006～2015 年沿海各省（区、市）海洋平均全要素生产率指数（见表 4－12）。

表 4－12　2006～2015 年沿海各省（区、市）海洋平均全要素生产率指数估算结果

地区	Malmquist 指数	绿色 Malmquist 指数	技术效率指数	绿色技术效率指数	技术进步指数	绿色技术进步指数
天津	0.997	0.991	1.008	1.000	0.989	0.991
河北	0.884	0.918	1.000	1.000	0.884	0.918
辽宁	0.867	0.869	0.961	0.957	0.902	0.909
上海	0.972	0.985	1.000	0.998	0.972	0.988
江苏	0.962	0.989	1.000	1.000	0.962	0.989
浙江	0.921	0.939	1.014	1.040	0.908	0.903
福建	0.933	0.947	1.004	1.000	0.930	0.947
山东	0.921	0.914	0.981	0.982	0.939	0.931
广东	0.926	0.942	1.006	1.046	0.921	0.901
广西	0.798	0.830	0.965	0.955	0.827	0.869
海南	0.912	0.896	0.988	0.981	0.923	0.913
环渤海经济区	0.917	0.923	0.988	0.985	0.929	0.937
长三角经济区	0.952	0.971	1.005	1.013	0.947	0.960
泛珠三角经济区	0.892	0.904	0.991	0.996	0.900	0.908
平均	0.918	0.929	0.993	0.996	0.924	0.933

从表 4－12 可以看出，2006～2015 年，相对来说中国 11 个沿海省（区、市）海洋全要素生产率指数最大的地区为天津市，最小的为广西壮族自治区，海洋全要素生产率指数由高到低依次为长三角经济区、环渤海经济区和泛珠三角经济区；海洋技术效率指数由高到低依次为长三

角经济区、泛珠三角经济区和环渤海经济区。长三角经济区、环渤海经济区海洋全要素生产率的下降绝大部分缘于海洋生产技术的退步，泛珠三角经济区尽管海洋技术进步指数不高，但对已有技术的使用效率较高。加入海洋环境综合指数变量后，海洋全要素生产率在区域层面上的排名并未出现显著变化，表明中国 11 个沿海省（区、市）在考察期内海洋环境污染程度和海洋生态环境保护力度都大体相当。

四 研究结论

中国海洋经济长期处于依赖海洋资源条件和要素供给的粗放型增长阶段，海洋经济供给侧结构性改革的实现，需要改变依靠传统要素投入实现经济增长的动力模式，通过海洋技术进步与创新实现海洋全要素生产率的提升。本章从自然要素、社会要素、环境要素三个方面对中国海洋经济的要素供给现状进行了较为细致的剖析，并拟合海洋环境综合指数，纳入基于 DEA 方法的全要素生产率评价模型，以中国 2006 ~ 2015 年 11 个沿海省（区、市）为样本，分析了考虑海洋环境因素前后海洋全要素生产率指数的长期变动趋势。基于要素现状分析及实证分析结果，本章得到的主要结论有如下几点。

第一，中国海洋国土面积、海洋自然资源占有量等海洋自然资源水平在世界沿海国家中排名较为靠前，但海洋资源的人均占有量大大低于世界沿海国家的平均水平；中国海洋人力资源规模庞大且增长较快，广东、山东、福建、浙江等海洋经济大省成为海洋劳动力集聚区，海洋服务业所提供的涉海就业岗位日益增多，但海洋高端人才短缺，海洋科技研发水平不高成为制约海洋经济发展动力转换的因素；中国海洋基础设施水平在世界沿海国家中居前列，海洋生态环境压力趋于缓解，政府对海洋经济的管理水平有所提升。

第二，2006 ~ 2015 年，全国平均的海洋环境综合指数整体呈上升趋势，表明中国沿海省（区、市）对海洋环境的保护力度持续加大。天津、江苏、浙江、福建海洋环境综合指数较高，表明这些沿海省市在发展海洋经济的同时较为注重对海洋污染排放的管控和海洋生态环境的治理，海洋经济发展的环境代价较小，其中天津市海洋环境综合指数十年来稳居全国首位。

第三，2006年以来的海洋经济增长可以划分为三个时期：2006～2009年，海洋绿色全要素生产率指数显著下降，其中海洋绿色技术效率波动不大，海洋绿色技术进步指数持续下降；2010～2012年，海洋绿色全要素生产率指数震荡波动，其中海洋绿色技术效率指数、海洋绿色技术进步指数及海洋绿色全要素生产率指数均呈现先下降后上升的V形趋势；2013～2015年，再次进入海洋绿色全要素生产率指数下降期，其中海洋绿色技术效率指数震荡下降，海洋绿色技术进步指数持续下降。

第四，从区域层面来看，2006～2015年中国11个沿海省（区、市）海洋全要素生产率均出现不同程度的下降，其中长三角经济区、环渤海经济区海洋全要素生产率的下降绝大部分缘于海洋生产技术的退步，泛珠三角经济区尽管海洋技术进步指数不高，但对已有技术的使用效率较高。

第五，加入海洋环境综合指数变量之后，海洋全要素生产率在区域层面上的排名并未出现显著变化，表明中国11个沿海省（区、市）在考察期内海洋环境污染程度和海洋生态环境保护力度都大体相当。

本章的现实意义在于：海洋供给侧结构性改革的重要切入点是海洋经济全要素生产率的增长，以海洋要素效率的提升带来海洋产业结构的优化，以海洋要素资源的集聚带来海洋空间结构的改善。同时，政府通过海洋制度供给引导投资和资源流向，是海洋经济突破规模和技术约束，实现产业部门、空间布局和技术水平“三大突破”的重要基础。中国海洋经济供给侧结构性改革的实现，必须从提升要素效率入手，加快构建海洋科技创新体系，建设具有国际竞争力的海洋科技人才高地、海洋科技创新中心、海洋高技术成果高效转化基地和产业基地，引领海洋战略性新兴产业的超前部署及临海产业的深度发展，为海洋经济实现跨越式发展提供有力支撑。

第 五 章

中国海洋经济区域演化特征与增长动力机制

2001年，联合国提出了“21世纪是海洋世纪”，标志着海洋经济成为世界经济发展的新方向。中国海洋经济发展实现了规模的大跨越，海洋生产总值从2001年的9518.4亿元增长到2019年的89415亿元[①]，年均增长率达13.22%，远远高于GDP年均增长率，海洋生产总值占GDP的比重已接近10%，海洋经济已成为中国经济发展的新动能。建设海洋强国离不开发达的海洋经济作为重要支撑，而要让海洋经济成为中国经济的新增长点，必须提高海洋产业对经济增长的贡献率，必须使海洋产业成为国民经济新支柱（习近平，2020）。“十四五”规划明确提出，坚持陆海统筹，发展海洋经济，建设海洋强国。但是，中国各地区海洋经济发展也因为海洋自然资源禀赋差异、自然和经济区位差异、要素投入产出差异而表现出较大的差别。因而，一方面必须总结中国海洋经济发展经验，分析海洋传统产业转型升级、新兴产业培育过程及其发展动因；另一方面也需要辨析各地区海洋经济发展的优劣势及未来趋势，以破解快速发展过程中可能存在的风险，构筑中国海洋经济健康可持续的新路径。

① 资料来源于《2019年中国海洋经济统计公报》。

第一节　相关研究进展

海洋产业结构对海洋经济规模结构变动的影响受到海洋经济学界普遍关注（梁绮琪、易晨晨，2014）。宋进朝（2012）对比了上海和广东海洋产业结构特征，认为应重点发展海洋支柱产业和第三产业；余亭和刘强（2012）对比了广东省、浙江省和山东省海洋经济增长效应，提出发展新兴产业，提高高科技创新能力，优化海洋产业结构；刘洋等（2013）提出应重点调整海洋第二产业和第三产业的结构；冯友建和朱玮（2016）对比了浙江省、长三角经济区和全国海洋产业结构，认为应发挥海洋第三产业优势，提高海洋第二产业份额，以实现优势互补；黄盛（2013）认为应以海洋科研教育管理服务业作为第三产业调整的重点；魏梦雅和张效莉（2016）研究了广东的海洋产业发展状况，认为优化环境、加大基础设施建设力度、提升第一产业竞争力是未来主要方向。对于区域内不同地区经济规模体系的研究，学者们普遍运用经济地理学领域的方法（兰建文，2013），其中，位序－规模法则（许学强等，1997）是研究区域经济要素规模分布规律的主要理论之一。1949年齐普夫（Zipf）的研究表明，发达国家城市的位序和规模之间表现出比较好的直角双曲线关系（李涛等，2016），即位序－规模法则，也称Zipf法则（姜世国、周一星，2006）。之后，该法则被广泛用于城镇规模分布及相关领域，并产生了丰硕成果（陈彦光、刘继生，2001）。

对海洋经济增长动力问题的研究，以往更多的是从定性角度进行描述，少数学者从产业集聚（傅远佳，2011；于谨凯等，2014；纪玉俊、李超，2015）、创新（乔俊果、朱坚真，2012；翟仁祥，2014；王玲玲，2015）、海洋产业结构变动（盖美、陈倩，2010；狄乾斌等，2014；于梦璇、安平，2016）等方面定量研究其与海洋经济增长的关系。总体来看，关于中国海洋经济增长动力的研究相对缺乏，系统性研究更是不足，亟须深化。

在海洋经济增长动力的量化计量分析方面，本章着重辨析固定资产投资、人力资本和技术进步对海洋经济增长的影响程度及其形成机制。已有学者对人力资本与经济增长的关系（杨建芳等，2006；代谦、别朝霞，2006；王丽娟、陈飞，2017；台航、崔小勇，2017；李静等，2017）、固定资产投资与经济增长的关系、创新与经济增长的关系进行了充分研究，证明了固定资产投资、人力资本、创新均有利于经济增长。在经济起飞阶段，增加固定资产投资对经济发展具有显著正效应。人力资本是经济增长的内生动力，也是经济发展水平的重要衡量标准。技术进步是提升经济效率的源泉，特别是在创新驱动发展阶段，技术进步对经济增长的促进尤其显著。虽然固定资产投资、人力资本、技术进步对经济增长的作用已被充分验证，但三者与中国海洋经济增长的关系及其互动过程还需深入辨析。

另外，海洋的开发受到自然条件的明显限制，因而海洋经济具有显著的空间差异。但以往中国海洋经济发展的研究大多侧重于对社会经济发展过程的测度，较少对海洋经济的空间交互效应进行测度，更缺乏对空间溢出效应的探讨（尹向来、孙青，2018）。近年来，随着区域一体化进程的加速推进和空间经济学的快速发展，空间交互效应（赵莎莎，2019）被视为区域经济增长问题中的关键因素之一（Ertur and Koch，2006；Arbia and Fingleton，2008；Elhorst et al.，2010）。因此，本章从全国及沿海 11 个省（区、市）层面，研究 2005～2016 年全国、三大区域及沿海省（区、市）的海洋经济特征、演化格局及其增长的动力机制。首先，以位序－规模法则分析各省（区、市）海洋经济规模位序变动情况，并着重运用偏离－份额分析法，探讨海洋产业结构变动对海洋经济增长的影响，以及三次产业的空间集聚和扩散过程。最后，借助 2005～2016 年中国沿海 11 个省（区、市）省际面板数据，构建空间杜宾模型，辨析固定资产投资、人力资本及技术进步与海洋经济增长的关系，为中国海洋产业布局优化与转型升级提供借鉴。

第二节　研究方法与数据处理

本章主要采用数理统计和空间计量经济学相关方法来研究中国海洋经济的区域演化特征及增长动力机制。与以往的计量经济学相比，空间计量经济学的改进主要有两点：首先，在模型中增加空间依赖性和空间异质性相关参数；其次，空间计量模型的要素量化问题也得到解决。在运用空间计量模型时，首先需要判别研究对象之间是否存在空间自相关性，因此需要对研究对象进行空间自相关分析。本章对中国海洋经济演化的分析所用数据时间跨度为2005～2016年，其中，基于部分数据的详细程度、可获得性和可比较性，选取其中的2005～2014年数据进行详细分析。

一　模型设定

（一）统计方法

首先，利用标准差和变异系数判别中国各省（区、市）海洋经济总体差异及演变情况；其次，利用偏离－份额分析法分析海洋经济增长的份额差异、产业结构差异和区域竞争力差异，采用泰尔指数进行空间尺度下的区域差异分析；最后，采用空间滞后模型、空间误差模型和空间杜宾模型来分析省际尺度的海洋经济差异的动力来源（刘瑞翔、夏琪琪，2018）。

1. 标准差与变异系数

标准差（Standard Deviation），又称均方差，是方差的算术平方根，反映的是一个数据集样本的离散程度，本书借以描述各省（区、市）海洋经济的样本特征。其数学推导过程为：假设某数据集样本为 x_1，x_2，…，x_n（皆为实数），其算术平均值为 μ，则标准差利用式（1）可求。

$$SD = \sqrt{1/n \sum_{i=1}^{n} (x_i - \mu)^2} \tag{1}$$

变异系数，又称离散系数（Coefficient of Variation），是样本概率分布离散程度的归一化量度，其为标准差与算术平均值（MN）之比：

$$CV = (SD/MN) \times 100\% \tag{2}$$

与标准差相比，变异系数不需要参照样本平均值。变异系数是无量纲量，当研究样本的两组数据量纲不同或均值不同时，应用变异系数而非标准差进行比较。

2. 位序-规模法则

海洋经济规模变化在空间上的投影形成了海洋经济位序-规模空间分布变化规律。借助位序-规模法则（许学强等，1997），对各省（区、市）海洋经济规模结构进行研究。假设要研究 K 个省（区、市）海洋经济规模结构，则有：

$$P_K = P_1 K^{-q} \tag{3}$$

其中，K 为序号，$K=1, 2, \cdots, N$，N 为省（区、市）数量；P_K 为序号 K 省（区、市）的海洋经济规模；P_1 为首位省（区、市）海洋经济规模，q 为 Zipf 参数。对式（3）取自然对数，可得：

$$\ln P_k = \ln P_1 - q\ln K \tag{4}$$

若式（4）成立，则研究区域的海洋经济符合 Zipf 规模分布法则，用无标度区和 Zipf 参数来表征。无标度区就是 R^2 涵盖的数值较大的范围。Zipf 参数（q）表征了海洋经济规模空间分布形态变化（李涛等，2016）。若 $q \geq 1$，各省（区、市）海洋经济规模结构呈帕累托模式，样本内部变差较大，中间位序样本较少；若 q 值变小，则规模等级结构差异缩小，中间位序样本增多；若 $q<1$，则各样本规模等级结构呈对数正态分布模式，即各省（区、市）海洋经济规模的变差较小，处于中间位序的省（区、市）较多（Nazara and Hewings，2004）。

3. 偏离-份额分析法

偏离-份额分析法于 1942 年和 1943 年由美国经济学家 Daniel 和 Creamer 相继提出，20 世纪中期经 Dunn（1960）总结后得以普遍推广

（Boarnet，1998）。偏离－份额分析法能够将区域经济的变动量分解为份额分量、结构偏离分量和竞争力偏离分量，以便从中找出区域经济变动的主要来源，找出优势的产业部门，为产业结构调整指出方向（杨帆，2008）。

首先，在（0，t）时期内，假设省（区、市）i 的海洋经济总量、结构均发生了变化。如初期，省（区、市）i 的海洋经济总量是 $b_{i,0}$，末期为 $b_{i,t}$。同时，以 $b_{ij,0}$ 和 $b_{ij,t}$（$j=1, 2, \cdots, n$）分别表示该省（区、市）第 j 个产业在初期和末期的规模。相应地，B_0 和 B_t 分别表示某省（区、市）所在大区（三大经济区）不同时期的海洋经济初期和末期规模，$B_{j,0}$ 和 $B_{j,t}$ 分别表示大区相应时期第 j 个海洋产业的初期和末期规模。第 i 省（区、市）第 j 个产业在相应时段的变化率为 $r_{ij}=(b_{ij,t}-b_{ij,0})/b_{ij,0}$，所在大区 j 产业部门的变化率 $R_j=(B_{j,t}-B_{j,0})/B_{j,0}$，经标准化后，可知，$b_{ij}'=b_{i,0}\times B_{j,0}/B_0$，则在（0，$t$）时段内 i 省（区、市）第 j 产业部门的增长量 G_{ij} 可以分解为 N_{ij}、P_{ij}、D_{ij} 三个分量（曹加泰、管红波，2018）。

$$G_{ij}=N_{ij}+P_{ij}+D_{ij}=PI+SI+TI \tag{5}$$

$$N_{ij}=b_{ij}'\times R_j \tag{6}$$

$$P_{ij}=(b_{ij,0}-b_{ij}')\times R_j \tag{7}$$

$$D_{ij}=b_{ij,0}\times(r_{ij}-R_j) \tag{8}$$

$$G_{ij}=b_{ij,t}-b_{ij,0} \tag{9}$$

$$PI=N_{i1}+P_{i1}+D_{i1} \tag{10}$$

$$SI=N_{i2}+P_{i2}+D_{i2} \tag{11}$$

$$TI=N_{i3}+P_{i3}+D_{i3} \tag{12}$$

N_{ij}、P_{ij} 和 D_{ij} 分别指份额分量、产业结构偏离分量和区域竞争力偏离分量，N_{ij} 是指按比例分配时 j 部门规模发生的变化，也就是区域标准化产业部门如按全国或所在大区的平均增长率发展所产生的变化量，P_{ij} 指区域 i 第 j 部门增长相对于全国或所在大区标准所产生的偏差，D_{ij} 指区域 i 第 j 部门增长速度与全国或所在大区相应部门增长速度差别引起的偏差（徐婷、谭春兰，2014）。

4. 泰尔指数

泰尔指数是分析区域差异的一个重要工具，而区域差异是各学科研究的热点，因而，泰尔指数成为研究区域差异不可或缺的工具。公式如下：

$$T = \sum\left(\frac{I_i}{I} \times \ln\frac{I_i/I}{P_i/P}\right) \tag{13}$$

其中，T 表示泰尔指数，I_i表示 i 地区的收入，I 表示总收入，P_i表示 i 地区的人口，P 表示总人口。当 $T \geqslant 0$ 时，T 越小，区域差异越小。如果收入份额与人口份额相等，则对数中的真数（即份额比）为1，则相应的对数值为0，T 为0，说明地区间无差异；如果份额比大于1，表明该地区发达，相应的对数值大于0；如果份额比小于1，表明该地区落后，相应的对数值小于0。

（二）空间自相关分析

空间自相关是用来表达观察数据间可能存在的空间相互依赖性。空间自相关分析是广泛用于揭示经济要素的空间分布特征、空间关联机制的分析方法，如要表达经济要素整体上的空间关联程度，常用全局 Moran's I 指数来表征，该指数大于 0 时表示空间显著集聚，小于 0 时表示分散分布；要表达研究对象空间分布特征和异质性，常用局部 Moran's I 指数，可结合 LISA 集聚象限来反映。全局空间自相关（Global Spatial Autocorrelation）用来描述整体内部的区域间不同单元样本的空间分布情况，计算公式如下：

$$\text{Moran's I} = \frac{n}{\sum_{i=1}^{n}\sum_{j=1}^{n} w_{ij}} \times \frac{\sum_{i=1}^{n}\sum_{j=1}^{n}(x_i - \bar{x})(x_j - \bar{x})}{\sum_{i=1}^{n}(x_i - \bar{x})^2}$$

其中，X_i是 i 地区的观测值，本章用于表达各省（区、市）海洋经济和各集聚外部性变量，n 表示地区样本数量，w_{ij}为权重矩阵。Moran's I 指数的取值范围为［-1，1］，在给定显著性水平下，大于 0 为正相关，样本空间集聚分布；小于 0 为负相关，样本空间分散分布。

（三）空间计量经济模型

空间计量经济模型近年来常用于测度区域间相关作用。空间滞后模型（SLM）和空间误差模型（SEM）主要测度因变量空间相关性；空间杜宾模型（SDM）则一并考虑了自变量和因变量的空间相关性，模型更为一般化。本章模型的空间权重采用二进制邻近关系来确定（邵朝对、苏丹妮，2017）。

借鉴相关研究，本章构建的基准模型（BM）如下：

$$GOP_{it} = \beta_1 FI_{it} + \beta_2 HR_{it} + \beta_3 IN_{it} + \beta_4 X_{it} + \varepsilon_{it} \tag{14}$$

其中，GOP 为沿海各省（区、市）人均海洋生产总值，用来衡量海洋经济增长情况；FI 表示人均海洋固定资产投资量，用于衡量投资水平；HR 为涉海从业人员数量，表征劳动力投入水平；IN 为海洋专利授权数，表征海洋技术进步水平；X 为控制变量；β 为面板回归系数；ε 为残差；i 表示第 i 个省（区、市）；t 表示年份。

在式（14）基础上，构建空间杜宾模型，检验空间交互效应对海洋经济增长的影响，形式如下：

$$GOP_{it} = \rho wGOP_{it} + \varphi_1 FI_{it} + \varphi_2 HR_{it} + \varphi_3 IN_{it} + \varphi_4 wFI_{it} + \varphi_5 wHR_{it} + \varphi_6 wIN_{it} + \lambda X_{it} + \varepsilon_{it}$$

$$w = wl_{if} \Big/ \sum_{f=1}^{n} wl_{if}, \text{其中 } wl_{if} = \begin{cases} 0, \text{当 } i = f \text{ 时} \\ d_{if}^{\ -1}, \text{当 } i \neq f \text{ 时} \end{cases} \tag{15}$$

其中，w 是空间权重矩阵；$d_{if}^{\ -1}$表示各省（区、市）空间质心距离的倒数；ρ 为因变量空间滞后项回归系数；φ 为各自变量空间滞后项回归系数；λ 为控制变量的回归系数；i 和 f 表示第 i 和第 f 个省份；wl_{if}为空间权重矩阵中两省份之间的权重因子。若 $\rho = 0$，则式（15）为空间自变量滞后模型（SLX）；若 $\varphi_4 = \varphi_5 = \varphi_6 = 0$，则式（15）为空间自回归模型（SAR）；若 $\rho = 0$ 及 $\varphi_4 = \varphi_5 = \varphi_6 = 0$，则式（15）为非空间面板回归模型，也就是基准模型（BM）。

二　样本及数据说明

本书选取沿海 11 个省（区、市）2005 ~ 2016 年共 12 年的数据进行量化分析，沿海省（区、市）包括辽宁省、河北省、天津市、山东省、江苏省、浙江省、上海市、福建省、广东省、广西壮族自治区和海南省（香港特别行政区、澳门特别行政区和台湾地区由于数据可得性问题不包含在本书内）。数据来源于2006～2017年《中国海洋统计年鉴》、历年《中国统计年鉴》和沿海各省（区、市）统计年鉴。其中，固定资产投资数据来源于《中国统计年鉴》，沿海地区总人口、海洋生产总值及海洋产业从业人员数据来源于《中国海洋统计年鉴》。

三　变量处理

控制变量（X）包括沿海各省（区、市）总人口（TP）、城镇人口占比（UR）、海洋研究经费投入额（PA）、2005年海洋生产总值初始水平（$IGOP$）及人均海洋生产总值初始水平（$MGOP$）。投入变量中，固定资产存量K_{it}为采用固定资产投资指数经不变价格处理并按照永续盘存法计算所得，即：

$$K_{it} = I_{it} + (1 + \delta)K_{i,t-1} \tag{16}$$

其中，I_{it}为i地区第t年的固定资产投资，δ为折旧率，δ按照张军等（2004）采用的代表几何效率递减的余额折旧法进行计算，按9.6%计算。同时按照Battese和Coelli（1995）的方法对基年资本存量进行估算。

$$K_{i1} = \frac{I_{i1}}{\delta + g_{r1}} \tag{17}$$

其中，g_{r1}为固定资产投资的平均增长率，本书经测算按照20%进行计算。

要素投入劳动力L_{it}按照沿海11个省（区、市）涉海就业人数计算。对于R&D资本存量也按上述方法计算，即：

$$RD_{it} = RDI_{it} + (1 - \delta)RD_{i,t-1} \tag{18}$$

$$RD_{i1} = \frac{RDI_{i1}}{\delta + g_{r2}} \tag{19}$$

其中，RDI_{it}为i地区t年的R&D经费投入，g_{r2}为R&D经费投入的平均增长率，本书经测算按照25%进行计算。

首先，判别研究时段内沿海11个省（区、市）海洋经济总量是否满足位序－规模分布法则，分别将各省（区、市）海洋经济规模按照从大到小排序后，将海洋经济规模及对应序号标明在双对数坐标图上，如二者符合回归拟合函数关系，则符合位序－规模分布、符合Zipf法则。进一步选取2006年、2009年、2011年和2016年为代表年份，研究各省（区、市）海洋经济规模分布的演变特征。然后，利用偏离－份额分析法分析各省（区、市）海洋经济规模变动的产业驱动力及分析各省（区、市）人均海洋经济规模的空间集聚和扩散的特征。最后，利用空间计量经济学相关模型，判别固定资产投资、劳动力及技术进步对海洋经济增长的影响程度及其空间分布情况。

第三节　海洋经济区域发展格局特征及演化趋势

一　规模结构的区域特征

（一）总体差异时序演化

第一，2005～2016年，各省域海洋经济的标准差保持上升态势（见图5－1），由1111.308亿元扩大至4582.979亿元，表明各省（区、市）海洋经济绝对差异呈扩大趋势。第二，2005年以来，各省域海洋经济的变异系数由2005年的0.667下降到2007年的0.641，随后上升到2010年的0.661，再下降至2011年的0.636，之后上升至2016年的0.723，呈现“下降—上升—下降—上升”交替波动的态势。2001年以后，随着中国加入世贸组织，沿海地区因为具有更高的开放度，海洋经济普遍迎来了更高速度的发展。在2008年金融危机后，部分省份海洋经济受到冲击，使得各省海洋经济总量的变异系数有所下降。但2011年以来，尤其是2013～2016年，国际外部环境趋于稳定，沿海地区海洋经济又呈现差异不断扩大的趋势。以上发展历程表明各省（区、市）海洋经济发展相对差异显著且波动明显。

图 5－1　2005～2016 年中国海洋经济的标准差与变异系数

注：因并未掌握 2015 年数据，故无法求算该年的指标值。下同。

资料来源：根据历年《中国海洋统计年鉴》数据计算整理所得。

（二）沿海各省（区、市）形成明显的三大梯队

从海洋经济规模上来看，2005～2016 年，沿海各省（区、市）形成了明显的三大梯队。2005 年，山东和浙江排在第一梯队，海南和广西则排在倒数第一和第二的位置，虽然各省（区、市）海洋经济规模不同，但总量差距较小。2016 年，广东、山东排在第一梯队，福建、上海、江苏、浙江、天津和辽宁排在第二梯队，河北、广西和海南则排在第三梯队（见图 5－2）。

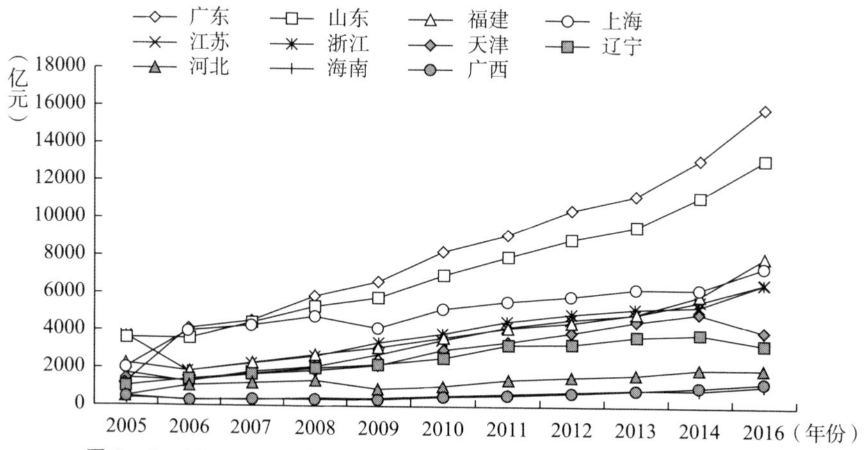

图 5－2　2005～2016 年沿海省（区、市）海洋经济的三大规模梯队

资料来源：根据历年《中国海洋统计年鉴》数据计算整理所得。

在近 12 年的时间里，全国海洋经济格局发生了明显的变动。2005 年，广东海洋生产总值尚排在沿海 11 个省（区、市）的第 7 名，在 2006 年则跃居全国第 1 名，2006 年和 2007 年广东海洋生产总值非常接近上海和山东，但 2008 年之后，广东则处于快速爬升阶段，迅速与其他省份拉开距离；排在第 2 名的山东也一直保持快速增长，上海则在总体有所上涨的基础上，跌至第二梯队（见表 5 - 1）。

表 5 - 1　2005 ~ 2016 年沿海 11 个省（区、市）海洋生产总值

单位：亿元

省(区、市)	2005 年	2006 年	2007 年	2008 年	2009 年	2010 年	2011 年	2012 年	2013 年	2014 年	2016 年
广东	1170.08	4113.9	4532.7	5825.5	6661.0	8253.7	9191.1	10506.6	11283.6	13229.8	15968.4
山东	3627.14	3679.3	4477.8	5346.3	5820.0	7074.5	8029.0	8972.1	9696.2	11288.0	13280.4
福建	2179.30	1743.1	2290.3	2688.2	3202.9	3682.9	4284.0	4482.8	5028.0	5980.2	7999.7
上海	2053.93	3988.0	4321.4	4792.5	4204.5	5224.5	5618.5	5946.3	6305.7	6249.0	7463.4
江苏	1712.68	1287.0	1873.5	2114.5	2717.4	3550.9	4253.1	4722.9	4921.2	5590.2	6606.6
浙江	3724.13	1856.5	2244.4	2677.0	3392.6	3883.5	4536.8	4947.5	5257.9	5437.7	6597.8
天津	1448.51	1369.0	1601.0	1888.7	2158.1	3021.5	3519.3	3939.2	4554.1	5032.2	4045.8
辽宁	1061.49	1478.9	1759.8	2074.4	2281.2	2619.6	3345.5	3391.7	3741.9	3917.0	3338.3
河北	496.78	1092.1	1232.9	1396.6	922.9	1152.9	1451.4	1622.0	1741.8	2051.7	1992.5
广西	480.75	300.7	343.5	398.4	443.8	548.7	613.8	761.0	899.4	1021.2	1251.0
海南	378.99	311.6	371.1	429.6	473.3	560.0	653.5	752.9	883.5	902.1	1149.7

资料来源：根据历年《中国海洋统计年鉴》数据整理所得。

（三）三大海洋经济区差距显著扩大

根据《中国海洋经济发展报告 2017》的相关标准，将中国沿海 11 个省（区、市）划分为三大区域，分别为北部海洋经济区、东部海洋经济区和南部海洋经济区，分别对三大经济区的海洋经济规模、增长速度、各经济区海洋生产总值占全国 GDP 的比重，以及各经济区海洋生产总值占各自 GDP 的比重进行一般量化的总体分析。从总体规模上看，10 年间，北部海洋经济区海洋生产总值变化不大，占全国的比重总体维持在 29% ~38%；东部和南部海洋经济区海洋生产总值变化较大，东部海洋经济区海洋生产总值全国占比从 2005 年最大的 40.86% 下降至 2016 年的 29.66%，下降明显；南部海洋经济区海洋生产总值全国占比从 2005 年最小的 22.96% 上升至 2016 年的 37.84%，上升非常明显（见表 5 -2）。

表 5－2　2005～2016 年三大海洋经济区主要指标比较

单位：亿元，%

地区	指标	2005 年	2006 年	2007 年	2008 年	2009 年	2010 年	2011 年	2012 年	2013 年	2014 年	2016 年
北部海洋经济区	海洋生产总值	6633.92	7619.3	9071.5	10706	11182.2	13868.5	16345.2	17925	19734	22288.9	22657
	同比增速		14.85	19.06	18.02	4.45	24.02	17.86	9.67	10.09	12.95	0.83
	占比	36.18	35.91	36.22	36.13	34.64	35.05	35.93	35.82	36.33	36.72	32.51
	占地区 GDP 比重	16.45	16.16	16.26	15.90	15.14	15.90	15.81	15.68	15.75	16.73	16.16
东部海洋经济区	海洋生产总值	7490.74	7131.5	8439.3	9584	10314.5	12658.9	14408.4	15616.7	16484.8	17276.9	20667.8
	同比增速		－4.80	18.34	13.56	7.62	22.73	13.82	8.39	5.56	4.81	9.81
	占比	40.86	33.61	33.69	32.34	31.96	31.99	31.67	31.21	30.35	28.46	29.66
	占地区 GDP 比重	18.32	14.85	14.74	14.41	14.23	14.67	14.32	14.34	13.81	13.41	13.52
南部海洋经济区	海洋生产总值	4209.12	6469.3	7537.6	9341.7	10781	13045.3	14742.4	16503.3	18094.5	21133.3	26368.8
	同比增速		53.70	16.51	23.93	15.41	21.00	13.01	11.94	9.64	16.79	12.39
	占比	22.96	30.49	30.09	31.53	33.40	32.97	32.40	32.98	33.32	34.82	37.84
	占地区 GDP 比重	12.41	16.19	15.67	16.64	17.64	18.02	17.34	17.81	17.74	19.03	19.97
合计		18333.78	21220.1	25048.4	29631.7	32277.7	39572.7	45496	50045	54313.3	60699.1	69693.6

注：北部海洋经济区包括辽宁、河北、天津和山东，东部海洋经济区包括上海、江苏和浙江，南部海洋经济区包括福建、山东、广东和海南。

资料来源：根据历年《中国海洋统计年鉴》和《中国统计年鉴》数据整理所得。

三大海洋经济区海洋经济规模差距的扩大（见图5－3）缘于增长速度的迅速提高。南部海洋经济区的增长速度在2006～2016年的11年间，有8年的增长速度是领先于另外两个海洋经济区的。而作为明显的对比，东部海洋经济区增速则明显多年处于最低位置，甚至在2006年还出现了负增长（见图5－4）。从三大海洋经济区海洋生产总值占各自GDP比重来看，南部海洋经济区海洋生产总值占GDP比重开始迅猛增长，从2005年的12.41%增长至2016年的19.97%，表明海洋经济迅速成为南部海洋经济区经济增长的动力来源，而东部海洋经济区海洋生产总值占GDP比重则一直处于下降趋势，从2005年的18.32%下降至2016年的13.52%，北部海洋经济区海洋生产总值基本维持不变（见图5－5）。

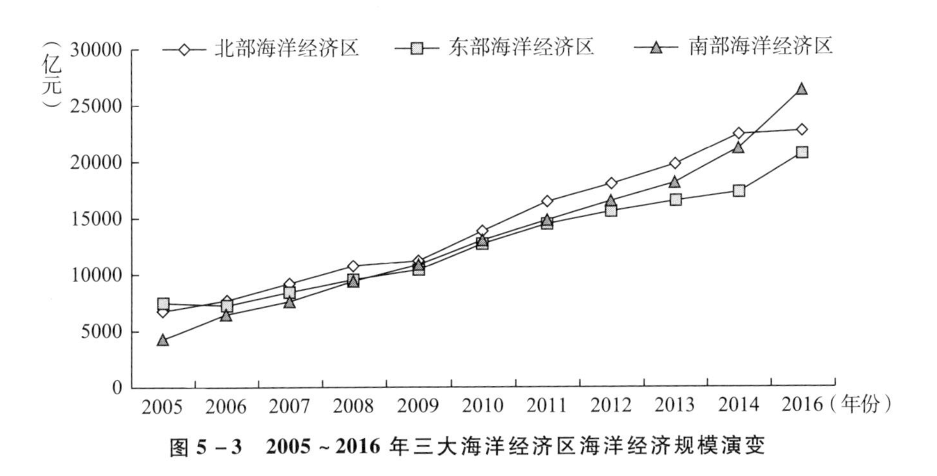

图5－3　2005～2016年三大海洋经济区海洋经济规模演变

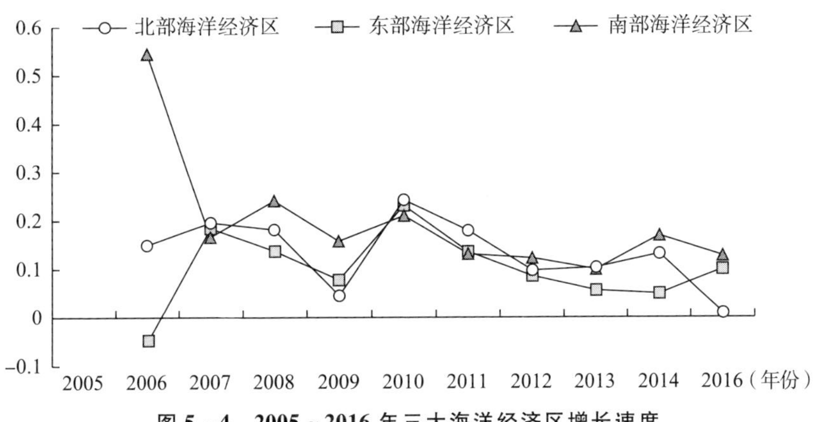

图5－4　2005～2016年三大海洋经济区增长速度

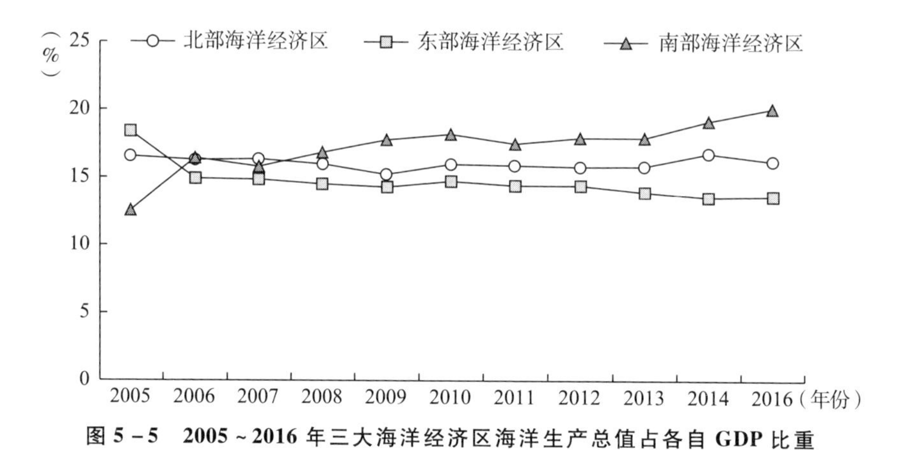

图 5-5 2005~2016 年三大海洋经济区海洋生产总值占各自 GDP 比重

二 位序-规模变化特征

利用公式（4），对中国沿海 11 个省（区、市）单元的海洋生产总值位序-规模分布进行双对数拟合（见表 5-3 和图 5-6）。发现研究时段内各省（区、市）海洋经济规模和其位序之间都存在一条拟合度较高的直线（存在无标度区），且拟合系数均大于 0.68，表明沿海 11 个省（区、市）的海洋经济总量规模的分布符合 Zipf 法则。

表 5-3 2006~2016 年中国沿海 11 个省（区、市）海洋生产总值位序-规模分布无标度区范围和 Zipf 参数

年份	无标度区范围	拟合方程	Zipf 参数（q）	拟合优度（R^2）
2006	1~9	$y=-1.0237x+8.8959$	1.0237	0.7264
2007	1~9	$y=-0.9926x+9.0257$	0.9926	0.6901
2008	1~9	$y=-1.0243x+9.2342$	1.0243	0.7147
2009	1~9	$y=-1.0631x+9.3659$	1.0631	0.7262
2010	1~9	$y=-1.0586x+9.5629$	1.0586	0.7183
2011	1~9	$y=-1.0226x+9.6591$	1.0226	0.6884
2012	1~9	$y=-1.0151x+9.7502$	1.0151	0.7210
2013	1~9	$y=-0.9817x+9.7938$	0.9817	0.7216
2014	1~9	$y=-1.0043x+9.9292$	1.0043	0.7329
2016	1~9	$y=-1.0770x+10.1556$	1.0770	0.8140

Zipf 参数的变化表征了海洋经济规模空间格局的变化。当 $q \geqslant 1$ 时，等级规模结构为帕累托分布模式（李涛等，2016），如 q 值逐渐减小，规模等级结构的差异相应变小，居于中间位序的城镇单元逐渐增多；当 $q<1$ 时，海洋经济等级规模结构转变为对数正态分布。具体来看，各年份的 q 值只有2007 年和2013 年小于1，但也非常接近于1，其他年份均大于1（见表5－3），表明中国沿海 11 个省（区、市）海洋经济规模结构呈现帕累托分布模式，各省（区、市）海洋经济规模变差较大。

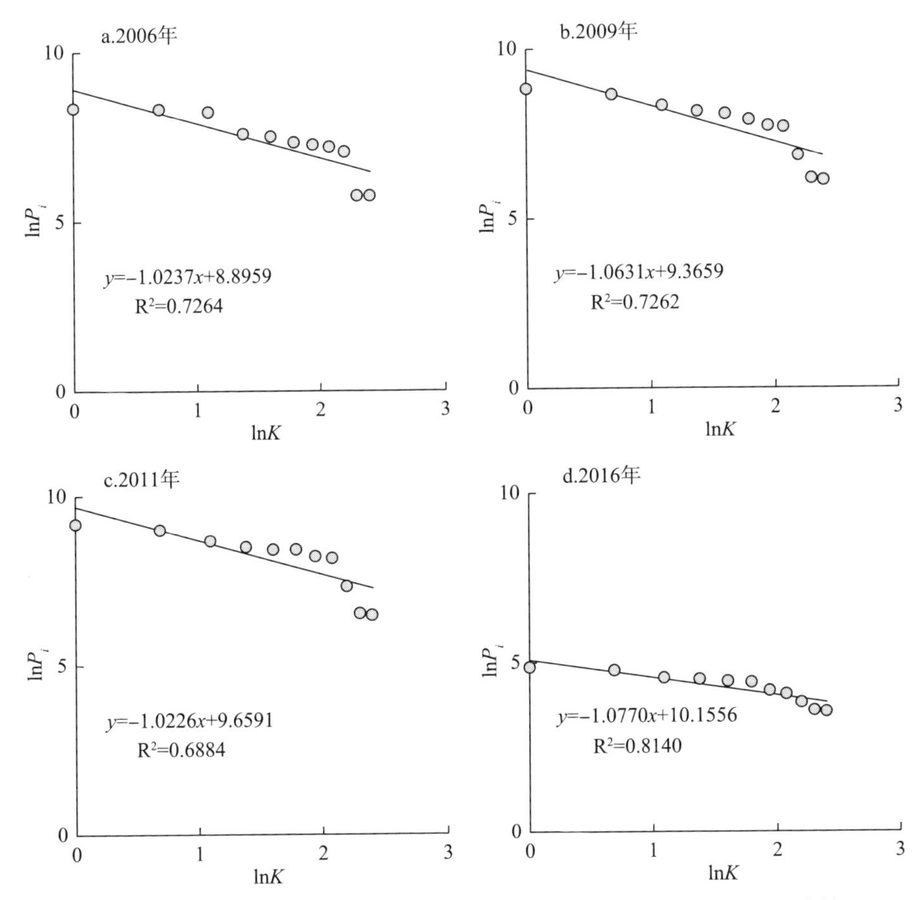

图5－6　中国沿海省（区、市）海洋生产总值位序－规模分布双对数拟合情况

2006 年，无标度区内首位省（区、市）广东的海洋经济规模为4113.9 亿元，末位省（区、市）河北为 1092.1 亿元。2016 年，无标度区内首位省（区、市）广东的海洋经济规模为15968.4亿元，末位省（区、市）海南为1149.7亿元，前者是后者的13.89倍，变差逐渐增大。4个年份的Zipf参数 q 值变化轨迹基本呈现非发展特征。2006年，q 值为1.0237，海洋经济总量空间集中度高，广东、山东和上海海洋经济合计占当年全国海洋经济总量的55.21%。2009年，q 值上升到1.0631，海洋经济总量空间集中度相应增加，居于中间位序的省（区、市）逐渐减少。进入2011年，集中度有所下降，随着国家深蓝战略的有效推进，到2016年，q 值进一步上升到1.0770，尽管首位省（区、市）的集中度依然在增加，但前三位省（区、市）海洋经济合计占比已经下降至50.69%，表明中间位序省（区、市）在逐渐增多。

（一）人均规模形成明显的四大梯队

以各省（区、市）的海洋生产总值除以各省的涉海从业人员数量来衡量人均海洋生产总值，它在一定程度上能反映各省（区、市）海洋经济发展效率，从2005～2016年的12年演变历程（见图5－7）来看，各省（区、市）的海洋经济效率均发生了较大的变动，目前可划分为四大梯队。

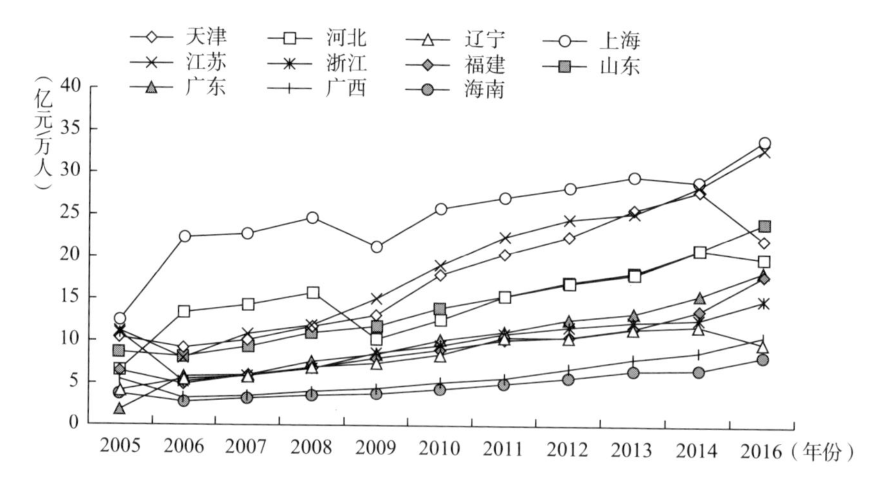

图5－7　2005～2016年沿海省（区、市）人均海洋生产总值的四大规模梯队

资料来源：根据历年《中国海洋统计年鉴》数据计算整理所得。

从人均水平表征的发展效率上看，2005年，最高的是上海，每万人海洋生产总值达到 12.21 亿元；第二为江苏，达到每万人 11.11 亿元；第三是浙江，达到每万人 11.01 亿元的水平；广东仅为 1.76 亿元/万人（见表 5－4）。2016 年，上海人均海洋生产总值（34.06 亿元/万人）依然遥遥领先于全国水平；但从效率提升水平上看，江苏和天津的更高，目前已经接近上海的水平；广东则从 2005 年的最后一名上升至第六名，排在第三梯队。

表 5－4 2005～2016 年沿海省（区、市）人均海洋生产总值

单位：亿元/万人

省(区、市)	2005 年	2006 年	2007 年	2008 年	2009 年	2010 年	2011 年	2012 年	2013 年	2014 年	2016 年
天津	10.32	9.16	10.06	11.62	13.07	17.86	20.38	22.50	25.67	28.05	22.12
河北	6.49	13.40	14.22	15.76	10.25	12.50	15.41	16.98	18.01	20.98	19.98
辽宁	4.10	5.37	6.00	6.93	7.50	8.41	10.51	10.51	11.45	11.85	9.91
上海	12.21	22.27	22.67	24.61	21.25	25.77	27.14	28.34	29.66	29.07	34.06
江苏	11.11	7.84	10.72	11.85	14.98	19.10	22.41	24.55	25.25	28.36	32.89
浙江	11.01	5.16	5.85	6.84	8.53	9.53	10.90	11.72	12.30	12.58	14.97
福建	6.36	4.78	5.90	6.78	7.95	8.92	10.16	10.49	11.61	13.66	17.92
山东	8.59	8.19	9.36	10.94	11.72	13.91	15.46	17.04	18.18	20.93	24.15
广东	1.76	5.80	6.00	7.55	8.50	10.27	11.20	12.63	13.39	15.53	18.39
广西	5.29	3.11	3.33	3.79	4.15	5.01	5.49	6.71	7.83	8.79	10.57
海南	3.57	2.75	3.08	3.49	3.78	4.37	4.99	5.67	6.57	6.64	8.30

资料来源：根据历年《中国海洋统计年鉴》数据整理所得。

（二）人均产出效率显著提高，投资驱动效果趋微

从整体空间格局上看，以人均海洋生产总值衡量的沿海各省（区、市）海洋经济发展效率均有所提高，但经过 12 年的发展，从三大海洋经济区情况来看，北部海洋经济区效率提升的程度明显优于南部海洋经济区。

2005 年，从空间上看，中国海洋经济效率最高的地区，主要集聚于上海、浙江、江苏以及北方的天津。相比较之下，岭南的广东、广西和海南明显处于低值地区。2016 年，沿海地区海洋经济整体效率与 2005 年相比有大幅度提升（见表 5－5），反映了国家沿海地区的开发

强度得到加大，也反映了在涉海劳动力素质的大幅度提升背景下，海洋经济效率大幅度提升。但从效率提升的幅度来看，北部海洋经济区的海洋经济效率提升程度比东部和南部海洋经济区提升程度更高，上海成为2016年效率最高的地区，并与江苏、山东、河北、天津连成一片高值区域，说明存在空间均质性。长江以南省份的海洋经济效率虽然也有很大的提升，但强度明显小于北方。南部海洋经济区的广东海洋经济效率提升最为明显，已经由2005年的最低级跃升为第三级，三大海洋经济区人均海洋生产总值的差异可能反映了产业结构及劳动力、资本、技术投入等驱动力之间的差异。

表5－5 人力资源及固定资产投资驱动下的三大海洋经济发展动力差异

经济区	沿海省（区、市）	人均海洋生产总值（亿元/万人）		固定资产投入产出（元）	
		2005年	2016年	2005年	2016年
北部海洋经济区	天津	10.32	22.12	2.11	1.71
	河北	6.49	19.98	2.38	1.86
	辽宁	4.10	9.91	2.16	1.84
	山东	8.59	24.15	0.46	2.05
	均值	7.38	19.04	1.78	1.87
东部海洋经济区	江苏	11.11	32.89	2.09	2.60
	上海	12.21	34.06	2.45	3.13
	浙江	11.01	14.97	2.14	2.59
	均值	11.44	27.31	2.23	2.77
南部海洋经济区	福建	6.36	17.92	2.47	2.04
	广东	1.76	18.39	3.02	2.76
	广西	5.29	10.57	2.40	1.63
	海南	3.57	8.30	2.46	1.74
	均值	4.25	13.80	2.59	2.04

资料来源：根据历年《中国海洋统计年鉴》数据整理所得。

公共资本投入是拉动经济增长的常用措施，高投资率更是世界经济处于起飞阶段的国家的共同特点。本书为了辨析海洋固定资产投资对海洋经济的拉动情况，选取各省海洋固定资产投资额[①]占各省海洋生产总值的比值进行测算，从每元海洋固定资产投资所带动的海洋生产总值情况来看，2005 年，北部海洋经济区的均值是 1.78，东部海洋经济区为 2.23，南部海洋经济区则为 2.59，呈现从南至北逐渐递减的格局；2016 年，北部海洋经济区均值是 1.87，东部为 2.77，南部则为 2.04，即东部最高，南部次之，北部最低。这说明了以下两点事实，一是南部海洋经济区的每元固定资产投入所产生的海洋生产总值高于北部，海洋固定资产投入对南部海洋经济区的作用明显优于北部；二是三大海洋经济区中，北部和东部两大海洋经济区的固定资产投入产出有所上升，而南部则明显下降。2005 ~ 2016 年，北部海洋经济区的固定资产投入产出率提升了 5.06%，东部海洋经济区则提升了 24.22%，南部海洋经济区下降了 21.24%。从各省（区、市）来看，北方除了江苏和山东投资效率在上升外，天津、河北和辽宁均有所下降；南方除了上海、浙江有所提升外，福建、广东、广西和海南均处于下降趋势，广东更是从 3.02 下降至 2.76。总之，从固定资产投入产出率在南北方的演化来看，沿海地区整体固定资产投资带动效益有所下降，但南部海洋经济区更为明显，可能的原因是南方技术创新的驱动力有更快的增长。

三　产业结构的区域分异

（一）产业结构逐渐高级化

1. 第三产业占比普遍提升，第一产业占比普遍下降，大部分省份第二产业占比下降

海洋经济的规模增长本质是海洋产业的发展，海洋产业结构的变迁也决定着海洋经济的发展质量（付丽明、雷磊，2012）。从海洋三次产业增加值来看，2005 ~ 2016 年，第一、第二、第三产业年均增长速度[②]

① 海洋固定资产投资额没有统计数据，本书利用《中国统计年鉴》中各省（区、市）的固定资产投资，以各省（区、市）的海洋生产总值占 GDP 比重进行测算。

② 本文以复合增长率来测算增速，计算公式为：a = 现期值/基期值^（1/10） - 1。

分别为 3.05%、9.08% 和 16.93%，第三产业始终保持高于第一、第二产业的发展趋势。2005 年，三次产业增加值占海洋生产总值的比重分别为 13.58%、53.16% 和 33.25%，2016 年分别为 5.12%、39.70% 和 55.18%。总体上看，三次产业结构有了明显的变动，从 2005 年的“二、三、一”演变为“三、二、一”，海洋经济已经由第二产业驱动转变为第三产业驱动，产业结构高级化趋势明显。

在主要海洋产业中，滨海旅游业发展最为迅猛，其增加值占主要海洋产业的比重从 2005 年的 27.8% 上升至 2016 年的 40.7%，在主要海洋产业增加值中居于第一的位置。海洋交通运输业增加值占主要海洋产业的比重从 2005 年的 34.13% 下降到 2016 年的 20.08%。海洋渔业增加值占主要海洋产业的比重从 2005 年的 25.04% 下降到 2016 年的 16.26%。三个产业增加值之和占比达到 77.04%，占了绝大部分。

从产业结构的变动情况可以总结中国海洋经济的驱动力变化，研究时段内，大部分省（区、市）与全国总体变化趋势一致，除了江苏外，其他省（区、市）产业结构由“二、三、一”转变为“三、二、一”。本章分别比较了 2005 年和 2016 年各省三次产业占比的变化幅度（见图 5-8 和图 5-9）。与 2005 年相比，2016 年，11 个省（区、市）的第一产业占比均有所下降，下降最多的是广东，达到 28.67 个百分点；其次

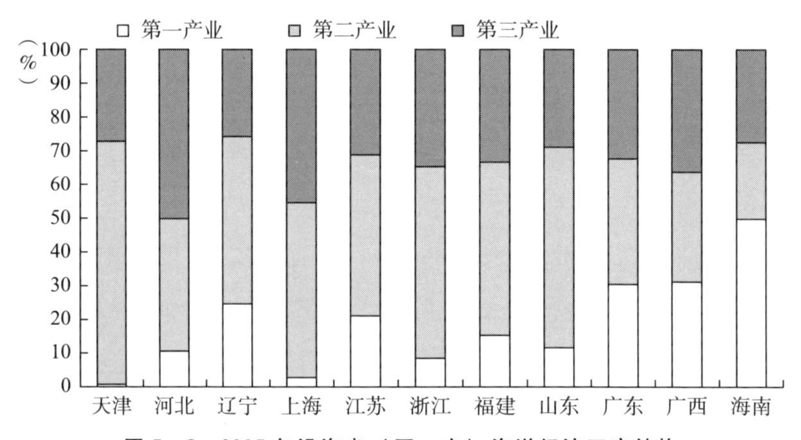

图 5-8　2005 年沿海省（区、市）海洋经济三产结构

资料来源：根据《中国海洋统计年鉴 2006》数据计算整理所得。

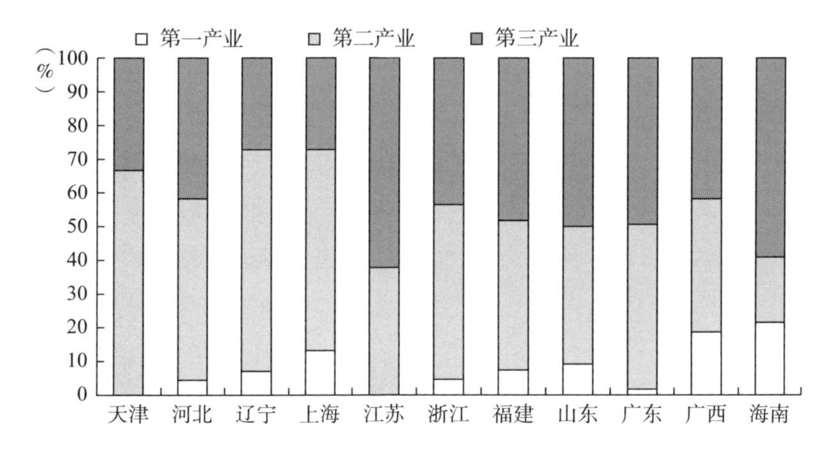

图 5－9　2016 年沿海省（区、市）海洋经济三产结构

资料来源：根据《中国海洋统计年鉴 2017》数据计算整理所得。

是海南，为 26.71 个百分点；第三是广西，达到 14.74 个百分点；下降最少的是天津，仅为 0.14 个百分点。

从第二产业占比变化幅度来看，占比上升的有 3 个省份，分别为广东、江苏和广西，上升幅度分别为 3.30 个百分点、2.13 个百分点、2.00 个百分点；占比下降的则有 8 个省份，从下降幅度排名来看，排在前三的分别为天津（26.96 个百分点）、浙江（22.33 个百分点）和上海（17.51 个百分点）。

2. 第三产业的增长成为大部分省（区、市）的主要驱动力

从第三产业占比变化幅度（见表 5－6）来看，11 个省（区、市）占比均上升。上升幅度最大的是海南，达到 29.81 个百分点，其次是天津（27.09 个百分点），第三是辽宁（25.96 个百分点）。以 2016 年和 2005 年的三产占比差值反映产业驱动力，初步得到研究时段内各省海洋经济发展的产业结构差异。我们认为，如果各产业的差值为正，则表明该产业为驱动力之一；差值为负，则表明该省海洋经济的增长并非由该产业驱动。结果表明，大部分省份的海洋经济增长的主要驱动力来源于第三产业，部分省份以第三产业为主、第二产业为辅。

表 5-6 2005 年与 2016 年沿海各省（区、市）三产比重提升程度

省（区、市）	2005 年			2016 年			增量（个百分点）		
	第一产业（%）	第二产业（%）	第三产业（%）	第一产业（%）	第二产业（%）	第三产业（%）	第一产业	第二产业	第三产业
合计	13.58	53.16	33.25	5.12	39.70	55.18	-8.46	-13.47	21.92
天津	0.49	72.40	27.10	0.36	45.44	54.20	-0.14	-26.96	27.09
河北	10.32	39.45	50.23	4.45	37.07	58.48	-5.87	-2.38	8.26
辽宁	24.50	49.90	25.60	12.73	35.72	51.56	-11.77	-14.18	25.96
上海	2.74	51.96	45.30	0.06	34.45	65.49	-2.68	-17.51	20.19
江苏	21.09	47.68	31.23	6.58	49.81	43.62	-14.51	2.13	12.38
浙江	8.28	57.08	34.64	7.57	34.75	57.68	-0.72	-22.33	23.04
福建	15.20	51.73	33.07	7.31	35.67	57.03	-7.89	-16.07	23.96
山东	11.60	59.42	28.98	5.85	43.15	51.00	-5.75	-16.26	22.02
广东	30.39	37.41	32.20	1.71	40.71	57.57	-28.67	3.30	25.38
广西	31.00	32.73	36.27	16.27	34.72	49.01	-14.74	2.00	12.74
海南	49.85	22.57	27.58	23.15	19.47	57.39	-26.71	-3.10	29.81

资料来源：根据历年《中国海洋统计年鉴》数据计算整理所得。

3. 典型产业分析

为了进一步揭示中国海洋经济产业结构的区域差异，分别选取海水养殖业、港口货物运输业、滨海旅游业为代表性产业，进行具体分析，主要是因为这三个产业的增加值之和占中国海洋生产总值的比重超过 70%，具有典型性。

以海水养殖为代表的第一产业发展南方优于北方。海水养殖业一直是海洋第一产业中较大的行业，2005 年海水养殖规模合计为 13847847 吨，增长至 2016 年的 19631308 吨，增长了 41.76%（见表 5-7）。2005 年，海水养殖规模全国占比最高的地区是山东，达到 25.85%；其次是福建，为 22.37%；第三为广东，为 16.31%；第四为辽宁，为 15.32%；其他占比均小于 10%，天津和上海甚至不足 1%。2016 年，海水养殖规模全国占比最高的依然是山东，上升至 26.12%；第二为福建，为 22.03%；第三为广东，为 15.99%。

从长江以南和长江以北情况来看，长江以南地区海水养殖规模

2005年达到7322832吨，占全国的52.88%，长江以北地区海水养殖规模达到6525015吨，占全国的47.12%。至2016年，长江以南地区海水养殖规模达到9973885吨，占比为50.81%；长江以北地区为9657423吨，占比为49.19%。从总体规模上看，2005~2016年，长江以南地区海水养殖规模占比高于北方。

表5-7 2005年及2016年沿海省（区、市）海水养殖及产出情况

省（区、市）	2005年			2016年		
	海水养殖规模（吨）	海水可养殖面积（公顷）	每公顷产出（吨）	海水养殖规模（吨）	海水可养殖面积（公顷）	每公顷产出（吨）
天津	10915	18490	0.59	11334	3180	3.56
河北	261055	111360	2.34	511372	122434	4.18
辽宁	2121253	725840	2.92	3102704	928503	3.34
上海	740	3220	0.23	—	—	—
江苏	551498	139000	3.97	904173	188657	4.79
浙江	881107	101460	8.68	1017702	88178	11.54
福建	3097371	184940	16.75	4323815	161418	26.79
山东	3580294	358210	9.99	5127840	548487	9.35
广东	2259057	835670	2.70	3138131	193691	16.20
广西	893795	31950	27.97	1214535	54233	22.39
海南	190762	89520	2.13	279702	16691	16.76
合计	13847847	2599660	5.33	19631308	2305472	8.52

资料来源：根据历年《中国海洋统计年鉴》数据计算整理得出。

从每公顷海水可养殖面积的产出可以判别各省（区、市）海水养殖业的发展质量。2005年，全国每公顷海水可养殖面积的产出率为5.33吨，南方为5.87吨，北方为4.82吨；至2016年，全国平均水平为8.52吨，可见12年间，每公顷产出有较大的增长，南方为18.74吨，北方为5.04吨，南方海水养殖业发展效率是北方的3.72倍，北方的增长效率不高。由于南北的海域水温气候条件差异，产出率整体也表现出极大的差异。从空间格局上看，南方省（区、市）的效率提升程度普遍优于北方，尤其是广西产出率为全国最高。但从2005~2016年各省（区、市）的效率提升程度来看，最大的是广东，从2005年的每公顷2.70吨上升至2016年的16.20吨。

港口货物吞吐量增长较快，环渤海地区发展较快，交通运输业是海洋产业中较大的行业。从港口货物吞吐量（见表5-8）来看，2005年，全国港口货物吞吐量为292776万吨，2016年达到845510万吨，增长了1.89倍。2005年，广东、上海和浙江港口货物吞吐量位列前三，分别为58747万吨、44317万吨和42801万吨，分别占全国的20.07%、15.14%和14.62%；2016年，前三则分别为广东、山东和浙江，港口货物吞吐量分别为149026万吨、142856万吨和114202万吨，占比分别为17.63%、16.90%和13.51%。但从各省（区、市）的增长率来看，全国港口货物吞吐量增长率为188.79%，其中，广西最高，达到590.32%；海南达到434.57%、江苏达到341.51%，分别排在第二、第三，而上海仅为45.50%。从南北差异来看，2005年，南方港口货物吞吐量为171276万吨，占全国的58.50%，北方为121500万吨，占全国的41.50%，即2005年南方港口吞吐总量高于北方。2016年，南方港口货物吞吐量为415268万吨，占全国的比重为49.11%，北方为430242万吨，占全国的比重为50.89%，可见，2005~2016年，北方港口得到较快的发展。

表5-8　2005年及2016年沿海省（区、市）港口货物吞吐量

单位：万吨

省（区、市）	2005年	2016年
天津	24069	55056
河北	27028	95207
辽宁	29131	109066
上海	44317	64482
江苏	6355	28058
浙江	42801	114202
福建	19391	50776
山东	34917	142856
广东	58747	149026

续表

省（区、市）	2005 年	2016 年
广西	2954	20392
海南	3066	16390
合计	292776	845510

资料来源：根据历年《中国海洋统计年鉴》数据计算整理所得。

从 2005 ~2016 年港口货物吞吐量的空间分布格局上看，2005 年，南方的广东、上海和浙江位列第一层级，北方的辽宁、河北、天津和山东处于同一层级，呈现较为连片均质的分布格局。至 2016 年，空间分布格局有了较大的变化，相较而言，南方的上海退出了第一层级，北方的辽宁、山东得到较快的发展，并与南方的浙江和广东位处同一层级。

滨海旅游业整体发展较快。在海洋产业中，增长最快的是第三产业的滨海旅游业。随着中国 2001 年加入世贸组织，沿海省（区、市）利用有利的对外开放位置，国际旅游业获得了极大的发展。从国际旅游收入（外汇）情况（见表 5 -9）来看，2005 年为 2105969 万美元，2014 年达到 4562141 万美元，增长了 1. 17 倍。分省份来看，2005 年，国际旅游收入最高的是广东，达到 638805 万美元；第二和第三分别为天津和上海，分别为 361891 万美元和 355588 万美元，前三名分别占全国的 30. 33% 、17. 18% 和 16. 88% 。2014 年，国际旅游收入排名前三的为广东、浙江和上海，分别为 1710636 万美元、575349 万美元和 560186 万美元，分别占全国的 37. 50% 、12. 61% 和 12. 28% 。

表 5 -9 2005 年、2014 年沿海省（区、市）国际旅游收入（外汇）情况

单位：万美元

省（区、市）	2005 年	2014 年
天津	361891	299210
河北	20917	53419
辽宁	73777	161800
上海	355588	560186
江苏	225974	303271

续表

省（区、市）	2005 年	2014 年
浙江	171726	575349
福建	130529	481190
山东	78023	233010
广东	638805	1710636
广西	35893	157207
海南	12846	26863
合计	2105969	4562141

注：由于缺乏 2016 年数据（《中国海洋统计年鉴 2017》并未录入 2016 年该项数据），此处仅以 2014 年数据进行比较。

资料来源：根据历年《中国海洋统计年鉴》数据计算整理所得。

从国际旅游收入（外汇）的空间分布格局来看，2005 年，广东呈现一级独大的格局，上海和天津处于第二层级，东南沿海的江苏、浙江和福建处于同一层级；2014 年，广东继续遥遥领先其他各省（区、市），并与其他省（区、市）的差距继续扩大。此外，浙江和上海也得到较快的发展，而北方的天津在全国的比重有所下降，其他省（区、市）除了收入总量持续增加外，在全国的排名基本不变。

（二）基于偏离 – 份额分析法的产业结构区域差异分析

通过偏离 – 份额分析法，得到份额分量（the national growth effect）、结构偏离分量（the industrial mix effect）和竞争力偏离分量（the competitive effect）（Boarnet，1998；Nazara and Hewings，2004），以此探讨中国海洋经济的变动原因、结构优劣和竞争力强弱，根据模型测算（黄雅静、吴得文，2006；杨爱荣、冷传明，2005），中国各省（区、市）偏离 – 份额计算结果如表 5 – 10 所示。

表 5 – 10　基于偏离 – 份额分析法的各省（区、市）海洋经济产业结构

单位：亿元，%

省(区、市)	N_{ij}	G_{ij}	$N_{ij}-G_{ij}$	P_{ij}	D_{ij}	N_{ij}/G_{ij}	P_{ij}/G_{ij}	D_{ij}/G_{ij}
天津	1499.48	3583.69	–2084.21	1921.17	163.14	41.84	53.61	4.55
河北	520.51	1554.92	–1034.41	848.65	185.76	33.47	54.58	11.95

续表

省(区、市)	N_{ij}	G_{ij}	$N_{ij}-G_{ij}$	P_{ij}	D_{ij}	N_{ij}/G_{ij}	P_{ij}/G_{ij}	D_{ij}/G_{ij}
辽宁	865.47	2855.51	-1990.04	1225.13	764.91	30.31	42.90	26.79
上海	2246.62	4195.07	-1948.45	3408.93	-1460.58	53.55	81.26	-34.82
江苏	1490.07	3877.52	-2387.45	2195.55	191.90	38.43	56.62	4.95
浙江	3718.66	1713.57	2005.09	5300.97	-7305.96	217.01	309.35	-426.36
福建	2027.36	3800.90	-1773.54	2946.68	-1173.04	53.34	77.53	-30.86
山东	3426.17	7660.86	-4234.69	4699.78	-465.09	44.72	61.35	-6.07
广东	926.15	12068.72	-11142.57	1456.44	9686.12	7.67	12.07	80.26
广西	386.37	540.45	-154.08	633.98	-480.00	71.49	117.31	-88.82
海南	226.87	523.11	-296.24	394.30	-98.06	43.37	75.38	-18.75

1. 份额分量分析

中国所有沿海省（区、市）的份额分量都为正值（见表5-10中的N_{ij}值）。除浙江外，沿海各省（区、市）份额分量的增量都小于实际增量，其中广东份额分量的增量为926.15亿元，远远小于实际增量12068.72亿元，说明全国海洋经济的增长对广东带动作用不大，但广东的增长对全国海洋经济发展起到极大的带动作用。

2. 结构偏离状况分析

研究时段内，广东海洋产业的三次产业结构偏离分量（P_{ij}）及全国所有沿海省（区、市）的结构偏离分量均为正值，表明所有沿海省（区、市）的产业结构都具有一定的优势。其中浙江三次产业结构的偏离分量为5300.97亿元，居全国第一位，处于领先位置，前三分别为浙江、山东和上海，均为长三角或者环渤海地区，而广东仅为1456.44亿元，排在第七位。相对而言，广东海洋产业中增长型部门处于中游位置，产业结构还有可以进一步优化的地方。从数量上看，海洋第三产业对广东经济增长的贡献最大，海洋第二产业次之。

3. 竞争力偏离状况分析

竞争力偏离分量（D_{ij}）数值越大，表明在全国层面越有竞争力。从测度结果来看，11个省（区、市）中，有6个为负值，按照绝对值大小排序，分别是浙江（-7305.96亿元）、上海（-1460.58亿元）、福建（-1173.04亿元）、广西（-480.00亿元）、山东（-465.09亿元）和海南（-98.06亿元）；5个为正值，按照数值高低排序，分别是广东（9686.12亿元）、辽宁（764.91亿元）、江苏（191.90亿元）、河北（185.76亿元）和天津（163.14亿元），广东的竞争力遥遥领先于其他各省（区、市），除了广东外，其他四省市的竞争力尚不足1000亿元，后三者水平接近，处于150亿~200亿元。

本章重点分析广东的情况，从竞争力偏离分量来看，广东三次产业均大于零且绝对值较大，表明整体竞争力比较强，在全国层面优势较为明显，对区域经济增长的拉动作用大于沿海其他省（区、市）。广东12年间取得快速发展，虽然产业竞争力整体排在中游，但优势产业竞争力明显。主要原因在于随着人均收入的提高，消费升级催生了滨海旅游业等第三产业的快速发展；另外，近年来，工业适度重型化也使得第二产业得到较大的发展。通过比较三次产业发现，广东海洋第三产业和第二产业的竞争力远远强于第一产业，这恰好与广东在海洋第二和第三产业上基础较好、整体经济发展较快的实际相吻合。

以N_{ij}/G_{ij}、P_{ij}/G_{ij}和D_{ij}/G_{ij}分别表征三大分量对总增长量的贡献率，以表征各省（区、市）海洋经济增长动力来源的差异。以三大分量贡献率超过50%作为该省（区、市）的海洋经济主要增长来源，研究发现，各省（区、市）三大分量的贡献率出现极大的差异，以海洋生产总值增量从大到小排序，增量最大的广东，其三大分量皆为正，表明三大分量对该时期海洋经济增量均有贡献，但D_{ij}/G_{ij}数值超过80%，表明广东海洋经济的增长来源主要为区域竞争力偏离分量；相应地，山东、上海、福建、浙江和广西则来源于份额分量和产业结构偏离分量，江苏、天津、河北和海南则主要来源于产业结构偏离分离（见图5-10）。上述三大类型分别代表了中国海洋经济发展的三大模式，即以区域竞争力带动的增长、以产业结构优化带动的增长和以自身产业结构优化带动的增长。

4. 驱动海洋经济空间格局演化的产业及其变迁

对2005~2014年中国各省（区、市）海洋经济份额的变动进行分

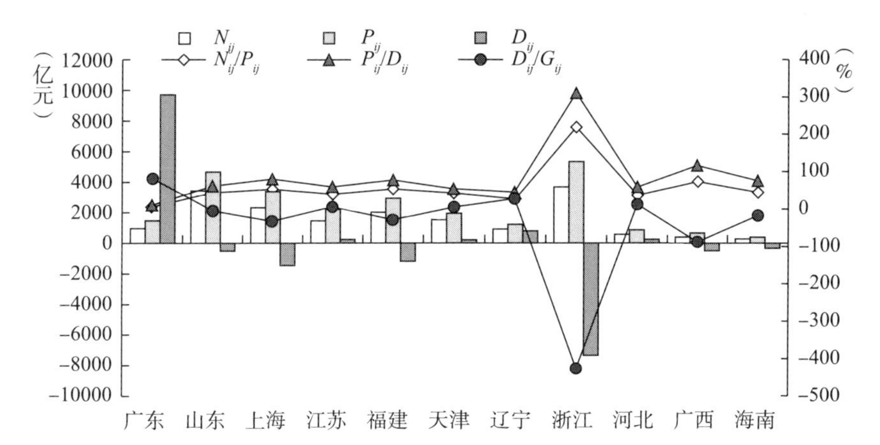

图 5－10　基于偏离－份额分析法的各省（区、市）三大分量分解情况

资料来源：由笔者绘制。

解，并计算三次产业对各省（区、市）海洋经济份额变动的贡献。研究时段内，全国各省（区、市）海洋经济总量有所上升，从区域格局演化中可以看出，各省（区、市）海洋经济呈现动态演化的趋势，图5－11清晰标示了驱动各省（区、市）海洋经济份额上升的产业，以反映海洋经济格局演化的驱动产业的变化。总体上看，全国层面 G_{ij} 的三次产业比例分别为 1.48%、39.91% 和 58.60%，即在全国的增量产业驱动力重要程度排序上，呈现“三、二、一”结构。

从海洋第一产业 *PI* 值来看，有所下降的是广东（－145.57 亿元）、

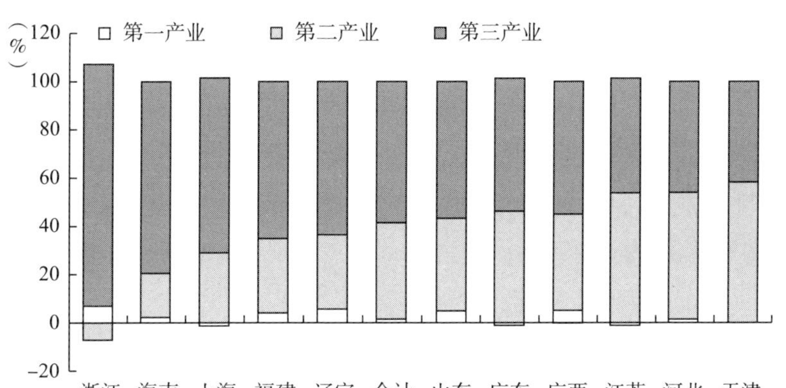

图 5－11　G_{ij} 增量中的三次产业分量分解情况

资料来源：由笔者绘制。

上海（-52.05亿元）和江苏（-44.95亿元），其他省份第一产业均有所上升，其中，*PI*增量最大的是山东，达到373.68亿元，占*PI*整体619.47亿元的60.32%，即全国超过一半的第一产业增量是由山东贡献的，但从*PI*增量占各省（区、市）实际增量的比例来看，浙江最多，达到6.95%，山东仅为4.88%（见表5-11）。

从海洋第二产业*SI*值来看，全国为16913.13亿元，广东最高，达到5556.14亿元，占全国的32.85%，是第二名山东（17.35%）的1.89倍。在所有的省（区、市）中，只有浙江的*SI*值有所下降。另外，从各省（区、市）的*SI*值占G_{ij}比重来看，全国为39.92%，其中，天津（58.00%）、江苏（53.59%）、河北（52.24%）均超过50%，广东为46.04%。

从海洋第三产业*TI*值来看，全国为24832.81亿元，占G_{ij}的比重高达58.60%。其中，广东最高，达到6658.15亿元，山东和上海分别排在第二和第三，分别为4353.30亿元和3035.75亿元，三者占全国的比重分别为26.81%、17.53%和12.22%，三者合计占比达到56.56%。

本书认为，在所有沿海省（区、市）中，如果3个产业分量中有且仅有1个为正，就认为该产业是该区域的单一驱动产业。如果3个分量中有2个为正，其中一个是另一个的3倍以上，也认为该产业是该区域的单一驱动产业。如果3个分量全部为正，其中一个大于另外2个之和时，该产业也被视为该区域的单一驱动产业。除此之外，该区域有2个以上的驱动产业，为复合驱动产业。对于复合驱动产业，用括弧标示出贡献最大的分量。本书利用Arc GIS工具，以各省（区、市）海洋经济总量的变动率为基底，根据上述研究求取第一、第二和第三产业对经济变动的贡献率。研究发现，单一产业驱动的省份有7个，其中，有2个为第二产业驱动，5个为第三产业驱动；复合驱动的省份有4个，其中，有3个省份为“三（二）”型产业驱动，仅有1个为“二（三）”型产业驱动。所有省份中，没有第一产业驱动的情况。长江以南省（区、市）均为第三产业驱动（4个）或者“三（二）”型产业驱动（2个），第二产业或者“二（三）”型产业驱动均位于长江以北地区。结果表明，无论全国层面还是大部分省（区、市），第三产业是海洋经济增长的最大驱动力。

表 5-11　N_{ij}、P_{ij}、D_{ij}及G_{ij}的三次产业分量分解

单位：亿元

省（区、市）	N_{ij}	其中			P_{ij}	其中			D_{ij}	其中			G_{ij}	其中		
		N_{i1}	N_{i2}	N_{i3}		P_{i1}	P_{i2}	P_{i3}		D_{i1}	D_{i2}	D_{i3}		PI	SI	TI
天津	1499.48	0.24	967.49	531.74	1921.17	1.54	852.35	1067.27	163.14	5.65	258.69	-101.20	3583.79	7.43	2078.54	1497.82
河北	520.51	1.73	180.80	337.97	848.65	11.02	159.29	678.35	185.76	11.18	472.22	-297.64	1554.92	23.93	812.31	718.68
辽宁	865.47	8.79	488.62	368.07	1225.13	55.91	430.47	738.76	764.91	93.92	-37.75	708.74	2855.51	158.61	881.34	1815.56
上海	2246.62	1.90	984.44	1260.28	3408.93	12.11	867.28	2529.53	-1460.58	-66.07	-640.45	-754.06	4194.97	-52.05	1211.27	3035.75
江苏	1490.07	12.20	753.33	724.54	2195.55	77.63	663.68	1454.24	191.90	-134.78	661.08	-334.40	3877.52	-44.95	2078.09	1844.38
浙江	3718.66	10.42	1960.88	1747.35	5300.97	66.31	1727.52	3507.15	-7305.96	42.38	-3809.49	-3538.85	1713.67	119.11	-121.09	1715.65
福建	2027.36	11.19	1040.03	976.14	2946.68	71.20	916.26	1959.22	-1173.04	67.17	-784.38	-455.83	3801.00	149.56	1171.91	2479.53
山东	3426.17	14.22	1988.12	1423.83	4699.78	90.45	1751.52	2857.80	-465.09	269.01	-805.76	71.66	7660.86	373.68	2933.88	4353.30
广东	926.15	12.01	403.84	510.30	1456.44	76.43	355.78	1024.24	9686.12	-234.01	4796.52	5123.61	12068.72	-145.57	5556.14	6658.15
广西	386.37	5.04	145.14	236.19	633.98	32.04	127.87	474.07	-480.00	-10.22	-56.83	-412.95	540.34	26.85	216.17	297.32
海南	226.87	6.38	78.90	141.58	394.30	40.61	69.51	284.18	-98.06	-35.12	-53.84	-9.09	523.11	11.87	94.57	416.67

2005年以来，中国海洋经济格局经历了重大调整，尤其是长江以北地区海洋经济份额普遍上升，且驱动省（区、市）经济份额上升的产业是第三产业，为了进一步剖析驱动各省（区、市）海洋经济增长的海洋产业结构的变动情况，本书以人均涉海从业人员海洋生产总值指标，利用空间计量经济的全局空间自回归分析全国海洋产业集聚和扩散情况。

计算得出2005～2014年中国人均海洋生产总值的全局Moran's I指数（见表5－12），Moran's I>0表示空间正相关性，其值越大，空间相关性越明显。Moran's I<0表示空间负相关性，其值越小，空间差异越大。Moran's I=0，空间呈随机性。对人均海洋生产总值空间关联集聚特征的分析，结果发现，首先，研究时段内的全局Moran's I指数大部分为正，且Z值均大于0.05的置信水平，表明Moran's I值能通过5%的显著性检验，说明中国海洋经济在空间上表现出正相关，各省海洋经济空间差异化特征明显，相邻省（区、市）可能出现高（或低）水平海洋经济省（区、市）趋于集聚的特征；其次，2005～2014年各省（区、市）的Moran's I指数经历了先下降再上升的演化，先是从2005年的0.433331下降到2006年的－0.0142328，再上升至2009年的0.280722，之后总体呈现上升趋势，越来越趋于集聚，空间自相关性整体表现为波动式的小幅上升态势。总之，全局Moran's I指数处于－0.014328～0.433331，空间集聚性显著，波动也较明显，在海洋经济发展过程中空间集聚与分散交替进行。

表5－12　2005～2014年各省（区、市）人均海洋生产总值的Moran's I值

年份	Moran's I	方差	Z	P
2005	0.433331	0.104571	1.649272	0.099092
2006	－0.014328	0.066775	0.331538	0.740238
2007	0.096747	0.074533	0.720566	0.471177
2008	0.112852	0.076695	0.768588	0.442138
2009	0.280722	0.085581	1.301420	0.193115
2010	0.241001	0.091960	1.124505	0.260799

续表

年份	Moran's I	方差	Z	P
2011	0.322341	0.097515	1.352412	0.176224
2012	0.326326	0.100386	1.345566	0.178443
2013	0.284980	0.101546	1.208109	0.227006
2014	0.344671	0.104983	1.372396	0.169940

（三）基于泰尔指数的产业结构区域差异特征

1. 总体差异逐年缩小

中国南北自然环境、区位条件和经济发展基础差异明显，泰尔指数是判别区域差异的常用而有效的方法。本章也利用泰尔指数对中国各省（区、市）海洋经济进行差异分解（见表5-13），结果发现，省际差异及其演变趋势与全国总体差异基本一致，但各省（区、市）的差距也出现了明显的梯队特征。

表5-13 2005~2016年沿海省（区、市）海洋经济泰尔指数演变

省（区、市）	2005年	2006年	2007年	2008年	2009年	2010年	2011年	2012年	2013年	2014年	2016年
海南	1.234	1.395	1.392	1.399	1.395	1.417	1.430	1.406	1.362	1.405	1.359
广西	1.105	1.409	1.423	1.433	1.401	1.405	1.410	1.364	1.333	1.328	1.306
河北	1.156	0.948	0.973	0.964	1.186	1.155	1.138	1.127	1.129	1.113	1.188
天津	0.836	0.905	0.904	0.913	0.879	0.832	0.836	0.822	0.797	0.786	0.928
辽宁	0.786	0.752	0.738	0.736	0.714	0.755	0.703	0.740	0.734	0.781	0.898
上海	0.604	0.422	0.461	0.490	0.591	0.586	0.615	0.635	0.647	0.700	0.689
浙江	0.304	0.669	0.662	0.642	0.588	0.615	0.606	0.612	0.624	0.659	0.642
江苏	0.576	0.847	0.759	0.784	0.693	0.683	0.679	0.658	0.675	0.659	0.638
福建	0.494	0.678	0.632	0.636	0.602	0.629	0.625	0.643	0.631	0.614	0.558
山东	0.305	0.117	0.353	0.353	0.355	0.365	0.366	0.355	0.355	0.340	0.341
广东	0.720	0.352	0.382	0.347	0.339	0.369	0.351	0.344	0.349	0.332	0.313

具体来看，海南、广西和河北的泰尔指数较高，明显排在第一梯队，天津、辽宁、上海、浙江、江苏、福建明显排在第二梯队，而山东

和广东则以较小的差距排在第三梯队。泰尔指数用于分析区域差距，表明了中国的海洋经济产业结构差异基本可以分为三大类型，甚至可能代表中国海洋经济发展的阶段性特征。但无论如何，除了天津、辽宁和河北三大环渤海地区的省份外，其他省（区、市）的海洋经济泰尔指数总体处于下降趋势，表明差异性逐渐缩小，津冀辽内部的差异正在扩大（见图 5－12）。

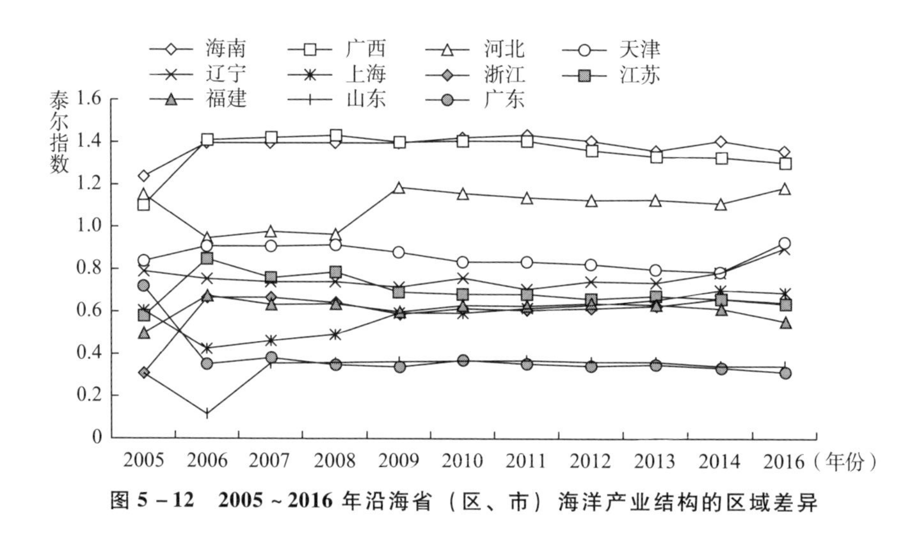

图 5－12　2005～2016 年沿海省（区、市）海洋产业结构的区域差异

2. 区域差异逐渐扩大

环渤海、长三角和岭南地区的海洋经济差异较大，组间的差异也逐渐拉大。

一是从整体来看，2007～2010 年，三大地区海洋经济的组间差距逐渐缩小，数值趋于一致，表明这一阶段属于各自均衡发展阶段。2010～2014 年，组间差距拉升较大，差距更加明显。2015 年至今，则出现了极大的反转，三大地区之间的差距进一步拉大。

二是从三大地区内部来看，差异性也比较明显。第一，环渤海地区经历了 2005～2010 年差距逐渐拉大的阶段，2010～2014 年差距又逐渐缩小，但 2014 年至今，又出现了极大的反转。第二，长三角地区的差异总体经历了较为平缓的增长后，于 2014 年出现了较明显的差距缩小过程。第三，岭南地区总体处于差距缩小的格局中，除了 2007 年和

2010年差异有所增长外，其他年份均处于下降的趋势之中，乃至于2014～2016年出现了极明显的差异缩小过程（见表5－14）。

表5－14　2005～2016年三大地区海洋经济差异演变

地区	2005年	2006年	2007年	2008年	2009年	2010年	2011年	2012年	2013年	2014年	2016年
环渤海	－0.5950	－0.0420	0.0599	0.0608	0.0724	0.0774	0.0629	0.0615	0.0543	0.0550	0.2749
长三角	－0.6536	0.1255	0.1251	0.1371	0.1346	0.1384	0.1450	0.1475	0.1622	0.1839	0.1295
岭南	－0.4658	0.1300	0.1332	0.1151	0.0944	0.1179	0.1110	0.1057	0.1008	0.0887	－0.0231

总之，通过泰尔指数的判别，中国三大地区海洋经济差异总体有所扩大，在岭南和长三角地区的差异有所缩小的同时，环渤海地区的差异则进一步拉大（见图5－13）。

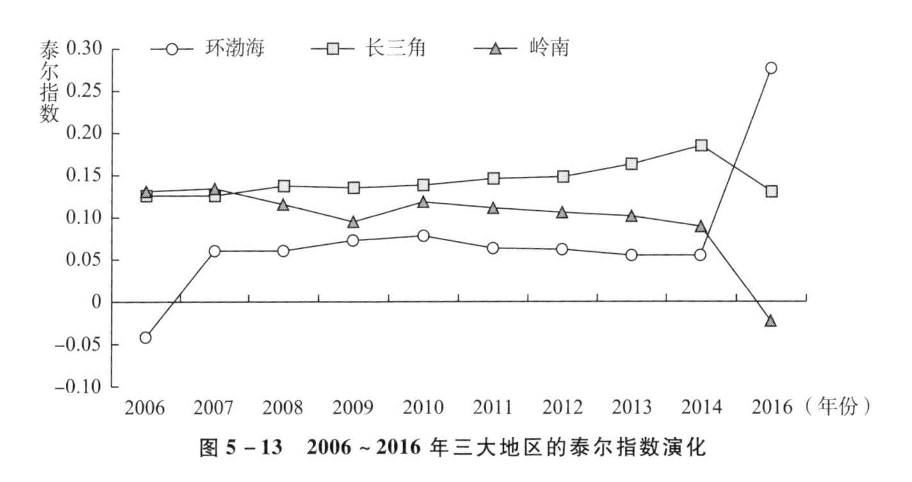

图5－13　2006～2016年三大地区的泰尔指数演化

第四节　海洋经济增长的动力机制

中国海洋经济增长的动力来源于哪里呢？各省（区、市）之间的动力机制有何差异？本书构建空间计量经济学的相关模型，分析固定资产投资（李哲，2018）、劳动力及技术进步等因素对海洋经济增长的影响机制。首先，在不考虑空间交互效应的情况下，构建基准模型并进行非空间面板的回归运算。其次，在分别考虑自变量和因变量空间滞后项的情况下，借助自变量的空间自回归模型（SAR）和空间滞后模型

(SLX) 进行空间面板回归。最后，分别考虑自变量和因变量的空间滞后项，借助空间杜宾模型 (SDM) 进行空间面板回归 (李帅帅等，2018)。这部分计量分析在 Stata 15.1 中完成。

一 基准模型的回归结果

借助 2005～2016 年的面板数据，分别 MFE 模型 (非空间面板回归固定效应模型) 和 MRE 模型 (非空间面板回归随机效应模型) 进行回归分析。在 MRE 模型中，固定资产投资 (*FI*) 的回归系数为 0.5230，标准差为 0.1700，$p < 0.05$，投资正向影响海洋经济增长；人力资本 (*NHR*) 的回归系数为 2.8288，标准差为 0.6857，$p<0.01$，说明人力资本对海洋经济增长有正向影响；技术进步 (*IN*) 的回归系数为 0.0004，标准差为 0.0002，表明技术进步促进了海洋经济的增长。MFE 模型与 MRE 模型的各变量结果基本一致 (见表 5-15)。

表 5-15 基准模型的非空间面板回归结果

变量	MRE 模型	MFE 模型
FI	0.5230** (0.1700)	0.4130*** (0.0934)
NHR	2.8288*** (0.6857)	2.1168*** (0.5014)
IN	0.0004 (0.0002)	0.0003 (0.0002)
NPA	0.0335 (0.0259)	0.0518* (0.0254)
NTP	-1.5753 (0.9624)	-0.5239** (0.1771)
UR	0.0206 + (0.0112)	0.0220* (0.0087)
NIGOP		-1.6264** (0.5066)
MGOP		0.2953** (0.0997)

续表

变量	MRE 模型	MFE 模型
常数项	-4.8144 (6.3935)	-0.4413 (1.7273)
N	110	110

注：*、**、*** 分别表示 $p<0.1$、$p<0.05$、$p<0.01$；括号内表示标准差。*FI* 表示固定资产投资，*NHR* 表示人力资本，*IN* 表示技术进步，*NPA* 表示海洋科技专利数量，*NTP* 表示沿海地区总人口，*UR* 表示城镇人口比重，*NIGOP* 表示海洋生产总值初始水平，*MGOP* 表示人均海洋生产总值初始水平。下同。

二　空间面板的回归结果

在上述分析基础上，加入空间交互效应，本节进行了空间面板回归（李帅帅等，2018）运算，分别对 SAR-RE、SAR-FE、SLX-RE、SLX-FE、SDM-RE、SDM-FE、SDM-FRE 等模型的回归结果（见表 5－16）进行重点分析，发现除了空间自回归随机效应模型（SARRE）外，其他模型的空间交互效应 Wald 检验均显著，适合进行进一步的空间面板回归分析。同时，为了检验各模型对随机效应和固定效应的适用性，进行了 Hausman 检验，p 值均大于 0.1，表明固定效应和随机效应无明显差别，因此，本书分别分析了两种效应模型的结果。

SAR-RE 模型回归结果表明，投资、劳动力、技术进步系数均显著。由于因变量空间滞后项回归 Ward 检验的 $p=0.2850$，不显著，表明 SAR-RE 模型被拒绝。

SAR-FE 模型回归结果表明，投资、劳动力系数都显著。经检验，因变量空间滞后项回归的 Ward 检验显著，表明周边地区海洋经济增长将抑制本省的增长。

表 5－16　空间面板回归结果

变量	SAR-RE	SAR-FE	SLX-RE	SLX-FE	SDM-RE	SDM-FE	SDM-FRE
主要变量							
FI	0.5227*** (0.1566)	0.4060*** (0.0899)	0.5642*** (0.1605)	0.4187*** (0.0928)	0.5324** (0.1848)	0.3412** (0.1166)	0.3412** (0.1166)

续表

变量	SAR-RE	SAR-FE	SLX-RE	SLX-FE	SDM-RE	SDM-FE	SDM-FRE
NHR	2.8113*** (0.8099)	1.2140* (0.5405)	2.6934*** (0.5778)	2.0886*** (0.4685)	2.1795 (1.4347)	1.3433* (0.5260)	1.3433* (0.5260)
IN	0.0004 + (0.0002)	0.0003 (0.0002)	0.0004* (0.0002)	0.0004 + (0.0002)	0.0003 (0.0002)	0.0002 (0.0002)	0.0002 (0.0002)
NPA	0.0332 (0.0252)	0.0407 (0.0261)	0.0296 (0.0189)	0.0502* (0.0249)	0.0526 + (0.0285)	0.0445 + (0.0265)	0.0445 + (0.0265)
NTP	-1.5755 + (0.8849)	-0.5455*** (0.1222)	-1.7730* (0.8835)	-0.5123** (0.1618)	-1.6089 + (0.9052)	-0.5674*** (0.1175)	-0.5674*** (0.1175)
UR	0.0206* (0.0104)	0.0197** (0.0074)	0.0246* (0.0105)	0.0229* (0.0094)	0.0205 + (0.0107)	0.0189** (0.0073)	0.0189** (0.0073)
NIGOP		-0.6259 (0.5576)		-1.6050*** (0.4736)		-0.7900 (0.5402)	-0.7900 (0.5402)
MGOP		0.1342 (0.1012)		0.2899** (0.0918)		0.1798 + (0.1008)	0.1798 + (0.1008)
常数项		-0.8924 (1.2311)		-0.5319 (1.5690)		-1.2653 (1.2418)	-1.2653 (1.2418)
空间							
ρ	0.0055 (0.1585)	0.2499* (0.1041)			-0.1737 (0.2051)	0.1023 (0.1784)	0.1023 (0.1784)
λ			-0.3234 (0.2423)	-0.1137 (0.2561)			
方差							
σ	0.0306*** (0.0041)	0.0355*** (0.0051)	0.0296*** (0.0051)	0.0348*** (0.0051)	0.0290*** (0.0039)	0.0343*** (0.0050)	0.0343*** (0.0050)
θ		-1.0807** (0.3589)				-1.0064** (0.3693)	-1.0064** (0.3693)
φ				1.1104 + (0.6004)			
回归系数							
PGOP					-1.3037 + (0.7518)	-0.4549 (0.5390)	-0.4549 (0.5390)
PFI					1.5876* (0.7518)	0.5214 (0.6400)	0.5214 (0.6400)
HR					0.0070 (0.0048)	0.0024* (0.0012)	0.0024* (0.0012)

续表

变量	SAR-RE	SAR-FE	SLX-RE	SLX-FE	SDM-RE	SDM-FE	SDM-FRE
IN					0.0009 (0.0012)	0.0009 (0.0010)	0.0009 (0.0010)

注：*PGOP* 表示人均海洋生产总值，*PFI* 为人均海洋固定资本投资额，*HR* 为每万人中的海洋相关从业人员，*IN* 为专利授权数量即技术进步。

SLX-RE 模型回归结果表明，投资、人力资本、技术进步系数均显著。自变量的空间滞后项中，投资系数为 0.5642，标准误为 0.1605，$p<0.01$，表明周边省份增加固定资产投资将促进本省的增长；人力资本的回归系数为 2.6934，标准误为 0.5778，$p<0.01$，表明周边省份人力资本水平的提升不会促进本省海洋经济的增长；技术进步的回归系数为 0.0004，标准误为 0.0002，$p<0.1$，表明周边省份技术进步将促进该省海洋经济的增长，进而检验模型成立。

SLX-FE 模型回归结果表明，投资、人力资本、技术进步的回归系数均显著。自变量的空间滞后项中，投资系数为 0.4187，标准误为 0.0928，$p<0.01$，表明周边省份的固定资产投资将促进本省的增长；人力资本的回归系数为 2.0886，标准误为 0.4685，$p<0.01$，表明周边省份劳动力规模的扩大和素质的提升将促进该省海洋经济的增长；技术进步的回归系数为 0.0004 +，标准误为 0.0002，$p=0.2600$，表明周边省份技术进步将促进该省海洋经济的增长，进而检验模型成立。

SDM-RE 模型回归结果表明，投资的回归系数显著。空间滞后效应中的因变量空间滞后项监测结果表明，周边省份海洋经济增长会抑制该省的增长；投资的回归系数及标准差、p 检验结果说明周边省份的固定资产投资会促进该省海洋经济的增长；劳动力回归结果表明周边省份人力资本水平的提升会促进该省海洋经济的增长；技术进步的回归系数为 0.0009，标准误为 0.0010，表明周边地区技术进步将促进该省份海洋经济的增长。

第五节　小结

（一）结论

本章利用变异系数、位序－规模法则、偏离－份额分析法及空间计量经济学相关模型测度了全国沿海11个省（区、市）2005~2016年海洋经济总量的变动及其产业结构变迁的驱动力，并分析了其空间集聚与扩散特征。研究结果表明，2005年以来，11个省（区、市）的海洋经济经过快速的扩张，规模位序发现了较大的变动，形成了明显的三大梯队，总体上服从帕累托分布，且研究时期内，q值总体经历了减少、上升、减少、上升四个阶段，呈现非均衡—均衡—非均衡—均衡的演变特征，空间格局从“三中心—外围”向“双中心—外围”演化。其中，广东表现最为突出，海洋经济总量从2005年的第七位跃升为第一位，并与其他省（区、市）保持差距逐渐扩大的优势。第三产业成为全国及大部分省（区、市）海洋经济增长的主要驱动力，从驱动力的南北分布来看，以第三产业为单一驱动力或者第三产业和第二产业作为共同驱动力的省（区、市）均位于长江以南地区，以第二产业作为单一驱动力或者第二和第三产业作为共同驱动力的省（区、市）主要位于北方，各省（区、市）海洋经济中第一产业规模虽然有所扩张，但对增量的贡献率并不大。从偏离－份额分析法计算结果来看，大部分省（区、市）海洋经济的增长缘于海洋产业结构的优化升级，但从区域比较角度看，大部分省（区、市）的海洋产业在全国并没有优势。以人均涉海从业人员的海洋生产总值表征其发展质量，其分布表现出较为明显的空间集聚性，在研究时段内，空间集聚性先下降后上升，表明集聚与扩散同步交叉进行。

从投资、人力资本和技术进步的空间交互效应看，投资显著，后两者不显著。沿海省（区、市）固定资产投资的空间溢出效应明显，可能的原因是随着固定资产投资的增加，海洋产业发展成本降低，产业的集聚度提高，市场规模扩大，地区间关联度增大，各省（区、市）实现了规模经济与范围经济，从而说明了增加固定资产投资有利于海洋经济的发展，同时，也能够促进周边省份海洋经济的发展，证实了部分学者主张的固定资产投资依然是当前中国海洋产业重要驱动力的观点。但是，人力资本与技术进步两者的溢出效应均不显著，除了各省（区、市）本身的结构性问题外，可能的原因是海洋相关产业劳动力在各省之间的流动性并不大，劳动力市场更多是本地市场，且海洋产业专业人才尚且匮乏，难以满足海洋经济持续发展要求。

从溢出效应看，周边省份海洋经济的增长对本省的增长具有明显的抑制作用。海洋经济发展的区域过度竞争现象可能会抑制海洋经济整体持续健康成长，部分优势省份具有虹吸效应，海洋经济结构有待优化，地区的产业分工体系尚未形成，产业空间集聚化发展还在培育阶段，优势地区对周边弱势地区的带动作用尚不明显。

（二）启示

上述结论表明，从发展路径上看，中国要在21世纪建成“海洋强国”，一是必须加大沿海地区的固定资产投资力度，同时，提高固定资产投资效率；二是必须培育成熟和完善的人才市场，重视对海洋经济发展的教育，尤其需要重视与海洋产业相关的专业技术教育，构建完善的海洋教育及科研体系；三是在中国已经整体走入创新驱动发展阶段的背景下，必须加大市场扶持力度，培育龙头企业成为海洋科技创新的主体；四是必须扩大对外开放，向开放发展要动力，加强与“海上丝绸之路”沿线国家的交流合作，争取形成全方位的海洋科技创新格局，多路径共同打造“海洋强国”。

第　六　章

海洋传统产业供给侧结构性改革

海洋传统产业作为依托海洋资源发展起来的产业，由于重要海洋资源已近枯竭和环境容量不足，发展模式传统粗放的矛盾日益突出，海洋传统产业发展的比较优势日益消减。然而，尽管海洋传统产业对海洋产业的拉动效应逐渐减弱，但规模比重依然较大，海洋传统产业仍是整个海洋产业的重要组成部分。

推动海洋供给侧结构性改革，既要解决好海洋传统产业的老问题，也要补足海洋新兴产业的“短板”，需要“两条腿”走路，在“存量提质”和“增量提速”上下功夫。应该看到，中国海洋产业存在的结构性问题多集中于海洋传统产业，并成为推动海洋供给侧结构性改革必须突破的羁绊。当前，中国海洋供给侧结构性改革正处于关键时期，如何通过“存量优化”加快推动海洋传统产业在凤凰涅槃中实现发展新飞跃，已成为海洋经济高质量发展亟待解决的重大问题。

党的十八大以来，党和国家高度重视海洋传统产业转型升级，从政策上着力推动海洋传统产业供给侧结构性改革。这些政策为海洋传统产业转型升级明确了方向、路径、任务和措施，对加快海洋传统产业供给侧结构性改革具有重要意义。伴随供给侧结构性改革的稳步推进，海洋传统产业转型升级步伐不断加快。然而，海洋传统产业的发展现状与海洋产业供给侧结构性改革的目标要求尚有较大差距，亟须进一步深化改革。以海洋传统产业为重要着力点，加快推进海洋产业供给侧结构性改革，是大力发展蓝色经济和建设海洋强国的重要支撑。

第一节　海洋传统产业转　升级的理论研究

一　海洋传统产业的界定与特

（一）海洋传统产业的界定

关于海洋传统产业，目前　并没有一个统一的定义。要定义“海洋传统产业”，首先需要　“海洋产业”与“传统产业”的定义。根据《中国海洋经济统　报》对海洋产业的定义，海洋产业是指开发、利用和保护海洋　的生产和服务活动，包括海洋渔业、海洋油气业、海洋矿业、　业、海洋化工业、海洋生物医药业、海洋电力业、海水利用业、　船舶工业、海洋工程建筑业、海洋交通运输业、滨海旅游业等　产业，以及海洋科研教育管理服务业。

传统产业则是　有相对性、时间性和地域性的动态概念，至今还没有出现对传　业的标准定义。传统产业的内涵是不断发展和变化的，不同国　同发展阶段，传统产业的含义都是不同的。发达国家的传统产　是发展中国家的高技术产业，发达国家现在的传统产业可能是　的高技术产业，目前的高技术产业又是未来的传统产业。一般　传统产业是指在历史上曾经高速增长，但目前发展速度趋缓，　熟阶段，资源消耗大和环保水平低的产业。

海洋传统产业作为海洋产业和传统产业相结合的交叉型产业，必须同时具备海洋产业与传统产业的性质与特点。据此，可以确定海洋传统产业的范围，包括海洋渔业、海洋矿业、海洋盐业、海洋化工业、海洋船舶工业、海洋工程建筑业、海洋交通运输业、滨海旅游业。其中，海洋渔业、海洋交通运输业、滨海旅游业是海洋传统产业的三大支柱。根据《2019年中国海洋经济统计公报》，2019年中国海洋渔业、海洋交通运输业、滨海旅游业的产业增加值分别为4715亿元、6427亿元、18086亿元，占主要海洋产业的比重分别为13.2%、18.0%、50.6%，三大产业共占主要海洋产业的比重达81.8%（见图6-1）。

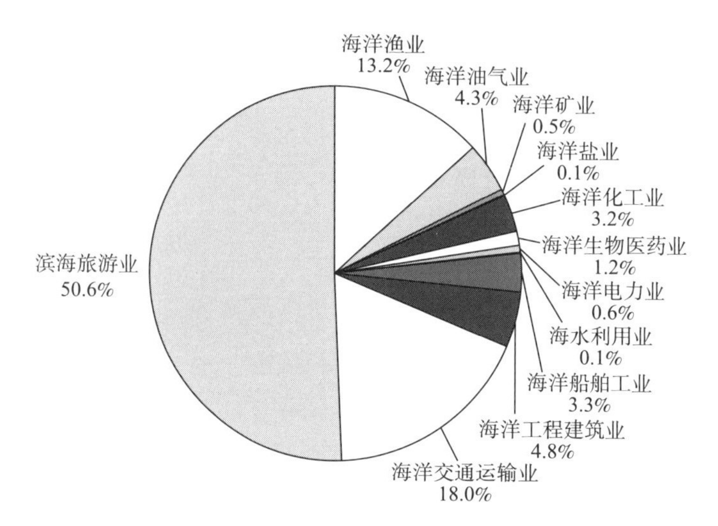

图 6－1 2019 年主要海洋产业增加值构成

资料来源：《2019 年中国海洋经济统计公报》。

（二）海洋传统产业的特征

1. 产业发展历史较长

根据海洋产业发展历史来看，海洋传统产业一般是指那些具有悠久发展历史并在20 世纪中叶以前就形成一定规模的海洋产业。其中，海洋渔业、海洋交通运输业和海洋盐业是中国发展历史最悠久的海洋传统产业。

2. 以资源或劳动密集型产业为主

海洋传统产业作为直接或间接开发海洋资源及空间的相关产业活动，主要通过增加资源或劳动力投入来增加产出，从而对自然资源和劳动力的依赖程度较高。一旦离开了海洋资源，许多海洋传统产业便无从谈起。同时，由于海洋传统产业对海洋资源的依赖度十分高，海洋资源的过度开发不但会对海洋生态环境造成较大压力，而且严重影响了海洋传统产业未来的可持续发展。

3. 生产技术稳定但较为落后

与海洋新兴产业相比，海洋传统产业一般沿用传统的工艺技术，通过常规的生产方式进行生产。由于技术水平较低，产品附加值也较低。

个别海洋传统产业甚至几十年未能出现明显的技术进步或技术突破，生产技术甚至可以用落后来形容。然而，部分海洋传统产业在引进、消化和吸收新的生产技术后，能够得到改造提升并衍生出新的产业形态。

4. 产业成长性逐渐趋缓

与海洋新兴产业相比，海洋传统产业是一种成长性逐渐趋缓的产业。作为曾经的“朝阳产业”，海洋传统产业在历史上经历过较长时期的高速发展阶段。然而，从长期来看，海洋传统产业的增长率、海洋传统产业占国内生产总值的比重、对海洋经济发展的贡献率等指标将趋于下降，产业主导地位面临挑战。

二　海洋传统产业转型升级的理论基础

（一）创新理论

创新作为一种理论，可追溯到1912年美国哈佛大学教授熊彼特的《经济发展理论》。熊彼特认为，创新就是要把一种从来没有的关于生产要素和生产条件的“新组合”引入生产体系中去。同时，熊彼特指出有五种创新形式，并归纳为三个大类。一是技术创新，含新产品的开发、老产品的改造、新生产方式的采用、新供给来源的获得，以及新原材料的应用。二是市场创新，含扩大原有市场与开拓新的市场。三是组织创新，含变革原有组织形式，建立新的经营组织。

创新是驱动海洋传统产业转型升级的重要引擎。只有全方位推进海洋传统产业科技创新、组织创新、管理创新、制度创新，才能推动海洋产业由注重物质要素向创新驱动转变，形成产业核心竞争力。其中，技术创新是关键。经过多年的发展，尽管中国海洋传统产业在创新发展方面取得了一定成效，但海洋传统产业整体技术含量不高、自主创新能力较弱、成果转化率偏低，迫切需要通过技术创新提高海洋传统产业综合竞争力和可持续发展能力。

（二）产业链理论

产业链理论给研究产业转型升级带来了一种全新的视角。首先，产业链是一种产业层次的表达。对产业链节点的细化有利于形成新的产业，并生成更加细致的产品或服务分类，最终实现产业转型升级。其次，产业链还是产业关联程度的表达。产业关联性越强，链条越紧密，资源的配置效率也就越高。为了实现传统产业的转型升级，必然要对在技术经济上有一定前后项关系的产业环节进行合理的组织，通过资源的重新组合来构建环节，形成更紧密的产业链，从而实现资源的优化配置和产业的转型升级。最后，产业链是资源加工深度的表达。从产业链的角度来看，产业转型升级正是产业链链条延伸的结果。随着对原材料的初级加工、深加工和精深加工这一系列的技术经济活动，产品的价值也不断深化。

长期以来，中国海洋传统产业被锁定于产业链低端，产品附加值不高。虽然部分海洋传统产业的企业在产业链上逐步朝中端发展，但距离高端部分仍有很大的差距。推动海洋传统产业转型升级，必须加大产业链向纵深延伸和向横向融合的力度，加快培育海洋传统产业全产业链。同时，推动海洋传统产业向产业链中高端跃升，大力提升产品附加值和产业竞争力。

（三）产业融合理论

根据产业经济学理论，产业融合主要有三种方式。一是高新技术的渗透融合，即高新技术不断向传统产业渗透、融合，从而提升传统产业附加值、加速传统产业推出新品种以及催生新模式、新业态、新产业。二是产业间的延伸融合。这种融合更多地表现为第一、第二、第三产业之间的融合，如现代农业生产服务体系、工业旅游、农业旅游等。三是产业内部的重组融合。这种融合主要发生在具有紧密联系的产业或同一产业内部不同行业之间，并由此形成与原有产品或服务不一样的新型产品或服务。

推动海洋传统产业转型升级，要始终坚持多产业融合发展。大力实施“互联网+”工程，推动互联网与海洋传统产业融合发展，为海洋传统产业的提质增效提供技术支持并由此催生新产品、新业态、新模式。同时，加快推进第一、第二、第三产业深度融合，全面构建海洋传统产业融合发展新格局。

（四）产业集聚理论

产业集聚是指在产业发展过程中，由于处于同一产业链的相关企业或机构同时具有共同性和互补性，从而在地理上形成紧密联系、相互支持的产业群。根据产业聚集理论，这些企业或机构之间的竞争与合作关系导致横向扩展或纵向延伸的专业化分工格局，并通过溢出效应推动相关产业要素实现资源共享与规模经济，极大提高产业群的整体竞争力。因此，产业集聚可以通过完善产业链来促进产业价值链升级，进而最终实现产业的转型升级。

产业集聚作为推动海洋传统产业转型升级的重要路径，能有效解决海洋传统产业规模优势不突出、布局不科学、配套能力不强、创新资源和要素不聚集等问题。加快海洋传统产业转型升级，应积极发展主导产业，大力培育关联产业，促进海洋传统产业群发展。

（五）循环经济理论

循环经济理论诞生于 20 世纪 60 年代。该理论以生态学规律为指导，遵循减量化、再利用、再循环的原则，通过尽可能提高资源利用率和降低污染排放，从而把经济活动对自然环境的影响降到尽可能小的程度。与传统的经济发展方式不同，循环经济的典型特征是低开采、高利用、低排放，因此其能有效突破可持续发展的两大障碍——环境污染和资源短缺，这是推动经济可持续发展战略的重要保障。

海洋传统产业作为资源密集型产业，其本质是对海洋资源的有效开发和利用。因此，对海洋资源的保护是海洋传统产业发展的基本前提。经过连续高强度、持续性海洋开发，近海海域资源环境面临严重的危机，多数海洋传统产业存在内部结构不太合理、生产方式粗放落后、资源依赖明显等问题，严重制约了海洋资源的可持续利用，影响着海洋传统产业的健康发展。推动海洋传统产业转型升级，必须大力发展循环经济，合理开发海洋资源，保证海洋资源的可持续利用。

（六）生态经济学理论

生态经济学起源于 20 世纪六七十年代，是以人类经济活动和自然生态环境为对象，以推动经济与环境相平衡、实现经济和生态持续发展为目的，通过两者间的作用联系，对生态经济系统自身的构造和矛盾运动的客观规律进行研究。作为建立在科学发展观基础上的一种全新经济发展模式，生态经济就是在生态环境可承受的前提下，建立复合型生态系统，推动经济发展和生态保护实现“双赢”。

海洋传统产业的转型升级依托并且受限于海洋生态系统。推动海洋传统产业转型升级，必须坚持生态先行，加强海洋生态环境保护和生态修复，提升环境保护基础保障能力，统筹海洋经济持续发展与海洋资源科学利用，为促进海洋传统产业与生态环境协调发展奠定坚实的基础。加强海洋生态文明建设，切实保护海域环境，坚持合理开发、节约集约利用海洋资源，推进海洋生态经济和循环经济发展，构筑海洋传统产业生态经济圈。

三 海洋传统产业转型升级的影响因素

海洋传统产业转型升级的过程是要素禀赋动态变化和选择的过程（王柏玲、李慧，2015）。在这一过程中，海洋传统产业转型升级受到多种因素的影响。从现实角度来看，海洋传统产业转型升级正是多种因素共同推动或拉动的结果，主要包括市场需求、技术创新、生产要素、市场竞争、政府干预。

（一）市场需求

社会生产价值是通过满足市场需求实现的。市场需求随着经济的发展会呈现层次性和动态性的变动，它是海洋传统产业转型升级的内在基础动力。市场需求变动包含需求总量和结构变动。这两种变动会引起海洋传统产业规模的扩张或收缩，从而导致海洋传统产业的发展或灭亡。从市场需求总量来看，人口数量与人均可支配收入水平增加会扩大消费需求。同时，市场需求总量也是影响海洋传统产业规模的重要因素。市场需求总量越大，海洋传统产业的整体发展规模也越大。从市场需求结构来看，需求结构是需求因素中影响海洋传统产业转型升级最直接的因素。市场需求结构的变化将会影响供给结构。随着市场消费需求的不断升级，海洋传统产业的新产品、新业态、新模式快速发展，海洋传统产业也加快从产业链低端向产业链高端攀升，从而实现海洋传统产业转型升级。

（二）技术创新

技术创新是推动海洋传统产业转型升级的根本因素。西方发达国家海洋传统产业转型升级大都经历了以资源密集型和劳动密集型为主到以技术密集型为主的高级化演进历程。在这一过程中，技术创新是根本推动因素。新技术在海洋传统产业中被广泛采用，从而使这些海洋传统产业得以改造优化与提质增效。更重要的是，以信息技术、网络技术、数字技术等为代表的高科技创新能够促进不同产业或同一产业内的不同行业之间相互交叉、相互渗透、相互融合，逐步形成新产业属性或新型产业形态，为海洋传统产业转型升级注入新的内容和基础，深刻地改变传统产业的产业属性，推动海洋传统产业向信息、知识和技术密集型产业转变。

（三）生产要素

产业的发展离不开基本要素的供给和要素配置效率的提高。基本生产要素包括劳动力、资本、自然资源等，这些是海洋传统产业转型升级的必要条件。从基本要素供给来看，劳动力由生产率水平相对较低的海洋传统产业流向生产率相对较高的海洋传统产业，能够推动海洋传统产业转型升级。此外，资本供给对资本密集型和技术密集型海洋传统产业的成长至关重要。在许多发展中国家，资本供给不足成为制约海洋传统产业从资源密集型和劳动密集型向资本密集型和技术密集型演进的主要因素。同时，海洋传统产业转型升级本身就是一个高端要素不断积聚的过程。当前中国海洋传统产业转型升级难，这在一定程度上正是因为受到高端要素供给不足、效率性要素较少的制约。加快推进海洋传统产业高端要素聚集，是推动海洋传统产业由中低端向中高端水平迈进的关键。

（四）市场竞争

市场竞争与优胜劣汰是市场经济的客观规律，也是海洋传统产业转型升级源源不断的动力。在激烈的市场竞争中，海洋传统产业要获得竞争优势，必须不断地开发新产品，实现产品的更新换代；提高质量，保持市场占有率；开发与引进新技术，提高劳动生产率，降低生产成本。不难理解，如果部分海洋传统产业缺乏竞争力，随着市场竞争激烈度的增加，该海洋传统产业必将走向衰退，最终退出市场；相反，如果部分海洋传统产业竞争优势大，那么该海洋传统产业能够得到较快发展。市场的优胜劣汰机制一方面减少了海洋传统产业的无效和低端供给，另一方面促进了新供给和优质供给的形成，从而推动海洋传统产业新旧动能转换与转型升级。同时，如果市场竞争程度较高，生产要素就能够在市场机制的作用下自由流动，资源获得优化配置，从而进一步推动海洋传统产业转型升级。

（五）政府干预

产业政策是指导海洋传统产业转型升级的最主要依据。政府通过制定产业发展战略和政策来鼓励或限制某些海洋传统产业的发展，这将为促进海洋传统产业转型升级创造条件。同时，政府通过对海洋传统产业发展过程中要素投入结构失衡和配置扭曲状况进行矫正，弥补市场机制的不足，提高要素供给体系的质量和效率，进而引导海洋传统产业向高端化转型升级。当前，不论是中央还是地方政府，为了促进海洋传统产业转型升级与提质增效，都从不同的层面出台了相应的产业发展规划政策。积极贯彻落实相关产业政策，能在一定程度上促进海洋传统产业转型升级。

四 海洋传统产业转型升级的理论机制

在产业转型升级的概念界定上，蒋兴明（2014）认为，产业转型升级是由产业链转型升级、价值链转型升级、创新链转型升级、生产要素组合转型升级所形成的有机整体。王柏玲和李慧（2015）认为，产业升级是一个以节约资源和保护生态为导向，在长期内适应外部市场环境不断开发和创造需求，根据要素禀赋动态变化调整要素投入，融合最新科技，并通过持续进行技术创新来逐步培养竞争力的过程。从全球价值链来看，产业升级主要是指劳动密集型产业向资本密集型或技术密集型产业转型升级的过程，主要包含四个层次：流程升级、产品升级、功能升级、跨产业升级。

当前，学界并没有非常严格地对海洋传统产业转型升级进行完整定义。本书认为，海洋传统产业转型升级就是通过技术创新带动产品升级、工艺升级、功能升级、产业链升级，推动海洋传统产业从低附加值产业向高附加值产业转变，从要素密集型产业向技术密集型产业转变，从环境污染型产业向环境友好型产业转变，从粗放型产业向集约型产业转变。推动海洋传统产业转型升级，应大力实施创新驱动发展战略，以技术创新为重点，以市场需求为导向，以优化要素配置效率为目标，通过技术创新机制、"技术创新—市场需求"机制以及"技术创新—要素配置"机制，持续推动海洋传统产业转型升级。

（一）技术创新机制

一是技术创新推动海洋传统产业从过度开发到绿色发展转变。海洋传统产业的转型升级离不开海洋资源和生态环境的支撑，然而日益趋紧的资源环境约束已成为制约海洋传统产业高质量发展的重要因素。绿色发展作为一种新的发展方式，是传统产业转型升级的一个重要方向（朱彬等，2015）。落实绿色发展理念、推动海洋传统产业实现可持续发展，关键在于技术创新。一方面，技术创新对海洋资源和空间的开发具有巨大的促进作用。与陆地资源相比，海洋资源更为复杂和特殊，海洋资源开发和利用对技术创新与进步具有更高的依存度。依靠先进的科学技术，探索新的海洋资源或者拓展海洋资源的利用规模，推动海洋资源开发从近海、浅海走向远海、深海，缓解海洋资源日趋枯竭的问题。同时，技术创新有利于节约集约利用海洋资源，加快发展循环经济，促进海洋传统产业从粗放型发展方式向集约型发展方式转变。另一方面，技术创新不但能够提高海洋污染环境监测和评估工作的准确度，而且能够更好地化解海洋传统产业发展过程中的污染问题，推动海洋传统产业从环境污染型产业向环境友好型产业转变。

二是技术创新是补齐海洋传统产业链短板，攀升价值链的重要驱动力。一方面，技术创新推动产业链纵向延伸。技术创新通过引入新技术、新工艺能够提升和拓展海洋传统产业的加工程度和深度，提升产品的技术含量和产品附加值，不断向上下游延伸产业链和向价值链中高端跃升，有效解决海洋传统产业链条过短的问题。另一方面，技术创新推动产业链横向拓展。通过信息化不断加强产业间横向联系、突破产业之间的边界，促进不同产业相互交叉、渗透、融合，并催生海洋传统产业的新业态，有效解决海洋传统产业链过窄的问题。随着产业链的不断提升和价值链的不断攀升，海洋传统产业逐渐从低级形态向高级形态、由低水平向高水平演进，最终实现海洋传统产业转型升级（见图6-2）。

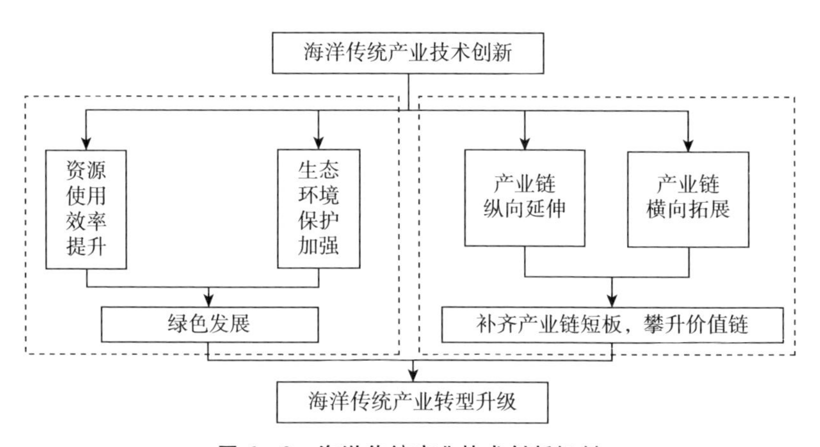

图6-2 海洋传统产业技术创新机制

资料来源：由笔者绘制。

（二）“技术创新—市场需求”机制

“技术创新—市场需求”机制通过技术创新和市场需求的相互刺激和诱导效应，推动新旧产业的更迭，从而实现海洋传统产业转型升级。一方面，受潜在市场需求的影响，当某个产业中的企业技术创新带来了重大新产品的开发或产品质量的提升时，由于受消费示范效应的影响，由技术创新引致的产品创新或应用创新将不断刺激和诱导市场需求结构发生变化，即旧产品需求不断减少、新产品需求不断增加，并由此推动新旧产业的地位发生更替，带动海洋传统产业的发展和升级。另一方面，市场需求的改变也对企业的技术创新活动具有诱发性的拉动作用。随着市场需求的持续改变，部分消费者对更新产品有了新的潜在需求，从而激发了新的替代性技术逐步出现，并由此引发技术创新与市场需求之间的新一轮良性互动（见图6－3）。从动态的角度来看，海洋传统产业转型升级正是在这种累积和循环的过程中逐渐实现的。因此，技术创新和市场需求的良性互动是新旧产业发生更迭的重要原因，也是带动海洋传统产业转型升级的重要因素。

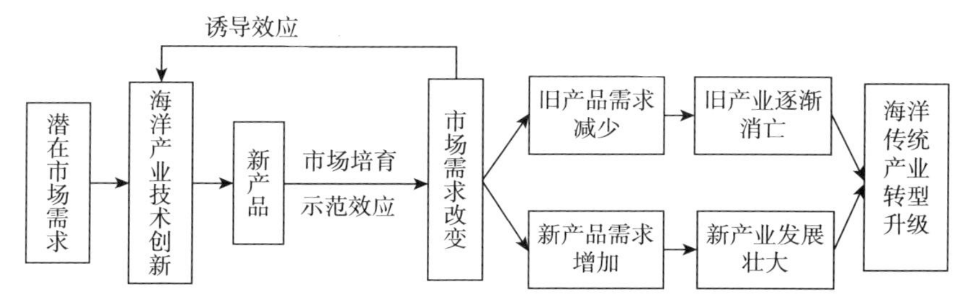

图6－3　海洋传统产业“技术创新—市场需求”机制

资料来源：由笔者绘制。

（三）“技术创新—要素配置”机制

一是技术创新能够改变要素组合方式，提升要素资源配置效率，从而实现海洋传统产业转型升级。根据经济学原理，产业升级实质上是生产要素密集程度不断变化升级的过程，即产业从劳动密集型向资本密集型转变，进而向技术密集型转变的过程。目前，中国海洋传统产业更多的是资源依赖型发展模式，主要依靠丰富的海洋资源和劳动力资源优势，对海洋资源进行简单加工。因此，海洋传统产业亟须从资源密集型发展模式向技术密集型发展模式演进。通过在生产函数中引入技术、信息、知识等高端生产要素以部分替代或完全替代自然资源或劳动力等基本生产要素，改变海洋传统产业内要素配比结构，推动海洋传统产业从资源密集型和劳动密集型向技术密集型转变，最终实现产业转型升级。

二是技术创新能够纠正要素资源错配，提升要素资源配置效率，从而实现海洋传统产业转型升级。在海洋传统产业转型升级过程中，要素禀赋结构不合理是重要的制约因素，而技术进步偏向性是影响要素投入结构的关键因素。与陆地上的产业相比，海洋产业尤其是海洋传统产业的发展具有较强的资源锁定效应，地区的海洋资源禀赋结构往往决定了海洋传统产业的发展方式与路径。然而，技术创新能够有效增强海洋资源和要素的流动性，突破要素禀赋结构的制约并纠正要素资源错配，提升要素资源配置效率，从而推动海洋传统产业转型升级。

三是技术创新将引导要素在产业部门之间重新分配，使要素流向产出效率高的产业，从而实现海洋传统产业转型升级。企业通过引入新工艺、新流程，提升企业生产效率，使规模不断扩大、生产要素流入。同时，通过技术溢出效应，其他企业通过学习与模仿也提升了技术水平，最终提升了整个产业的劳动生产率。根据库兹涅茨产业转移理论，各类生产要素将从那些生产工艺落后且生产效率偏低的海洋传统产业流向生产工艺高端、生产效率较高的海洋传统产业。显然，这种由技术创新引发的资源要素再配置效应将导致资源要素不断向产出效率高的海洋传统产业集聚，不断推动海洋传统产业的提质增效和转型升级（见图6－4）。

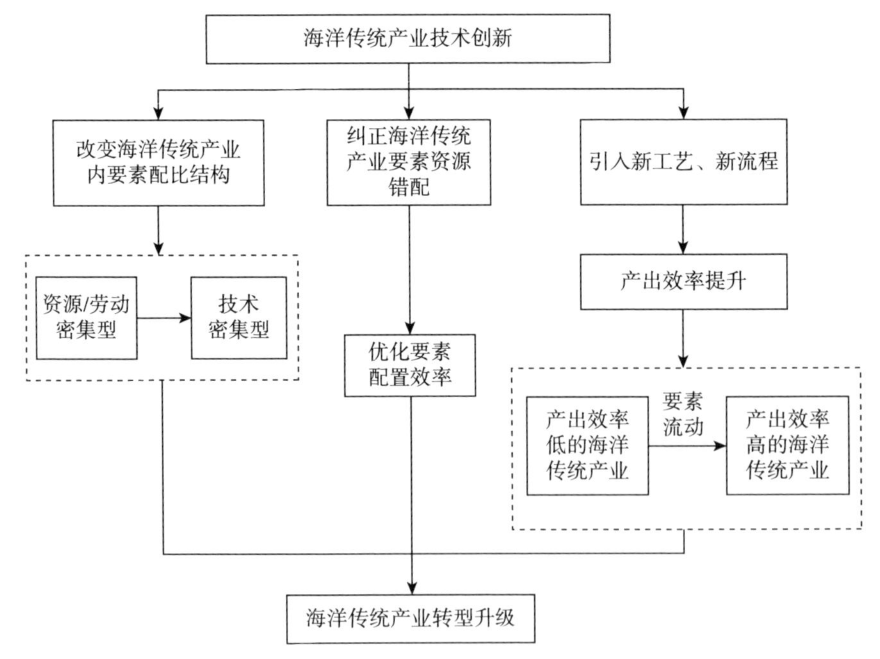

图6－4 海洋传统产业“技术创新—要素配置”机制

资料来源：由笔者绘制。

第二节　海洋传统产业发展现状及转型升级面临的问题

一　海洋传统产业发展现状

（一）海洋传统产业总体发展情况

近年来，中国海洋传统产业转型升级加速。2019 年，中国海洋传统产业生产总值为 35065 亿元，比上一年增长 6.23%（见图 6－5），占主要海洋产业的比重为 39.2%，对海洋经济的贡献率达 34.3%。2011～2017 年，海洋传统产业整体呈现向上的态势，年均增长率达到 9%。

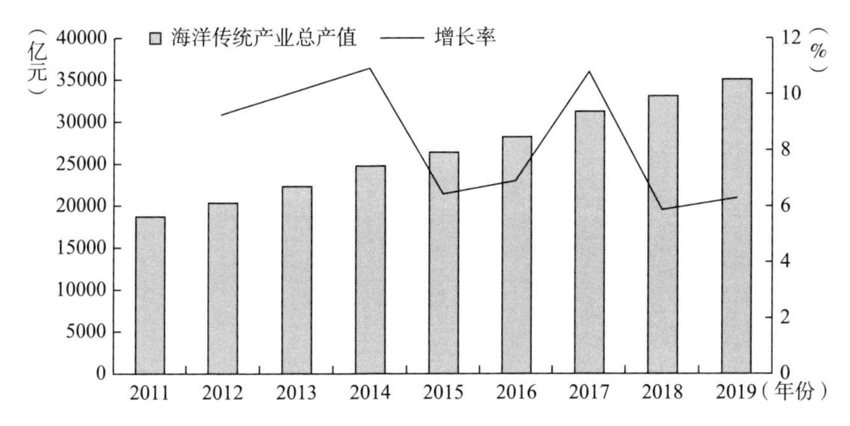

图 6－5　2011～2019 年海洋传统产业生产总值与增长率变动情况

资料来源：根据历年《中国海洋经济统计公报》数据计算整理所得。

表 6－1 给出了 2011～2019 年各细分海洋传统产业发展情况，可以发现，海洋渔业、海洋交通运输业、滨海旅游业三大产业增加值自 2011 年以来始终排在前列。2019 年滨海旅游业增加值为 18086 亿元，所占比重为 50.6%，是中国海洋传统产业最重要的增长点；海洋交通运输业增加值为 6427 亿元，所占比重为 18.0%；海洋渔业增加值为 4715 亿元，所占比重为 13.2%。三大产业增加值总和占海洋传统产业增加值总量的 80% 以上。因此，海洋渔业、海洋交通运输业、滨海旅

游业占据海洋传统产业的支柱地位，并且短期内其支柱地位并不会发生改变。

相比之下，其他海洋传统产业的发展则较为逊色。从具体产业来看，海洋油气业贡献率为1.1%，2011～2019年产业增加值下降了10.9%。海洋矿业、海洋盐业、海洋化工业贡献率分别为2.1%、－0.1%、0.6%，年均增长分别为17.6%、－12.8%、6.7%。海洋船舶工业贡献率为3.1%，2011～2019年产业增加值下降了17.7%，年均下降2.4%。海洋工程建筑业贡献率为－2.9%，2011～2019年产业增加值增长了58.0%，年均增长5.9%。

表6－1 2011～2019年海洋传统产业发展现状

单位：亿元

产业	2011年	2012年	2013年	2014年	2015年	2016年	2017年	2018年	2019年
海洋渔业	3287	3652	3872	4293	4352	4641	4676	4801	4715
海洋油气业	1730	1570	1648	1530	939	869	1126	1477	1541
海洋矿业	53	61	49	53	67	69	66	71	194
海洋盐业	93	74	56	63	69	39	40	39	31
海洋化工业	691	784	908	911	985	1017	1044	1119	1157
海洋船舶工业	1437	1331	1183	1387	1441	1312	1455	997	1182
海洋工程建筑业	1096	1075	1680	2103	2092	2172	1841	1905	1732
海洋交通运输业	3957	4802	5111	5562	5541	6004	6312	6522	6427
滨海旅游业	6258	6972	7851	8882	10874	12047	14636	16078	18086

资料来源：根据历年《中国海洋经济统计公报》数据整理所得。

（二）三大海洋传统支柱产业发展情况

1. 海洋渔业

（1）总体发展情况

党的十八大以来，中国海洋渔业生产稳中向好，转型升级速度不断加快，无论是质量还是效益均有了较大提升。尽管海洋渔业增加值所占比重在2011～2019年有所下降，但仍占有较大的比重。2019年，中国海洋渔业增加值为4715亿元，比2018年下降1.79%，占中国海洋产业增加值的13.2%（见表6－2）。2011～2019年，海洋渔业增加值增长了43.44%，年均增长率为4.6%。

表6－2　2011～2019年中国海洋渔业增加值

单位：亿元，%

年份	海洋渔业增加值	同比增速	占比
2011	3287	—	17.5
2012	3652	11.10	17.8
2013	3872	6.02	17.1
2014	4293	10.87	17.1
2015	4352	1.37	16.2
2016	4641	6.64	16.2
2017	4676	0.75	14.7
2018	4801	2.67	14.3
2019	4715	－1.79	13.2

资料来源：根据历年《中国海洋经济统计公报》数据整理所得。

（2）中国海水养殖发展情况

2011～2019年，中国海水养殖产值从1931.36亿元增加至3575.29亿元，增幅达85%；海水养殖产量从1551.33万吨增加至2065.33万吨，增幅达33.13%；海水养殖面积从2106.38千公顷缩小至1992.18千公顷，轻微下降5.4%，尤其是2015年以后海水养殖面积逐年下降（见表6－3）。

表6－3　2011～2019年中国海水养殖发展情况

年份	海水养殖面积（千公顷）	海水养殖产值（亿元）	海水养殖产量（万吨）
2011	2106.38	1931.36	1551.33
2012	2180.93	2264.54	1643.81
2013	2315.57	2604.47	1739.25
2014	2305.47	2815.47	1812.65
2015	2317.76	2937.66	1875.63
2016	2098.10	3140.39	1915.31

续表

年份	海水养殖面积（千公顷）	海水养殖产值（亿元）	海水养殖产量（万吨）
2017	2084.08	3307.40	2000.70
2018	2043.07	3572.00	2031.20
2019	1992.18	3575.29	2065.33

资料来源：根据历年《中国渔业统计年鉴》数据整理所得。

（3）中国海洋捕捞发展情况

2019 年，中国海洋捕捞产值为 2116.02 亿元，比 2018 年减少 5.1%。2011～2019 年，中国海洋捕捞产值从 1488.45 亿元增加至 2116.02 亿元，增幅达 42.16%。2019 年，中国海洋捕捞产量为 1000.15 万吨，比 2018 年下降 4.2%。2011～2019 年，中国海洋捕捞产量从 1241.94 万吨下降至 1000.15 万吨，下降幅度为 19.5%（见表 6－4）。

表 6－4　2011～2019 年中国海洋捕捞发展情况

单位：亿元，万吨

年份	海洋捕捞产值	海洋捕捞产量
2011	1488.45	1241.94
2012	1706.67	1267.19
2013	1855.38	1264.38
2014	1947.97	1280.83
2015	2003.51	1314.78
2016	1977.22	1187.20
2017	1987.65	1112.42
2018	2228.76	1044.47
2019	2116.02	1000.15

资料来源：根据历年《中国渔业统计年鉴》数据整理所得。

（4）中国远洋渔业发展情况

近年来，中国远洋渔业取得了长足发展。2019 年，中国远洋渔业总产量达 217.02 万吨，比 2018 年减少了 8.73 万吨（见表 6－5）。远洋渔业总产值为 243.53 亿元，比 2018 年减少 19.18 亿元。2011～2019 年，中国远洋渔业产量从 114.78 万吨跃升至 217.02 万吨，增长 89%。

从远洋渔业的品种来看，金枪鱼、鱿鱼以及竹荚鱼位居前三，产量分别为42.38万吨、43.28万吨以及2.29万吨。同时，2019年中国远洋船队规模达2701艘，功率为284.70万千瓦，分别比2018年增加47艘、10.67万千瓦，这表明中国远洋渔船正在加速更新，并逐渐向大型化方向发展。

表6-5　2011~2019年中国远洋渔业发展情况

单位：万吨，%

年份	远洋渔业产量	同比增速
2011	114.78	2.82
2012	122.34	6.59
2013	135.20	10.51
2014	202.73	49.95
2015	219.20	8.12
2016	198.75	-9.33
2017	208.62	4.97
2018	225.75	8.21
2019	217.02	-3.87

资料来源：根据历年《中国渔业统计年鉴》数据整理所得。

（5）中国海水产品加工业发展情况

随着中国海洋渔业取得长足进展，海水产品加工业也取得了突破性的进展。2019年，中国海水产品加工量为1776.09万吨，比2018年轻微增加0.06%（见表6-6）。2011~2019年，中国海水产品加工量从1477.64万吨上升至1776.09万吨，上升幅度为20.20%。同时，2019年中国用于加工的海水产品量为2091.79万吨，比2018年减少0.34%。2011~2019年，中国用于加工的海水产品量从1523.77万吨上升至2091.79万吨，上升幅度为37.28%。

从海水加工产品的种类结构来看，2019年水产冷冻品产量达1532.27万吨，同比增长1.14%，其中冷冻品产量为793.86万吨，冷冻加工品产量为738.4万吨，分别同比增长2.66%和-0.44%；鱼糜制品及干腌制品产量为291.52万吨，同比减少5.34%；藻类加工品产量为115.18万吨，同比增长4.08%；罐制品产量为35.4万吨，同比减少0.46%；水产饲料（鱼粉）产量为699万吨，同比增长7.55%；鱼油制品产量为4.90万吨，同比减少32.48%；其他水产加工品产量为110.3万吨，同比减少4.37%。

表6-6 2011~2019年中国海水产品加工业发展情况

单位：万吨，%

年份	海水产品加工量	同比增速	用于加工的海水产品量	同比增速
2011	1477.64	9.38	1523.77	12.79
2012	1563.40	5.80	1625.00	6.64
2013	1591.03	1.77	1613.21	-0.73
2014	1678.63	5.51	1643.77	1.89
2015	1718.41	2.37	1712.46	4.18
2016	1775.07	3.30	2066.36	20.67
2017	1788.06	0.73	2106.52	1.94
2018	1775.02	-0.73	2099.01	-0.36
2019	1776.09	0.06	2091.79	-0.34

资料来源：根据历年《中国渔业统计年鉴》数据整理所得。

（6）中国海洋休闲渔业发展情况

近年来，海洋休闲渔业已逐渐成为海洋渔业的重要组成部分。2017年，中国海洋休闲渔业产值为184.13亿元，其中东部地区为177.44亿元，占全国海洋休闲渔业产值的96.4%，这说明中国海洋休闲渔业主要集中在东部地区（见表6-7）。从海洋休闲渔业的内部结构来看，海洋休闲渔业主要包括四大组成部分：休闲垂钓及采集业、旅游导向型休闲渔业、观赏鱼产业以及休闲钓具、钓饵、观赏渔药及水族设备等。2017年，中国海洋休闲垂钓及采集业营业额为30.72亿元，海洋旅游导向型休闲渔业营业额约为111.71亿元，海水观赏鱼产值为5.80亿元。

表 6－7 2017 年中国海洋休闲渔业基本情况

指标	全国	东部地区	中部地区	西部地区
海洋休闲渔业产值（亿元）	184.13	177.44	2.38	4.32
海洋休闲渔船数量（艘）	2163	4246	—	80
海洋休闲渔船功率数（万千瓦）	13.13	12.91	—	0.22

资料来源：《中国休闲渔业发展报告（2018）》。

2. 海洋交通运输业

（1）海洋交通运输业总体发展情况

作为连接国内外市场的重要载体，伴随中国对外贸易量的持续增长，海洋交通运输业得到迅猛发展。作为海洋传统产业的重要组成部分，海洋交通运输业已成为海洋经济中的第二大产业，占中国海洋经济总量的 18.0%。尽管海洋交通运输业增加值所占比重在 2011～2019 年有所下降，但平均占比仍在 20% 左右。2019 年，中国海洋交通运输业全年实现增加值 6427 亿元，比 2018 年减少 1.5%（见表 6－8）。2011～2019 年，海洋交通运输业增加值增长了 62.4%，年均增长率为 6.3%。

表 6－8 2011～2019 年中国海洋交通运输业发展情况

单位：亿元，%

年份	海洋交通业运输业增加值	同比增速	占比
2011	3957	—	21.1
2012	4802	21.4	23.3
2013	5111	6.4	22.5
2014	5562	8.8	22.1
2015	5541	-0.4	20.7
2016	6004	8.4	21.0
2017	6312	5.1	19.9
2018	6522	3.3	19.4
2019	6427	-1.5	18.0

资料来源：根据历年《中国海洋经济统计公报》数据计算整理所得。

（2）沿海港口泊位发展情况

党的十八大以来，中国沿海港口码头生产性泊位持续增加。根据交通运输部最近公布的《2019年交通运输行业发展统计公报》，2011～2019年中国沿海港口生产用码头泊位从5532个增长到5562个。其中，2015年更是多达5899个，创历史新高。同时，中国港口码头泊位继续向大型化方向发展。2011～2019年，中国沿海港口万吨级及以上泊位从1422个持续增加到2076个，一共增加了654个，增幅达46.0%（见表6－9）。

从万吨级及以上泊位构成来看，2011～2019年1万～3万吨级（不含3万）泊位共增加122个，增幅为22.3%；3万～5万吨级（不含5万）泊位共增加81个，增幅为37.5%；5万～10万吨级（不含10万）泊位共增加254个，增幅为56.6%；10万吨级及以上泊位共增加197个，增幅为94.3%。目前，中国5万吨级及以上的泊位占比已超过53%。

表6－9 2011～2019年中国沿海港口万吨级及以上泊位数

单位：个

年份	万吨级及以上泊位数	1万～3万吨级（不含3万）	3万～5万吨级（不含5万）	5万～10万吨级（不含10万）	10万吨级及以上	全国沿海港口拥有生产用码头泊位数
2011	1422	548	216	449	209	5532
2012	1517	564	232	489	232	5623
2013	1607	567	254	532	254	5675
2014	1704	586	261	558	299	5834
2015	1807	619	266	600	322	5899
2016	1894	637	279	628	350	5887
2017	1948	651	285	653	359	5830
2018	2007	656	294	672	385	5734
2019	2076	670	297	703	406	5562

资料来源：根据历年《交通运输行业发展统计公报》数据计算整理所得。

除向大型化方向发展外，中国港口码头泊位也正加紧向专业化方向发展。2019年，中国万吨级及以上专业化泊位有1332个，比2018年增加

35个（见表6-10），占全国万吨级及以上泊位数量的58.1%。2011～2019年，中国万吨级及以上专业化泊位一共增加390个，总增幅达41.4%。

表6-10　2011～2019年中国万吨级及以上泊位构成（按主要用途分）

单位：个

年份	专业化泊位	通用散货泊位	通用件杂货泊位
2011	942	338	322
2012	997	379	340
2013	1062	414	345
2014	1114	441	360
2015	1173	473	371
2016	1223	506	381
2017	1254	513	388
2018	1297	531	513
2019	1332	559	403

资料来源：根据历年《交通运输行业发展统计公报》数据整理所得。

（3）海洋运输服务发展情况

2019年，全国沿海港口完成货物吞吐量、外贸货物吞吐量以及旅客吞吐量分别为91.88亿吨、38.55亿吨、0.82亿人，分别较2018年减少2.9%、增加3.0%以及减少6.8%（见表6-11）。其中，货物吞吐量超过亿吨的沿海大港共有21个，前十位分别是宁波—舟山港、上海港、苏州港、广州港、唐山港、青岛港、天津港、大连港、营口港、日照港。另外，在世界港口货物吞吐量排名前20位中，中国内地占了13席，其中宁波—舟山港以100930万吨位居世界第一。

表6-11　2011～2019年中国沿海港口客货吞吐量

年份	货物吞吐量（亿吨）	同比增速（%）	外贸货物吞吐量（亿吨）	同比增速（%）	旅客吞吐量（亿人）	同比增速（%）
2011	63.60	—	25.44	—	0.80	—
2012	68.80	8.2	27.86	9.5	0.79	-1.3
2013	75.61	9.9	30.57	9.7	0.78	-1.3

续表

年份	货物吞吐量（亿吨）	同比增速（%）	外贸货物吞吐量（亿吨）	同比增速（%）	旅客吞吐量（亿人）	同比增速（%）
2014	80.33	6.2	32.67	6.9	0.81	3.8
2015	81.47	1.4	33.01	1.0	0.82	1.2
2016	84.55	3.8	34.53	4.6	0.82	0.0
2017	90.57	7.1	36.55	5.8	0.87	6.1
2018	94.63	4.5	37.44	2.4	0.88	1.1
2019	91.88	-2.9	38.55	3.0	0.82	-6.8

资料来源：根据历年《交通运输行业发展统计公报》数据计算整理所得。

2018年，全国沿海港口国际标准集装箱吞吐量为2.2亿TEU，比2011年增长51.7%（见表6-12）。其中，集装箱吞吐量超过百万TEU的沿海大港超过22个，前十位分别是上海港、深圳港、宁波—舟山港、广州港、青岛港、天津港、厦门港、大连港、营口港、苏州港。另外，在世界集装箱吞吐量排名前20位中，中国内地占了7席，其中上海港以0.4亿TEU位居世界第一。

表6-12 2011~2018年沿海港口国际标准集装箱吞吐量

单位：万TEU，%

年份	集装箱吞吐量	同比增速
2011	14632	11.3
2012	15797	8.0
2013	16968	7.4
2014	18178	7.1
2015	18907	4.0
2016	19590	3.6
2017	21099	7.7
2018	22203	5.2

资料来源：根据历年《交通运输行业发展统计公报》数据计算整理所得。

（4）海洋运输船舶发展情况

近年来，航运企业纷纷加快老旧船舶提前退役更新步伐。截至

2019年底，沿海运输船舶和远洋运输船舶分别为10364艘和1664艘，比2018年分别减少0.1%和26.1%（见表6－13和表6－14）。与高峰时期相比，前者2014～2019年减少了684艘，减幅达6.2%；后者2015～2019年减少了1025艘，减幅达38.1%。同时，随着经济全球化的发展，航运企业为降低生产成本以化解航运危机，不断推动船舶向大型化、超大型化方向发展。截至2019年底，沿海运输船舶净载重量、集装箱箱位分别为7079.98万吨、63.26万TEU，比2011年分别增加1299.51万吨、42.94万TEU，分别增长22.48%、211.32%。截至2019年底，远洋运输船舶净载重量、集装箱箱位分别为5524.91万吨、121.41万TEU，比2011年分别减少1178.95万吨、增加10.27万TEU，分别减少17.59%、增长9.24%。

表6－13　2011～2019年沿海运输船舶发展情况

年份	船舶数量（艘）	同比增速（%）	净载重量（万吨）	同比增速（%）	集装箱箱位（万TEU）	同比增速（%）
2011	10902	4.1	5780.47	16.1	20.32	9.4
2012	10947	0.4	6523.25	12.8	22.72	11.8
2013	11024	0.7	6818.78	4.5	28.03	23.4
2014	11048	0.2	6920.93	1.5	47.22	68.5
2015	10721	－3.0	6857.99	－0.9	53.33	12.9
2016	10513	－1.9	6739.15	－1.7	41.91	－21.4
2017	10318	－1.9	7044.41	4.5	50.17	19.7
2018	10379	0.6	6885.06	－2.3	56.62	12.9
2019	10364	－0.1	7079.98	2.8	63.26	11.7

资料来源：根据历年《交通运输行业发展统计公报》数据计算整理所得。

表6－14　2011～2019年远洋运输船舶发展情况

年份	船舶数量（艘）	同比增速（%）	净载重量（万吨）	同比增速（%）	集装箱箱位（万TEU）	同比增速（%）
2011	2494	12.7	6703.86	19.2	111.14	10.0
2012	2486	－0.3	6943.79	3.6	115.66	4.1
2013	2457	－1.2	7366.60	6.1	117.66	1.7

续表

年份	船舶数量（艘）	同比增速（%）	净载重量（万吨）	同比增速（%）	集装箱箱位（万 TEU）	同比增速（%）
2014	2603	5.9	7589.59	3.0	158.87	35.0
2015	2689	3.3	7892.29	4.0	180.01	13.3
2016	2409	-10.4	6522.75	-17.4	119.42	-33.7
2017	2306	-4.3	5457.50	-16.3	133.66	11.9
2018	2251	-2.4	5314.73	-2.6	106.34	-20.4
2019	1664	-26.1	5524.91	4.0	121.41	14.2

资料来源：根据历年《交通运输行业发展统计公报》数据计算整理所得。

3. 滨海旅游业

(1) 中国滨海旅游业总体发展情况

党的十九大以来，随着国民生活水平的不断提高以及在各项政策措施的激励下，中国滨海旅游业保持较快发展。2019 年，滨海旅游业增加值为 18086 亿元，比 2018 年增长 12.5%（见表 6-15），已成为带动海洋经济发展的重要增长点。据测算，2011 年以来中国滨海旅游业保持年均 14.19% 的复合增长率，高于同期海洋经济的年均增长率，整体增速较快。另外，从滨海旅游业对中国主要海洋产业的贡献来看，中国滨海旅游业增加值占比持续走高，从 2011 年的 33.4% 上升至 2019 年的 50.6%，表明中国滨海旅游业已占据中国主要海洋产业的半壁江山。

表 6-15　2011～2019 年中国滨海旅游业发展情况

单位：亿元，%

年份	滨海旅游业增加值	同比增速	占比
2011	6258	—	33.4
2012	6972	11.4	33.9
2013	7851	12.6	34.6
2014	8882	13.1	35.3
2015	10874	22.4	40.6
2016	12047	10.8	42.1
2017	14636	21.5	46.1

续表

年份	滨海旅游业增加值	同比增速	占比
2018	16078	9.9	47.8
2019	18086	12.5	50.6

资料来源：根据历年《中国海洋经济统计公报》数据计算整理所得。

（2）海岛旅游发展情况

近年来，中国海岛旅游蓬勃发展。根据《2017 年海岛统计调查公报》，2017 年，中国海岛旅游业产值为 897 亿元，年度接待旅游人数达 9836 万人，分别比 2016 年增长 5.0% 和 23.0%（见表 6－16）。

表 6－16 2015～2017 年中国海岛旅游发展情况

年份	海岛旅游业产值（亿元）	同比增速（%）	年度接待旅游人数（万人）	同比增速（%）
2015	466	—	6278	—
2016	854	83.3	7999	27.4
2017	897	5.0	9836	23.0

资料来源：根据历年《海岛统计调查公报》数据计算整理所得。

截至 2017 年底，全国共有海岛 1.1 万余个，其面积约占中国陆地面积的 0.8%。2017 年，全国海岛上共有 1028 个自然景观、755 个人文景观以及 72 个海水浴场（见表 6－17）。近年来，中国加大了海岛资源的开发力度，截至 2017 年已先后建成 6 个 5A 级涉岛旅游区、43 个 4A 级涉岛旅游区和 25 个 3A 级涉岛旅游区。2017 年，厦门市鼓浪屿风景名胜区的年旅游接待人数排名第一，达到 1003.6 万人次；阳江市海陵岛大角湾海上丝路旅游区位居第二，年旅游接待人数达到 903.8 万人次（见表 6－18）。

表 6－17 2015～2017 年中国海岛旅游资源情况

单位：个

年份	自然景观	人文景观	海水浴场	5A 级涉岛旅游区	4A 级涉岛旅游区	3A 级涉岛旅游区
2015	979	675	84	4	40	23

续表

年份	自然景观	人文景观	海水浴场	5A级涉岛旅游区	4A级涉岛旅游区	3A级涉岛旅游区
2016	1082	774	90	6	41	28
2017	1028	775	72	6	43	25

资料来源：根据历年《海岛统计调查公报》数据整理所得。

表6－18 2017年中国5A级涉岛旅游区情况

单位：万人次

序号	旅游区名称	年旅游接待人数
1	山东威海刘公岛景区	196.8
2	舟山市普陀山风景名胜区	857.9
3	厦门市鼓浪屿风景名胜区	1003.6
4	阳江市海陵岛大角湾海上丝路旅游区	903.8
5	分界洲岛旅游区	234.0
6	三亚市蜈支洲岛旅游区	296.0

资料来源：《2017年海岛统计调查公报》。

（3）邮轮旅游发展情况

中国邮轮旅游起步较晚但发展迅猛，邮轮旅游市场规模日益扩大。从2012年开始，中国邮轮旅游客流量已经连续五年增长速度在30%以上（见表6－19），邮轮市场出游人次在过去五年间实现了超过8倍的增长，年均增幅超过40%。尽管受多重因素影响，2018年以来中国邮轮市场发展有所放缓，但出游人数依然超过490万人次。

表6－19 2011～2018年主要邮轮港接待邮轮量情况

指标	2011年	2012年	2013年	2014年	2015年	2016年	2017年	2018年
邮轮（艘次）	272	285	406	466	629	1010	1181	969
增长率（%）	17.5	8.8	42.4	14.8	35.0	61.0	17.0	－17.9
接待出入境游客量（万人次）	50.0	66.0	120.2	172.3	248.0	456.7	495.4	490.7
增长率（%）	—	31.9	82.1	43.3	43.9	84.2	8.5	－0.9

资料来源：根据历年《中国邮轮发展报告》数据计算整理所得。

2017 年，中国接待国际邮轮艘次及出入境人次最多的四大沿海港口分别是上海港（第一）、天津港（第二）、广州港（第三）、深圳港（第四）。目前，上海已经形成“一港两码头”的国际邮轮组合母港，2017 年全年共接待 512 艘国际邮轮和 299 万人次的出入境游客（见表 6－20），成为亚太地区最大的邮轮旅游枢纽和全球第四大邮轮母港。2017 年，天津国际邮轮母港共接待国际邮轮 175 艘，比 2016 年增长 23%；接待国际邮轮出入境游客 94 万人次，比 2016 年增长 32%，稳居全国第二。广州南沙国际邮轮母港作为华南地区首个投产运营的国际邮轮港，2017 年全年共接待 122 艘国际邮轮和 40.4 万人次的出入境游客，分别比 2016 年增长 17.3% 和 23.8%，发展势头良好。深圳蛇口太子湾邮轮母港地处粤港澳大湾区中心，不但地理位置优越，更是华南地区最大的邮轮母港。截至 2017 年底，深圳蛇口太子湾邮轮母港共运营国际邮轮 109 艘次，接待出入境游客 18.9 万人次，成为发展最快的邮轮母港。

表 6－20　2008～2017 年中国部分港口接待国际邮轮艘次及出入境人次统计

	年份	天津	上海	舟山	厦门	三亚	青岛	大连	广州	深圳
接待国际邮轮（艘次）	2008	15	60	—	56	132	4	8	—	—
	2009	26	79	—	26	34	7	15	—	—
	2010	40	178	—	58	15	12	11	—	—
	2011	31	105	4	11	35	21	17	—	—
	2012	35	121	—	19	86	3	9	—	—
	2013	70	197	—	13	113	2	9	—	—
	2014	55	272	1	23	71	2	6	—	—
	2015	93	344	12	66	30	19	17	—	—
	2016	142	513	13	79	25	52	27	104	12
	2017	175	512	15	77	12	63	31	122	109
接待国际邮轮出入境游客（人次）	2008	20000	130000	—	73668	339670	3396	16452	—	—
	2009	—	183000	—	20247	75474	8448	27946	—	—
	2010	100000	341808	—	19656	39384	15110	19794	—	—
	2011	72000	237309	4900	12572	68970	31235	46616	—	—

续表

	年份	天津	上海	舟山	厦门	三亚	青岛	大连	广州	深圳
接待国际邮轮出入境游客（人次）	2012	119096	357539	—	35917	116777	3114	21268	—	—
	2013	250000	756578	—	24858	135328	5454	30312	—	—
	2014	224000	1218802	2372	56444	155965	5158	6742	—	—
	2015	431000	1645189	20000	175737	103355	32077	22915	—	—
	2016	714653	2894515	17777	190876	96485	89513	64801	325967	22280
	2017	942145	2985762	30619	161800	40049	109441	69072	403500	189056

资料来源：《中国港口年鉴2018》。

二　海洋传统产业转型升级面临的问题

（一）海洋传统产业整体发展面临的主要问题

1. 空间布局有待优化

海洋传统产业布局研究薄弱的原因之一是长期以来受“重陆轻海”思想的束缚，人们很少关注海洋，更少关注海洋传统产业布局问题。随着海洋传统产业的持续发展，海洋传统产业布局中的一些不合理、不协调因素开始显现。例如，中国沿海地区均高度重视港口、旅游、造船、石油化工等海洋传统产业发展，纷纷建设大型港口码头、船舶工厂、石油化工基地，推动滨海旅游发展。在缺乏区域协调和统筹规划的情况下，盲目低水平的重复建设不但导致地区恶性竞争、资源浪费、环境污染、发展效率低下等问题，而且加深了地区发展不平衡、集中度低的双重矛盾，影响海洋传统产业的进一步发展。同时，目前海洋开发活动主要集中在海岸带和浅海区，外海和远洋开发活动较少。这些不合理的产业布局因素既影响着中国海洋传统产业整体效益水平的发挥，也影响着中国海洋传统产业的全面发展。

2. 技术创新水平较低

一是海洋科技源头创新能力较弱。改革开放以来，尽管中国海洋科技在基础理论、关键技术、应用研究等方面取得了巨大成就，但与国家需求相比仍然有待进一步提升，尤其是部分领域与世界先进水平还有较大差距。二是科技成果转化率较低。中国海洋科技创新成果与市场需求脱节，存在研发、应用“两张皮”的现象，这是造成科技成果转化率低的重要原因之一。同时，企业作为海洋技术创新的主体地位尚未形成。目前中国海洋科研机构主要集中在高等院校和科研院所、国家实验室中，且尚未构建海洋传统产业技术创新联盟。三是海洋领域科技基础薄弱，产业化平台建设规模小且布局分散，尚未建立有效的资源共享机制，难以满足科学研究与技术研发、海上试验和成果推广应用需求。

3. 产业链条短，产品附加值低

目前，中国海洋传统产业大多是依赖海洋资源直接开发的，技术含量低，产业链条短，产品附加值低。在海洋渔业方面，仍以传统、粗放型开发为主，尚未形成包括“养殖—捕捞—加工—流通”的完整产业链条，尤其是海洋渔业产品加工十分欠缺。在海洋交通运输业方面，大部分港口仍主要提供装卸、运输、仓储等初级服务，尚不能提供加工、配送、贸易、信息、咨询、金融等一体化、高增加值物流服务，仍处于海运产业链的低端。在滨海旅游业方面，邮轮旅游产业链过于狭窄，仍以港口接待和旅游服务为主，产业经济效益主要来自邮轮的岸上旅游服务、港口停靠业务以及少数邮轮供应服务，处在全球邮轮产业价值链的末端，创造的经济效益低下。

4. 存在产能过剩问题

产能过剩是中国海洋传统产业转型升级过程中面临的重要问题。在海洋渔业方面，海水养殖和海洋捕捞（近海捕捞和远洋捕捞）均存在过度养殖和过度捕捞的问题。同时，海水产品粗加工也面临着产能过剩的问题。在海洋交通运输业方面，随着港口建设投资不断扩张，各大港口码头建成之后出现空泊增多和码头不能满负荷作业的现象，部分甚至处于“晒太阳”状态。同时，沿海船舶运力也出现了过剩问题。在海洋盐业及盐化工业方面，受盐制改革的影响，近年来全国盐业一直处于产能过剩状态。在滨海旅游业方面，同质化低端旅游产品供给过剩，高品质、多样化、特色化的旅游产品供给不足。在海洋船舶工业方面，低附加值的普通散货船制造和污染型船舶制造存在产能过剩问题。

5. 海洋资源匮乏枯竭，生态环境问题凸显

与陆地生态环境不同，海洋生态环境作为一种特殊的资源载体，海洋系统的各种组成部分的相互联系更紧密，海洋生态平衡更易被破坏。由于缺乏海洋环保意识，中国海洋资源长期以来处于掠夺性开发状态，尤其是近海海域资源面临匮乏枯竭和生态环境的质量不断降低的困境。此外，为促进地区海洋经济的发展，部分沿海省（区、市）不断开始涉海工程建设、沿海大开发项目、大规模的围海造田，这些都进一步对海洋生态环境造成了恶劣影响。目前，中国沿海地区入海排污口的附近海域环境质量整体不好，绝大多数不满足环境保护要求，邻近水域的水质也无法达到环境保护的要求。

6. 对外合作与交流有待深化

目前中国海洋传统产业“走出去”面临 2 个主要问题。一是技术层次偏低。例如，与韩国、日本等相比，中国船舶业技术能力、创新能力和核心竞争力还相对较弱，从船舶出口结构来看，仍以油船、散装船等传统船型为主，承接的订单中高端产品占比较少。中国是世界远洋渔业大国，但在装备水平、作业方式、资源探测能力等方面与远洋渔业强国差距明显。二是海洋资源的权益争夺愈演愈烈，区域性争端和摩擦频发。例如，伴随欧美等发达国家经济复苏放缓，水产品需求不振，贸易保护主义盛行，中国水产品出口在连续多年快速增长后出现回落。

（二）三大海洋传统支柱产业发展面临的问题

1. 海洋渔业发展面临的问题

（1）海水养殖存在的问题

当前，中国海水养殖面临以下问题。一是海水养殖业品种趋同、名特优产品养殖比例低。目前，中国海水养殖品种主要是贝藻类等一些结构较为低级的渔业物种，而像鱼类和甲壳类中的大黄鱼、鲈鱼、军曹鱼、中国对虾、青蟹等名特优产品的养殖比例较低。二是存在过度养殖问题。近年来，中国部分海水养殖地区出现了单纯追求 GDP 增长而纷纷进行高密度超容量的养殖，从而导致水域环境恶化、养殖自身污染加剧和养殖品质退化等问题。三是缺乏良种。传统农业良种覆盖率达

80%以上，而水产养殖遗传改良率仅为20%左右，水产良种覆盖率较低。在海水养殖方面，海水人工培育的良种更少，大部分为利用野生亲本进行繁殖育苗。四是养殖设施简陋，养殖工艺粗糙。目前中国水产养殖方式总体上仍以粗放型养殖为主，产量的增加主要是以扩大养殖面积而获得的，而非通过提高养殖效率来提高产量。五是环境污染严重。工业排污、农药排污、生活污水等导致近海水环境污染严重，海水富营养化、赤潮、绿潮等现象发生频繁，严重影响了海水养殖的发展。

（2）海洋捕捞存在的问题

目前，中国海洋捕捞仍以国内市场为导向，以零散的、小规模的家庭计生性经营为主，小规模捕捞的生产作业主要利用拖网捕捞方式，捕捞对象主要为海洋底栖生物。零散的、小规模的家庭计生性捕捞方式也带来了管理难题，由于缺乏统一的捕捞管理，海洋渔业资源受到过度开发，海洋生物的生长周期遭遇破坏，海洋生物多样性也不断降低，渔业资源状况日益恶化。目前，虽然中国推进了一系列的措施保护海洋渔业资源，例如渔民专业、休渔期限制等，但在利益驱动下，海洋渔业资源过度开发的问题也并未得到有效解决，加上日益提升的海洋捕捞能力，过度捕捞的现象依旧存在。

（3）远洋渔业存在的问题

当前，中国远洋渔业面临着以下问题。一是远洋渔业企业规模普遍较小，且多数还未建立起现代企业生产经营管理制度，抗风险能力不强。远洋渔船采用“民营主导、挂靠为主”的经营体制，具有产权明晰、机制灵活、风险分散、成本低廉等优势，但组织化程度较低，小、散、弱情况突出，资金实力不强，融资能力相对较弱。二是远洋渔业船只装备落后，经济效益不高。远洋渔业基础设施薄弱，后勤服务支撑体系落后，从业人员素质总体不高。三是远洋渔业企业以捕捞生产为主，产业链建设不完善，未与水产加工企业建立联系紧密、利益共享的合作机制。

（4）海产品加工存在的问题

当前，中国海产品加工面临着以下问题。一是海产品精深加工比例低。在中国海产品加工产品种类中，鱼糜及干腌制品占有很大比重，而罐制品及鱼油制品等需精深加工的海产品比重相当低。二是缺乏海产品精深加工技术，加工产品结构趋同。中国许多海产品加工企业仍然沿用落后的传统作坊式手工加工方法，缺乏先进的精深加工技术。另外，大量海产品加工企业只能生产单一品种的海产品，不但难以满足消费者多样化的需求，而且也不利于扩大加工企业的规模、提升加工企业的档次。三是海产品加工废弃物的综合利用率低。由于技术落后，渔获物中的小鱼、小虾及水产加工过程中会产生大量鱼头、内脏、鱼鳞、鱼骨、虾头、蟹壳及腐烂水产品等下脚料，不仅大大降低了产品附加值，而且还对海洋环境造成了污染。

（5）海洋休闲渔业存在的问题

当前，中国海洋休闲渔业面临着以下问题。一是发展较为缓慢且不平衡。中国海洋休闲渔业发展占比较小，并且在各地区和各海域之间均呈现发展不平衡的态势。二是规划指导服务滞后。中国休闲渔业多为群众自发开展，缺乏统一规划和指导以及专业化的行业组织与管理；体制机制创新不足，缺少公共服务管理平台；分布总体上分散，规模小，竞争力弱。三是资金政策扶持不足。目前，中国海洋休闲渔业投入主要来自民间，各级政府对休闲渔业的发展还没有相应扶持政策，同时，休闲渔业尚处于自主发展阶段，行业相关制度、标准和规范滞后。四是从业人员素质较低。目前，中国从事海洋休闲渔业的劳动者主要是从传统捕捞业转移而来的，他们普遍存在文化教育程度偏低、服务能力较差、服务意识较弱等问题。

（6）渔业生产经营组织化程度低

一是传统渔业经营体系仍然占据主导地位，新型渔业经营体系尚不完善。尽管已经构建了不少“公司＋渔户”“基地＋渔户＋公司”“基地＋渔户＋合作社”等产业化生产经营模式，但目前中国海洋渔业生产经营大多采用家庭承包经营和股份合作经营形式，尤其是家庭承包经营更是占据了主导地位。二是各种海洋渔业合作社发展不充分。已建立的渔业合作组织数量少、规模小、稳定性差，管理制度不健全，辐射带动能力弱。同时，大多数渔民仍游离在合作组织之外。三是海洋渔业龙头企业数量偏少，实力不强。由于没有龙头企业的带动和引导，在经营管理上，渔业生产往往是追随市场行情，生产安排落后于市场需求，难以形成规模经营。

（7）渔港基础设施薄弱

一是传统的渔业岸线面临缩小和破坏挑战，渔船的停泊安全受到威胁，例如部分锚地和传统避风岙口被侵占，设备面临着老化和失修问题，缺乏后续的管理和服务，同时，传统的渔业岸线往往面临着管理的缺失，渔船因停靠无序而显得“又乱又脏又差”，这甚至可能引发火灾、设备被盗取等风险。二是沿海渔港的分布不均衡。由于地理位置的天然制约和历史的原因，“船多港少”的矛盾在东南沿海地区依旧十分突出，很多地区还没有布局建设一级渔港，中心带动辐射能力弱。三是渔船停泊条件较差。据统计分析，国内大多数的渔港建设水平和标准皆偏低，锚地、码头、避风、航道、安全作业等设施不能有效地满足多种类型、多种排放量和规模的渔船补给、货物装卸、锚泊避风的需求。部分核心管理设施设备建设也缺乏升级，例如航运导航、航运通信、放光照明、消防设备等设施亟待补给和升级。四是渔港综合服务能力较弱。除了安全作业方面，经营性的设施建设和投入更显得不足，例如冷藏加工、水产品交易物流、休闲渔业等建设滞后，缺乏该类功能会直接制约临港工贸、临港旅游、休闲渔业和运输等产业的发展，导致以渔业为核心的加工生产类第二产业规模小，以及由此衍生出来的海洋渔业服务产业（休闲渔业、智慧渔业）的产值亦不高，无法有效支撑渔业转型升级。五是由于投资渠道单一封闭、历史债务多、地方政府财力有限、规划力量薄弱等多方面原因，沿海渔港的建设仍然处于滞后的阶段，例如基础设施等投资和建设相对薄弱。

（8）渔船和渔船装备方面落后

一是以老、旧、木质渔船为主，安全性差。据测算，在中国现役的海洋捕捞渔船中，八成船舶船龄超过 10 年，五成船舶船龄超过 20 年，三成船舶船龄超过 30 年。从船舶安全管理的角度来看，船舶越老，安全隐患越大。同时，大量中小型木质海洋捕捞渔船存在船舶稳定性差、抗风抗浪能力弱、抗海水腐蚀能力弱及海洋生物附着性能不强等问题，安全隐患较大。二是渔船装备十分落后。自20世纪90年代初以来，中国渔船的总体装备技术水平就长期处于停滞状态，尤其是渔船装备研发设计制造能力亟待提升。三是能耗污染重、资源破坏性大。目前中国传统渔船大多以柴油为燃料，柴油燃烧会释放大量环境污染物。同时，传统渔船主要采用双船底拖网、帆张网和三角虎网的作业方式，对海洋资源破坏比较严重。

（9）渔业科技创新水平不高

一是自主创新能力不强，渔业科技成果在总量上储备不足。由于研发投入不足以及投入强度不够，渔业科技创新尤其是基础研究和应用基础研究薄弱，原创性成果产出能力不强，难以满足海洋传统产业转型升级的要求。二是科技成果转化率低。目前中国海洋科技成果转化率只有30%～40%，大批海洋渔业科技成果问世后未能得到及时有效转化，科技创新与渔业生产脱节现象相当突出。三是技术推广基础较差。由于中国渔民的科技文化素质还处在一个相对较低的水平，渔业新技术、新成果难以被消化吸收，从而在一定程度上制约了新技术的推广。同时，渔业技术推广专业人员不足、培训机构不健全、培训手段落后、教学内容单一、培训经费严重不足等也进一步制约了技术推广的效果。

（10）海洋渔业安全有待提升

当前，中国渔业安全生产面临着以下问题。一是渔船救生设施更新较慢。渔民安全救生设备不能得到及时更新，许多设备比较陈旧，已失去安全保障功能。二是渔民安全生产意识较弱。部分渔民没有经过基本技能培训就出海作业，缺乏海上生产必备的安全知识。在海上作业时，部分渔民经常不做好安全保障措施。个别渔民受利益驱动，在天气恶劣的时候仍冒险出海作业，导致意外事故频频发生。三是渔船安全科技装备缺乏。由于海洋渔业投入不足，渔船卫星定位通信设备落后，遇险船只不能与救援人员及时取得联络，容易错失最佳的救援时机。

当前，中国水产品安全质量面临着以下问题。一是药物残留问题严重。部分企业在海水养殖过程中存在盲目使用抗菌药物、激素、抗生素等行为，导致药物残留在海水产品体内。二是水体污染严重。作为海洋与陆地的交汇点，沿海港湾和河口附近水域不但是中国沿海重要的海水养殖区，而且也是沿海陆源污染物和海上排污的主要受纳场所。同时，海水养殖自身也会导致水质恶化，从而进一步加剧水体污染问题。三是水产品加工存在违法添加问题。为了牟取暴利，部分海水产品加工企业在水产品加工过程中非法添加违禁物和添加剂。四是产品质量安全标准和监督体系不完善。这主要表现为中国水产品质量安全标准体系尚未完善，水产品质量监督检验机构不健全，检测设备及检测手段落后，检测队伍整体素质偏低。

2. 海洋交通运输业发展面临的问题

（1）港产城一体化程度低

港口、渔业产业、城市建设只有高度融合发展才能使城市熠熠生辉。目前大部分的城市规划建设、产业发展和港口发展相对割裂，各自为政，港口与城市发展融合度不高，没有形成统一的发展合力，导致港产城关系定位模糊，产业和城市联动性较差，港口建设往往较为低端，严重拉低了城市形象，城市建设的不重视导致港口产业一直处于低下的水平。由于港口难以融入城市的发展，其与其他产业的对接渠道更为单一，进一步制约了港口和海洋产业的发展。

（2）港口基础设施薄弱

一是港口基础设施建设融资难。港口既具有经营性又具有公益性，建设投资大，回收周期长，而且港口建设融资平台尚未有效建立，导致一些港口基础设施建设十分缓慢。二是码头专业化、大型化水平仍有待进一步提高，40 万吨级的码头仍然缺乏。三是航道通行条件需要改善。深水航道的缺乏让一些“巨无霸”船面临难进上海港的窘境，导致港口难以“吃进”满载的大船。四是港口岸线资源的利用效率低，港口岸线开发存在碎片化现象，发展方式相对粗放，深水岸线资源较为紧缺。五是港口集疏运体系不完善，港口与公路、铁路联系不顺畅，综合交通的组合优势和整体效益难以得到充分发挥。

（3）港口服务业发展水平较低，尤其是高端航运服务业未能得到有效发展

港口高端服务业是现代服务业的重要组成部分。目前，世界一流港口正积极引导港口服务业转型升级，通过向下延伸产业链，大力发展物流业、贸易业、金融业、中介服务业以及保险业等高端航运服务业，提升港口服务业附加值。与之相比，虽然近年来中国港口服务业取得了快速发展，但服务功能大多仍停留在港口的仓下作业，以及仓储、运输等传统业务，产业链较短，附加值较低，与经济社会发展的要求还有一定差距。即使是中国航运比较发达的上海、青岛等地，高端航运服务业的发展也缺乏统筹规划，专业化和规模化程度较低，与国际一流港口仍有较大差距。

（4）港口存在严重的同质化竞争问题

近年来，受国内外经济增长放缓、需求下滑、产业结构升级、运输组织方式调整和低水平重复建设等多方面的影响，一些地方比如环渤海、京津冀地区港口出现供给相对过剩的问题，同质化竞争十分激烈，甚至出现恶性竞争、低价竞争的情况。根据国际惯例，同等规模的港口之间应至少保持200公里的距离。然而，在中国沿海地区，两个相邻港口的距离往往只有几十公里，比如平均50公里就有一个千吨级及以上规模的港口。此外，个别不适合建设港口的地方也在建设和开发港口，进一步加剧了港口供给过剩和同质化竞争的问题。

（5）智慧港口建设水平有待进一步提升

首先，基础设施不足。智慧港口建设和运行将产生大量数据存储、运算及数据信息交换，其建设和运行面临着大型数据中心和高速网络设施的基础支持不足等问题。其次，建设主体缺位。基于经济利益方面的考虑，企业投资建设缺乏持续的积极性。最后，技术发展不足。智慧港口及其基础“数字虚拟港口”的建设在技术上与“数字城市”建设有很大的相通性，但在海域信息的收集、存储格式及数据使用方面又有其行业和技术特点。目前国内正在加紧研发海域二、三维模块，但相应的技术稳定性及应用效果还有待提升。同时，对于智慧港口的多样性需求

来说，平台更新、技术提高与现实需求还有一定差距。

（6）港口绿色发展水平有待进一步提升

船舶航运业的快速发展在支撑经济社会发展的同时，也带来了不可忽视的大气污染问题。由于船舶、港口货运车辆及港口设备主要排放颗粒物、二氧化硫、氮氧化物等大气污染物，所以对空气质量、人体健康乃至气候变化均会产生消极影响。目前，在中国部分港口城市，影响城市空气质量的主要因素是船舶和港口、港区污染，已经占到当地空气污染物总量的一半以上，是空气污染的重要排放源之一。据测算，仅以PM2.5排放为例，一艘集装箱船每天排放的污染物相当于50万辆国Ⅳ货车的排放量，严重影响了港口及周边空气质量。

（7）船舶运力过剩

过去十多年间，中国航运企业缺乏自律的快速扩张，导致运力供给始终大于需求。尽管近年来中国政府先后采取了一系列措施化解船舶运力过剩问题，但效果不显著。截至2020年底，全国沿海省际运输干散货船（万吨以上，不含重大件船、多用途船等普通货船，下同）共计1973艘、6794.40万载重吨，较2019年底增加221艘、546.89万载重吨，吨位增幅为8.75%。截至2020年底，国内沿海省际运输集装箱船（700TEU以上，不含多用途船，下同）共计308艘、79.72万TEU（部分船舶经检验后变更了载箱量，总计核减0.03万TEU），较2019年底增加18艘、2.61万TEU，载箱量增幅为3.38%。可以发现，运力过剩的问题并没有得到根本改善，运力过剩问题依然严重。

3. 滨海旅游业发展面临的问题

（1）缺乏旅游龙头企业，竞争实力弱

企业是推进供给侧结构性改革的重要主体和不可或缺的力量。近年来，中国沿海地区有一批海洋旅游企业迅速发展壮大，表现出一定的行业影响力。然而，由于缺乏一定规模的旅游企业和集团，众多中小型海洋企业普遍存在经营管理水平较低、品牌意识缺乏、发展方式粗放、经济效益不高等问题。同时，由于中国海洋企业层次较低、实力较弱，其发展往往缺乏足够的金融支持，面临着资金严重不足的困境。此外，由于缺乏品牌，企业间的竞争往往倾向于采取恶性价格竞争而非服务质量竞争的方式，这不但容易导致市场秩序混乱和竞争企业两败俱伤，并且还由于定价太低从而迫使服务质量下降，不利于推动海洋旅游企业的良性发展、培育海洋旅游龙头企业和骨干力量。

（2）海洋旅游资源的开发效率低下

海洋旅游资源作为影响海洋旅游供给的重要组成部分，是海洋旅游供给侧结构性改革不可或缺的环节。当前，中国海洋旅游资源开发面临着一系列问题。首先，海岛、海空、海底的旅游资源挖掘不足。海洋旅游包括海滨、海面、海底、海空各种空间的活动。目前，中国的海洋旅游开发长期固守滨海资源，对海岛、远洋、海空、海底的立体化旅游资源挖掘不足，从而导致滨海旅游资源无序开发、过度开发，其他海洋旅游资源却存在开发能力不足、开发水平不高的问题。其次，滨海旅游资源的开发利用缺乏连片化和精细化。长期以来，中国滨海旅游地区的景点存在“单独开发、各自经营”的特点，导致滨海旅游资源开发利用相对分散、滨海线上景点关联衔接不紧的问题，从而难以吸引游客长时间停留。同时，在海洋旅游资源开发过程中，普遍存在粗放、盲目和无序开发现象，主要表现为部分滨海旅游地区存在大量小、散、重的旅游项目和产品。

（3）海洋旅游公共服务体系仍不健全

一是旅游交通便捷服务体系建设不到位。近年来随着中国海洋旅游的快速发展，海洋旅游旺季的交通拥堵问题已成为制约中国海洋旅游发展的重要因素。同时，受海岛交通条件制约，海岛旅游开发规模和档次一直难以扩大和提升，严重制约了海岛旅游的进一步发展。二是旅游交通标志系统化、规范化不够。滨海旅游区内的旅游信息指示牌较少，且不符合国际标准，没有中英文对照。三是旅游信息咨询服务还不健全。部分滨海城市还没有设立旅游信息综合咨询中心，即使个别城市旅游咨询服务体系已完成框架构建，但仍存在功能尚不健全、网络架构不够严密等问题。四是车辆停放较难。车辆停放是“老大难”问题，特别是在海洋旅游旺季，车辆停放成为影响出行的重要原因之一。五是景区公厕管理不善。部分景区内的公厕存在男女厕位设置比例不科学、建设标准不够高、卫生不佳、气味难闻、设施不全、使用不便等问题。此外，部分景区还存在旅游服务的人性化、信息化、数字化建设明显滞后，旅游志愿者服务、旅游保险、救助、公共投诉体系建设有待推进等问题。

（4）海洋旅游产品以低端为主，产品老旧且同质化严重

一是海洋旅游产业低端产能所占比重较大。目前，中国海洋旅游产品以低端、大众化为主，缺乏高端、精品海洋旅游产品，产品附加值较低。二是产品老旧且同质化严重。大多滨海旅游景区仍然以传统的观光游、海滨浴场、渔家乐、海鲜美食等内容和形式来吸引游客。同时，一些新兴的海洋旅游产品如海岛旅游、邮轮旅游尽管得到较快发展，但整体而言仍然处于发展的起步阶段，面临着所占比重较小、能级不高的问题，有待进一步丰富和完善。三是海洋旅游产品供给不平衡。长期以来，海洋旅游产品在开发与供给过程中存在陆上热海上冷、白天热晚上冷、旺季热淡季冷“三热三冷”的瓶颈性问题，季节性供给失衡与时空分布供给失衡问题仍然严重。

（5）“海洋旅游 +”融合发展不成熟

一是受众少、接纳量低。与传统旅游业态相比，“海洋旅游 +”新业态具有专业性和个性化的特点和优点，但毕竟是新生事物，在发展中仍然面临受众少、接纳量低的问题。二是融合深度不够，融合层次不高。虽然海洋旅游融合的种类较多，但融合深度与广度均不足，只是把海洋产业与其他产业简单地结合在一起，缺乏具有竞争力及市场影响力的融合精品产品。三是高层次复合型人才不足。由于产品流通性不高以及缺乏高端复合型创意型人才、市场营销人才、高级管理型人才，“海洋旅游 +”融合发展的内生力不足。此外，缺乏与相关产业的信息沟通渠道和合作交流平台也是推动“海洋旅游 +”融合发展的又一重要障碍。

（6）海洋旅游营销推广策略方式不多、手段不活

一是整体品牌形象模糊。部分滨海旅游城市在营销推广过程中，缺乏准确的定位，无法体现地方个性与特色。二是宣传力度不够。中国许

多著名滨海旅游城市往往只注重国内层面的宣传，国际层面的宣传寥寥无几，导致国际影响力和一些世界著名滨海旅游城市无法相提并论。三是营销推广主体缺位。目前滨海旅游城市主要还是依靠政府行政手段做宣传推介和市场促销，旅游企业没有真正成为影响市场的主体。四是营销渠道单一。目前滨海旅游的营销推广仍以旅行社线下渠道为主，未能全方位整合线上和线下营销渠道，树立大营销理念。五是营销针对性不强。海洋旅游营销推广由于缺乏必要的针对性，既浪费了钱财又没有收到预期的效果。

（7）滨海旅游人才供给不足

一是海洋旅游人才的供给数量不足，同时，人员流动性大进一步加剧了海洋旅游从业人员短缺的问题。二是海洋旅游人才的供给结构不合理。整体而言，中国海洋旅游从业人员的学历层次较低，缺乏高层次海洋旅游人才和复合型海洋旅游人才，难以满足海洋旅游高质量发展的需求。三是人才培养不完善。目前仅有个别院校开设了海洋旅游专业。同时，院校在课程设置方面缺乏现实针对性，从而导致海洋旅游人才供给与市场需求脱节的问题。另外，对于在职的海洋旅游从业人员，缺乏统一、专业的职业技能培训课程，不利于提升海洋旅游从业人员的职业技能。

第三节 三大海洋传统支柱产业转型升级的方向与重点

一 海洋渔业转型升级的方向与重点

（一）加强渔业资源和生态环境的保护和修复

一是加快推进海洋牧场建设。在规划中的渔业资源养护和生态环境修复区内，通过采用人工鱼礁等工程建设和生物技术，有计划地选择适合海域，营造海洋经济生物适宜的生长环境，开展鱼、贝、藻和海珍品人工增殖和农牧化增养殖，提高海域生产能力。加大对海洋牧场建设的财政投入力度，积极引导社会资金建设海洋牧场。

二是切实加强渔业资源和生态环境保护。坚持最严格的伏休制度，积极完善捕捞业准入制度，规范渔具渔法。推动渔船减船转产，着力压减海洋捕捞产能。加强渔业生态环境保护，实施近岸海域生态环境监测和评价，全面开展海洋环境污染整治，清理非法或设置不合理的入海排污口，严控各类陆源污染物和船舶油类污染物的排放。实行近岸海域养殖容量控制，从源头上减少水产养殖污染。

三是积极发展增殖渔业。加大增殖放流力度，加强增殖放流苗种管理，开展增殖放流效果评估，确保增殖放流效果。积极推进以海洋牧场建设为主要形式的区域性渔业资源养护和生态环境保护。以人工鱼礁为载体，以底播增殖为手段，以增殖放流为补充，加强海洋牧场示范区建设。

（二）构建现代海洋渔业体系

一是全面改造和提升水产种业。围绕现代海洋渔业发展对水产种子种苗的重大需求，积极发展现代水产种业，加强水产良种“育、繁、推”体系建设，全面改造与提升苗种培育硬件和软件设施；扶持种业龙头企业，加强国家级水产原良种场、规模化繁育基地建设，构建完整的苗种繁育体系。开展优良水产种类的遗传育种和苗种改良，提高良种覆盖率。加强品种创新和推广，构建现代化良种繁育体系，提高良种覆盖率。培育建设良种良法示范点，强化水产苗种质量监管。

二是转变水产养殖业的生产方式。优化海水养殖空间布局，完善海水养殖滩涂保护制度。开展海水养殖容量评估，合理确定养殖容量。积极拓展海水养殖空间，支持发展深远海绿色养殖，规划建设深远海大型智能化养殖渔场。加快推进海水健康养殖示范基地建设，积极发展生态健康养殖模式。优化海水养殖品种结构，发展名特优、高附加值、低消耗、低排放品种，调减结构性过剩品种。大力发展深远海养殖装备技术，鼓励关键装备研发和推广应用。

三是调减控制海水捕捞业。优化海水捕捞空间布局，逐步缩小近海捕捞的范围，降低近海捕捞强度。调整海洋捕捞作业方式，逐步压减对渔业资源和环境破坏大的作业类型。严格控制捕捞强度，切实加大捕捞渔民减船转产力度，逐步压减海洋捕捞渔船数量和功率总量。完善全国海洋捕捞准用渔具目录，加快建立健全渔具准入制度，严厉打击使用禁用渔具的非法捕捞行为。

四是规范有序发展远洋渔业。优化远洋渔业产业布局，稳定公海渔业捕捞，严控公海渔船规模。巩固优化过洋性渔业，加快发展大洋性渔业，建设一批远洋渔业综合基地。支持企业通过兼并、重组、收购、控股等做大做强，培育一批现代化远洋渔业龙头企业。加快推进老旧远洋渔船更新建造，提升远洋渔业技术装备水平。加强远洋渔业产品深加工，延伸远洋渔业产业链。建立以国家级科研平台为基础的远洋渔业科技与产品研发创新联盟，提升远洋渔业科技创新能力。培育一批国际竞争力强的品牌，鼓励和支持企业申请并取得远洋水产品国际认证。

五是加快发展海洋水产品精深加工业。积极发展海洋水产品精深加工，深度开发利用水产品加工副产物，持续探索海洋水产品精深加工新模式。开发新型海水产品，创造新供给满足新需求。加快培育一批市场占有率较高的水产品加工知名品牌。

六是积极发展海洋休闲渔业。加强对海洋休闲渔业发展的调查研究，科学制定海洋休闲渔业发展规划。促进海洋休闲渔业合理布局，防止低水平重复建设。深入开展海洋休闲渔业品牌示范创建活动，加快培育一批功能齐全的海洋休闲渔业示范基地，引领海洋休闲渔业全面发展。积极培育垂钓、水族观赏、渔事体验、科普教育等多种休闲业态，引导带动钓具、水族器材等相关配套产业发展。加大宣传推广力度，增强海洋休闲渔业吸引力。加强海洋休闲渔业规范管理和标准建设，引导海洋休闲渔业经营主体标准化生产、规范化经营。

（三）提升海洋渔业科技创新水平

加强与高等院校、科研机构的对接合作，鼓励产学研协同创新，重点围绕关键技术和瓶颈问题开展联合攻关，突破制约产业发展的关键技术。大力发展海洋渔业科技教育事业，加强涉渔专业和学科建设，深化海洋渔业科研机构改革，创新渔业科技人才培养模式，加快培育渔业科技创新人才、新型职业渔民和渔业实用人才。推动水产技术推广体系建设与改革，鼓励各级水产科研院所、技术推广机构、水产原良种场充分发挥各自优势，积极开展养殖试验和推广示范。

（四）提高海洋渔业设施和装备水平

一是加强渔港基础设施建设。明确渔港功能定位，科学规划渔港建设，优化渔港空间布局。以中心渔港、一级渔港为龙头，以二、三级渔港和避风锚地为支撑，加快完善渔港安全管理和防灾减灾体系。完善渔港配套设施和基本服务体系，延伸渔业产业链条，突破传统渔港建设模式，促进渔港综合开发，提升渔港多元化和现代化水平。加快建设智慧渔港，全面提升渔港管理的信息化水平。发挥政府在渔港基础设施建设中的引导作用，吸引社会资本投资经营渔港，形成渔港建设的强大合力。

二是加快渔船更新改造。大力引导和鼓励渔民逐步淘汰老、旧、木质渔船，重点发展现代化大型钢质渔船，有计划地升级改造选择性好、高效节能、安全环保的标准化捕捞渔船。全面提升远洋船队现代化装备水平，加快组建现代化远洋渔业船队。进一步做好老旧渔船报废更新工作，建立完善定点拆解和木质渔船退出机制，严格限制建造对渔业资源破坏强度大的渔船。

三是加强渔业装备研发。加大对新型渔船及其配套装备基础共性技术和关键技术研发的投入，提升渔船装备自动化水平。以高等院校、科研院所和骨干企业为依托，整合优势科研资源，探索搭建研发平台和构建产业技术创新战略联盟。培养一批兼具渔业知识和装备设计制造技术的专业人才队伍，重点围绕渔业装备共性和关键技术开展系统研究。

（五）提高渔业组织化程度和管理水平

鼓励创新渔业组织形式和经营方式，培育壮大渔民专业合作组织、生产经营大户、家庭渔场和产业联合体等新型经营主体，建立多种形式的利益联结机制，提高渔业组织化程度。鼓励渔民以股份、合作等形式发展联合经营或组建渔业企业，提高渔业组织化程度。大力扶持渔业龙头企业，支持渔业龙头企业通过兼并、收购、重组、控股等方式组建大型企业集团。

（六）加强渔业安全建设

一是加强安全生产管理。推进“平安渔业”“文明渔港”建设，加强渔业安全生产社会化管理。完善渔业安全应急管理体系，制定渔业安全生产应急预案，组织渔业海难救助演练。积极引导渔民进行渔船编队生产作业，加强渔船之间的相互支援和自救互救。加快建设渔船信息动态管理和电子标识系统，尽快普及配备渔船安全生产保障设施。

二是加强对海水产品质量安全的监管。加强对生产源头的管理与监控，严格投入品管理，规范养殖用药行为，严打违禁药物使用，确保水产品质量安全。大力倡导和推行水产标准化健康养殖模式。扎实做好“三品一标”认证工作和监管工作，引导企业牢固树立品牌意识和安全意识。加强产地水产品及投入品监督抽查工作，就突出问题开展专项整治，进一步规范渔业生产者的生产行为。建立水产品质量安全可追溯体系，加强水产品质量安全风险评估、监测预警和应急处置。

二　海洋交通运输业转型升级的方向与重点

（一）去产能

一是优化船舶运力结构。积极推进老旧运输船舶和单壳油轮提前报废更新政策，严格执行以船龄为标准的船舶强制报废制度。有序调控运输船舶运力增量，鼓励建造新能源动力船舶，提高船舶安全经济、节能环保水平。

二是促进区域港口协调发展。深化和完善区域港口规划布局，防止低水平重复建设。加快推动大中小港口和五大港口群（即环渤海、长三角、东南沿海、珠三角和西南沿海港口群）协调发展，推动区域内港口企业通过合资合作、兼并重组等方式形成统一的港口企业集团，整合区域内的港口资源，提升区域内港口的整体竞争力。及时总结和协调解决港口资源整合中出现的问题，完善相关配套政策措施。

（二）降成本

以主要港口和航运中心为重点，加快港口专用线及支线项目建设，提升港口铁路集疏运通道能力，构建能力充分、衔接高效的区域港口综合集疏运体系，重点突破铁路、公路进港“最后一公里”。提高集疏运服务质量，提升货物中转能力和效率。积极发展以港口为枢纽的联运业务。加快发展港口多式联运，鼓励港口企业共享铁水、公水、水水多式联运信息。深化港口价格形成机制改革，进一步降低物流成本。

（三）补短板

一是推动港城联动发展。统筹协调港城规划，进一步处理好港口规划、产业规划和城市规划的关系，深入挖掘港口运营与产业引入、城市管理间的体制机制合作空间，以港口一体化为方向，推进港口、城市和产业的相互融合与和谐共存。以产业集群为支撑，以重点产业、物流园区为载体，加快港口建设，做强临港产业，加速城市发展。同时，创新港城联动体制机制，加快推进港城深度融合、联动发展，促进人流、物流、资金流的加速集聚。

二是大力发展现代航运服务业。鼓励港航企业加强理念创新和自身能力建设，利用现代信息技术手段，加强与相关服务业融合，创新商业模式，优化航运服务。深化改革，激发市场活力，全面推进船代、货代、理货、商务、物流、仓储、船舶船员管理与服务等传统航运服务业转型升级。大力发展评估、咨询、信息、法律、海事、仲裁和融资、保险、担保等现代高端航运服务业。

三是推进沿海港区大型化、专业化深水泊位及配套深水航道建设。加快推进深水泊位和深水航道规划建设，优化调整泊位结构。加大对深水航道的资金投入力度，全面提升航道通航等级和通航能力。加快出海航道疏浚拓宽工程建设，满足船舶大型化发展需要。加快深水锚地的规划建设，推动邻近港口深水锚地的资源共享。大力推进大型深水集装箱码头、公共原油码头、化学危险品码头以及大型散货码头等重要货类专业化码头建设。

四是加强智慧港口建设。开展智慧港口示范工程建设，加快港口信息化、智能化进程。创新港口物流运作模式，建立全程“一单制”服务方式，完善港口智能感知和数据采集系统，推动“互联网＋”港口应用，探索电子运单、网上结算等互联网服务新模式。完善港口物流信息系统与基础数据库，加强大数据分析应用，提升港口作业和物流效率，推进联运信息和物流信息的开放共享与互联互通。加强港口物流公共信息平台建设，推进各种物流信息平台的有效对接。推进与部级信息系统和有关港口行政管理部门信息系统的衔接。

三 滨海旅游业转型升级的方向与重点

（一）优化旅游产品结构，创新旅游产品体系

大力开发海洋亲水、滨海观光度假、海洋文化体验、海洋主题、创造性海洋旅游产品等多种类、多层次的海洋旅游产品，增强游客的参与性和体验性。在发展大众旅游的同时，适度开发高端海洋旅游产品，加快建设滨海旅游精品项目。打造开发夜间旅游产品，丰富夜间消费新场景，延长游客的逗留时间。开发反季节旅游产品，鼓励发展休闲度假旅游、影视文化旅游、医疗健康旅游、工业旅游、低空飞行旅游和汽车营地等旅游新业态，缓解淡旺季旅游反差。加快培育邮轮旅游、游艇旅游、海岛旅游等新兴海洋旅游产品。

（二）加快“海洋旅游+”产业融合发展

实施“海洋旅游+”战略，促进海洋旅游与文化、体育、康养、会展、商贸融合，积极培育海洋旅游新业态。保护利用海洋历史文化资源，开发海洋历史文化和乡村旅游项目。挖掘海洋文化资源，打造地方特色鲜明、艺术水准高的旅游演艺品牌产品。开发海洋历史文化、海洋国防文化、海洋科技文化、海港文化、航海文化、海洋民俗文化等一系列研学旅行产品，策划开发海洋科学主题公园。促进海洋旅游与培育海洋节会旅游。积极培育新兴节会，培育能够突出海洋优势、城市特色和旅游特质的新兴海洋休闲品牌节会，打造有影响力的区域性国际旅游展会。发展海洋体育旅游。大力发展帆船帆板、游艇、摩托艇、水上滑翔、滑水、动力伞、沙滩运动等项目。促进海洋旅游与康养融合。鼓励各地利用优势康养资源和海洋资源，建设一批康养旅游示范基地，培育康养旅游品牌。

（三）壮大培育海洋旅游龙头企业

鼓励各类市场主体通过资源整合、改革重组、收购兼并、线上线下融合等投资旅游业，促进旅游投资主体多元化。培育和引进有竞争力的旅游骨干企业和大型旅游集团，促进规模化、品牌化、网络化经营。落实中小旅游企业扶持政策，引导其向专业、精品、特色、创新方向发展，形成以旅游骨干企业为龙头、大中小旅游企业协调发展的格局。

（四）推进海洋旅游公共服务体系建设

加快完善旅游信息咨询服务体系。推动旅游信息咨询中心建设，形成涵盖机场、火车站、地铁站、汽车站、高速公路服务区，以及人流密集区、3A级以上景区、重点滨海旅游点的旅游咨询服务网络。充分利用网络、微博、微信等新媒体，拓宽信息服务渠道、扩大信息覆盖面，提升旅游信息采集及发布效率。完善旅游便捷交通服务体系，加快新建或改建支线机场和通用机场，改善公路通达条件。完善城市慢行交通系统的旅游服务功能，优化城市滨海旅游休闲环境。规划建设旅游集散服务中心，完善旅游集散服务功能。完善旅游标识标牌和道路引导系统，推进旅游公共停车场、公共厕所建设。推进智慧旅游发展，加快推进无线网络、多语种无线导游服务等设施建设。

（五）全方位推进海洋旅游营销

大力实施品牌战略，着力打造特色鲜明的滨海旅游目的地品牌。整合各种营销资源，创新营销方式，强化搜索引擎、微博微信、移动设备、微电影等新媒体创新性宣传推广。实施精准营销，借助大数据平台精准分析重点客源市场、新兴市场的旅游消费需求，深入研究客源特点，科学细分市场，充分运用现代新媒体、新技术和新手段，提高宣传推广精准度。完善营销机制，建立政府、行业、媒体、公众等共同参与的整体营销机制，整合利用各类宣传营销资源和渠道，建立推广联盟等合作平台。加大国内旅游市场宣传力度，加快实施全球化推广战略，鼓励各滨海旅游企业开展针对性强的海外旅游宣传推广和市场拓展活动。

（六）优化海洋旅游人才结构

大力实施人才强旅战略，加快引进和培养滨海旅游高层次人才，进一步优化滨海旅游人才结构。建立滨海旅游高层次人才引进绿色通道，明确滨海旅游人才引进和培养奖励的相关政策，建立健全滨海旅游人才社会保障体系。继续加大旅游人才队伍建设的财政投入，为滨海旅游人才队伍建设提供服务指导和资金支持。结合滨海旅游发展的人才需求，加快旅游专业结构调整，培养造就一批旅游专业骨干教师和旅游企业实践导师，设立与新业态相关的新型课程或实践内容。加强校企合作以培养人才，建立良好的社会实践系统。加强协调指导学校与旅游企业开展合作培训，鼓励社会各方参与多元化的旅游人才开发和培养，探索实施校企合作、产教对接示范项目，探索建设一批示范性滨海旅游人才培训基地。

第四节　供给侧结构性改革背景下海洋传统产业转型升级路径

一　以创新驱动为引领，培育海洋传统产业转型升级新动力

作为典型的资源依赖型产业，海洋传统产业以地区丰富的海洋资源优势为依托，通过对海洋资源进行简单加工以推动产业发展。近年来，由于不合理开发海洋资源，海洋传统产业需要从资源依赖型发展模式向创新驱动型发展模式演进。一方面，创新驱动型的产业发展模式能够有效降低海洋资源消耗，提高海洋传统产业生产效率；另一方面，创新驱动型的产业发展模式能够实现产业附加值和产品技术含量的提升，助推海洋传统产业转型升级。

一是支持海洋重大科技创新。紧紧围绕海洋传统产业转型升级的重大需求，重点突破海洋传统产业的核心技术和关键共性技术，以创新链带动产业链，为海洋传统产业转型升级提供强有力的技术支撑。在海水养殖领域，发展深远海养殖装备与技术。在船舶制造领域，加强绿色环保船舶、高技术船舶、海洋工程装备设计建造的基础共性技术、核心关键技术、前瞻先导性技术研发，加强船舶与海洋工程装备配套系统和设

备等研制。

二是积极培育创新主体。支持涉海科研机构和院校发展，重点建设一批国家级、省部级涉海实验室、重点实验室、工程技术研究中心等科技创新服务平台。强化企业技术创新主体地位，着力培育壮大科技型企业，实施企业研发中心培育计划，鼓励有条件的涉海企业建立海洋科技研发中心、技术中心和实验室。

三是推动海洋科技成果转化。支持涉海企业与海洋科研院所、高等学校联合组建海洋科技研发平台和产业技术创新联盟，加快推动产学研一体化。构建市场导向的海洋科技成果转移转化机制，打通创新与产业化应用的通道。鼓励企业、社会团体和个人创办海洋科技中介机构和服务组织。推进海洋科技成果转化平台建设。规划建设一批涉海众创空间、海洋技术转移中心和科技成果转化服务示范基地，推动海洋科技成果与企业的对接，促进海洋科技成果转化落地。

四是加强海洋科技人才培养。加强海洋传统产业的专业学科建设，提升海洋传统产业的学科教研水平。培养多层次的专业技术人才，加快发展海洋高等教育和职业教育。加大海洋高端人才引进力度，力争在海水养殖、海洋精细化工、海洋矿产资源开发、海洋环境保护及研究等领域形成一批具有自主创新能力的人才梯队，增强海洋传统产业竞争力。

二　以绿色发展为导向，促进海洋传统产业转型升级

海洋传统产业在转型升级的过程中，亟须改变其长期粗放的发展模式，加快向绿色发展转型。只有坚持以绿色发展为导向，才能摆脱海洋资源短缺的困境，并实现产业转型与环境保护的和谐发展。

一是加强海洋资源节约集约利用。有度有序利用海洋自然资源，提高海洋生物资源利用效率，大力推广高效生态养殖模式。严格执行伏季休渔规定，落实海洋捕捞“零增长”制度和渔船数量及功率指标双控制度，有效保护渔业资源。加大渔业资源增殖放流力度，遏制近海渔业资源衰竭势头，恢复渔业资源及生态环境。

二是加强海洋环境综合治理。加强海陆污染综合防治。制订实施近

岸海域排污总量控制计划，实施沿海陆域、近岸海域、河口附近海域的污染排放许可证制度。开展重点入海排污口及邻近海域的在线连续监测。加强船舶污染防治，逐步实现运输船舶油类污染物零排放。加强水产养殖和渔港渔船污染防治，逐步减少冰鲜杂鱼饲料使用。加强对渔港渔船的监督管理，开展港区废旧渔船、废弃养殖设施清退。严格排海污染物监管，严禁溢油、废水和垃圾倾倒，提高海上污染控制水平。

三是强化海洋生态建设和修复。建立海洋生态红线制度，加强对沿海侵蚀性岸线生态整治修复。建立健全海洋资源有偿使用和生态补偿制度，对重点生态功能区生态修复建设加大转移支付力度。以改善海湾生态环境质量为核心，推进重点海湾综合治理，改善近海海水水质，提高自然岸线恢复率，扩大滨海湿地面积。

三 “抓龙头，筑链条，建集群”，打造海洋传统产业升级版

（一）坚持龙头企业带动，推进龙头企业与中小企业协作配套发展

海洋传统产业转型升级离不开产业链的延伸和产业集群的形成，而产业链的延伸和产业集群的形成关键要靠龙头企业带动。因此，龙头企业是海洋传统产业转型升级的关键启动源和引导者。引领海洋传统产业转型升级，要充分发挥好龙头企业作为先行者和主力军的示范带动作用。同时，通过龙头企业与中小企业协作配套形成独具优势和特色的产业链和产业集群，对推动海洋传统产业转型升级至关重要，这是促进产业链对接、价值链增值不可或缺的重要环节。

（二）推动产业链“纵向延伸＋横向融合”，加快培育发展全产业链

目前，中国海洋传统产业集中于产业链条的低端环节，产业链条高端的研发设计和精深加工等环节的发展欠缺，使得产品附加值较低，精深加工和技术密集型产品较少。国际成功经验表明，海洋传统产业转型升级的根本在于从产业链低端转向中高端，在于提高产业发展的质量和效益。只有引领产业链向中高端扬升，才能不断推动传统产业加快转型升级。为此，中国海洋传统产业的转型升级必须注重在产业链上做文章，通过“强链”“延链”“补链”激发“链”式效应，加快培育发展

全产业链。

（三）以产业园区为载体，加快推动产业集群发展

推动中国海洋传统产业从分散形态到集中形态转变是实现转型升级的重要途径。依托海洋产业园区建设，提高优势产业集聚发展水平，培育特色产业集群，不断提升海洋传统产业转型升级的空间集聚度。

一是重点培育海洋传统产业集群。以海洋经济示范区为引领，加大政策扶持力度，培育壮大现代渔业、港口物流与港航服务业、临港石化产业、船舶工业、滨海旅游业等海洋传统产业集群，以产业集聚再造转型发展新动能。

二是加快海洋产业园区建设。产业园区作为海洋传统产业转型升级的重要空间聚集形式，肩负着推动海洋传统产业提质增效的重要使命。以产业园区为载体，促进海洋传统产业集群式发展。首先，统筹各海洋产业园区规划，注重引导各海洋产业园区错位发展、特色发展、差异发展。制定和完善产业发展规划，通过制定实施《海洋传统产业重点发展方向及指导目录》，进一步明确海洋传统产业重点发展方向和产业定位，优化产业空间布局。其次，加快建设和完善园区外部交通基础设施和内部基础设施，提升园区产业承载能力。再次，完善园区管理机构和相关制度，支持园区探索符合自身发展实际的新型管理模式，提升园区行政服务能力。最后，推动园区从单纯项目招商向产业链招商转变。以龙头项目为依托，吸引上下游、左右链配套企业进驻，推动企业聚集和产业集聚。

四　深化对外合作交流，拓展海洋传统产业转型升级新空间

在开放经济下，深化对外合作交流、积极参与全球市场竞争和价值链重构，是引领中国海洋传统产业转型升级的有效途径。积极推进对外交流与合作，有利于促进中国海洋传统产业与国际市场有效对接，让中国优质的海洋传统产业“走出去”，打造以中国海洋传统产业为核心的新型产业链和价值链，迈向全球产业链和价值链的中高端。

在海洋渔业方面，深度拓展水产养殖业、远洋渔业、休闲观赏渔业

等对外交流合作。加快推进海水养殖的产能合作和技术输出。积极参与海外重要渔港建设，加强国际远洋渔业合作，支持渔业企业在海外建立远洋渔业和水产品加工物流基地。建设一批面向国际市场的水产品交易集散地，形成集水产品购物、旅游、尝鲜于一体，产供销、渔工贸一体化的渔业合作示范平台。在海洋交通运输业方面，推进海外航运港口支点建设，加强国际港口合作，支持大型港航企业通过收购、参股、租赁等方式参与海外港口管理、航道维护、海上救助。加强“海上丝绸之路”沿线国家和地区港口经济合作与港区对接，推动电子口岸互通和信息共享。推动两岸港口物流业合作基地建设。在滨海旅游业方面，与周边国家建立海洋旅游合作网络，加快发展国际邮轮旅游，积极推进海洋旅游便利化。重点推进与“海上丝绸之路”沿线国家和地区的旅游合作，联合推出“海上丝绸之路”旅游产品，塑造共同旅游品牌，建立营销推广联盟。

第七章

海洋战略性新兴产业供给侧结构性改革

在中国经济进入新常态的关键时期，作为国民经济的重要组成部分，海洋经济也面临着增速下行、结构升级、增长方式转换等多方面挑战。海洋战略性新兴产业作为海洋产业和新兴技术的深度融合，代表着先进海洋生产力的发展方向，具有资源消耗低、综合效益好、节能环保等优势，在推动海洋经济结构转型升级和培育经济发展新动能的过程中起着决定性作用，是推动海洋供给侧结构性改革、实现可持续发展的重要抓手。适应和引领海洋经济发展新常态的供给侧结构性改革，要围绕海洋战略性新兴产业，培育产业新优势、构筑经济新支柱，推进海洋经济发展方式转变和海洋经济结构战略性调整，形成绿色可持续的发展新格局。

第一节 海洋战略性新兴产业的相关理论

一 概念界定

继 2009 年时任国务院总理温家宝首次提出战略性新兴产业之后，2010 年，时任国家海洋局局长孙志辉指出，海洋战略性新兴产业是具有战略意义的新兴海洋产业，界定其为海洋高新技术产业，并指出要推动海洋战略性新兴产业发展成为海洋经济新的增长点。海洋战略性新兴产业首先是一个政策性概念，同时寓战略性与新兴性于一体的海洋产业特性，又赋之于丰富的理论内涵。“战略性”体现了中国海洋经济发展的战略需求，关乎经济增长方式转变和产业结构转型升级；“新兴性”区别了与传统产业在产业规模形成时序上的不同，是随着海洋高新技术发展而产生的产业。同时，“战略性”“新兴性”决定了海洋战略性新兴产业的内涵和范围不会一成不变，必须随着产业发展阶段、时代发展特征而适时调整，始终体现国家海洋战略意图，引领海洋经济发展。

基于国家海洋战略需求，海洋战略性新兴产业深度融合高新技术和新兴产业，着眼未来、超越传统，代表着先进海洋生产力的发展方向。随着国家战略高度的提升，对海洋战略性新兴产业的界定也成为中国海洋经济发展中的重大问题。由于海洋战略性新兴产业提出时间尚短，国内专家学者在研究过程中尚未形成统一的产业界定。参考新兴产业界定的四个条件，即处于产业生命周期前期，且具有核心竞争力、突破式创新及较高不确定性特征的产业，同时根据国内学者姜江等（2012）、刘堃（2013）、宁凌等（2014）的研究，本书认为海洋战略性新兴产业是以海洋高新技术为基础，以海洋高新科技成果产业化为核心内容，发展潜力巨大、需求市场广阔以及产业带动作用强的海洋产业。

根据其界定，在海洋战略性新兴产业具体产业的选择上，考虑到国家“十二五”规划纲要中提出的“培育壮大海洋生物医药、海水综合利用、海洋工程装备制造等新兴产业”，结合学者关于产业选择的研究成果，并参考发达国家海洋管理部门根据海洋经济产业基础和发展阶段对海洋新兴产业的界定（见表7-1），本书考虑选择海洋工程装备制造业、海洋生物医药业、海洋新能源产业、海水淡化与综合利用业、海洋科研教育管理服务业作为海洋战略性新兴产业。

表7-1 世界海洋强国海洋战略性新兴产业发展领域

国家或地区	发展战略	年份	发展领域
美国	全球海洋科学计划	1987	重点行业为海洋观测、海洋生物技术、深海开发和海洋空间利用，近期发展海洋工程、海洋生物、海水淡化、海洋新能源等高新技术

续表

国家或地区	发展战略	年份	发展领域
日本	日本21世纪海洋发展战略	2002	海洋矿产资源开发技术、海洋生物资源开发技术、海洋可再生能源技术、深海技术、海水资源利用
韩国	韩国21世纪海洋发展战略	2000	海洋生物资源开发、海洋能源开发、海洋装备、海水淡化
欧盟	海洋综合政策	2007	海洋可再生能源产业、水下技术与装备产业、生物技术产业、海洋水产养殖业
澳大利亚	澳大利亚海洋产业发展战略	2003	海水淡化、海底矿产、海洋替代能源、海洋生物技术和化学品

资料来源：由笔者整理。

二 产业特征

海洋战略性新兴产业不只简单为战略性新兴产业由陆地向海洋领域的延伸，还是中国近期产业结构调整和区域经济布局的重要环节，具有战略性、先导性、高技术性、高风险性等显著特征。

（一）战略性

海洋战略性新兴产业顺应国家海洋发展战略提出，是高新科技和新兴产业的深度融合，对海洋经济转型升级、海洋产业结构优化调整及沿海地区经济社会发展具有强大带动作用。它是海洋强国战略的重大抉择，引领海洋经济与海洋产业未来的发展方向，关系到一个国家在世界政治经济竞争格局中的地位和战略行动能力。

（二）先导性

海洋战略性新兴产业具有显著的先导性特征，反映了经济社会发展对产业结构调整的要求，对海洋产业乃至整个海洋经济都具有高度的关联性和强劲的带动作用，未来将成为沿海地区的主导产业和支柱产业。海洋战略性新兴产业处于产业价值链的核心环节，产业本身即存在较大增值空间，并且具备资源互补性好、产业互动性强等特点，在投入产出关系上与前向、后向产业具有较高的关联性，辐射带动作用强。此外，海洋经济与陆域经济存在较强联系，海洋战略性新兴产业将加快海陆产业链布局完善，带动陆域经济快速发展，形成海陆统筹、经济联动的局面。

（三）高技术性

海洋战略性新兴产业有别于海洋传统产业的最大特征是高技术性。这种高技术水平的要求，不只限于某一类技术，而是融合了多种尖端技术，是多学科创新的产物，具有相当的复杂性。海洋战略性新兴产业承载的是当今最先进的海洋科学技术，同时代表着未来技术创新的发展方向。在海洋高新技术当中，共性技术、关键技术、海洋基础科学具备准公共物品的性质，存在相当程度的非竞争性、非排他性和正外部性，必须由政府介入或承担。正是由于科学技术的研发突破，海洋战略性新兴产业得以充分高效利用海洋中蕴含着的丰富资源，推动海洋产业结构不断优化。

（四）高风险性

海洋战略性新兴产业的内在动力为高新技术，需要投入大量资金、人力进行研发，但高新技术研发周期长且不确定性强，前期投入损失风险大。同时，海洋战略性新兴产业潜在需求不确定性较大，由潜在需求转换为现实市场空间的过程中存在较大变数。若潜在的市场需求无法准确估测，对应的市场不能被清楚而具体地描述出来，则开发出来的产品无法充分满足消费需求（林书雄，2006）。创新的技术或产品市场风险较大，可能超越当前市场的需求层次和水平，以至于海洋战略性新兴产业短期内可能需求不足。此外，新技术新产品市场的广泛应用存在滞后性，新产品投入市场，初期应用范围较小，打开市场较慢，要实现市场的充分应用可能会滞后很久。

（五）海洋性

海洋性是海洋战略性新兴产业有别于其他战略性新兴产业最根本的特征。海洋战略性新兴产业直接利用海洋资源进行生产活动，海洋资源是主要的生产要素，产品直接或间接应用于海洋或海洋开发活动。由于海洋经济的特殊性，海洋资源环境对产业发展存在极强的约束性，海洋战略性新兴产业准入门槛更高，海洋资源开发活动需要耗费大量资金和高端技术，技术密集度和资金密集度要远高于其他战略性新兴产业。同时，其风险也较其他战略性新兴产业更高，除了要承担创新技术和产品不确定性所带来的风险之外，还要承担自然风险，面对巨风大浪等自然灾害的威胁，产业发展受海洋自然条件的限制较大。

（六）环境友好型

海洋战略性新兴产业是环境友好的产业，对社会经济发展具有正外部性，反映了国家层面“物质资源消耗少和低碳高效”的发展要求，以及国内学者提出的海洋战略性新兴产业“环境友好”的条件。首先，密集的高技术创新活动有助于提高海洋资源利用效率，增加资源的单位产出，在产出总量一定的前提下可以节约资源。其次，随着科技的进步，新的海洋资源被发现并逐步具备开发能力，可以对处于或濒临过度开发的海洋资源进行替代利用，缓解海洋资源与环境的压力。最后，海洋资源开发技术的进步，增强了目标资源获取的准确性和安全性，进而降低了特定海洋资源开发过程中对环境的污染、减少了对伴生资源的破坏。

三　形成模式

海洋战略性新兴产业独特的产业属性和发展特征，决定了其发展模式和培育路径的特殊性。在产业的形成和培育过程中，政府与市场是进行资源合理有效配置的两种主要方式。市场通过市场机制发挥作用，市场机制是战略性新兴产业形成的决定性力量，其中技术创新是战略性新兴产业形成的推动力，而市场需求是战略性新兴产业形成的拉动力。政府通过行政手段扶持产业发展，是加速战略性新兴产业形成的催化力量。因此，基于政府和市场视角，海洋战略性新兴产业的形成和发展有三种模式（见图7-1），分别是市场自发形成、政府主导形成以及市场自发与政府引导共同作用形成。

（一）市场自发形成

市场自发形成模式通过市场机制驱动，为挖掘潜在市场的需求和获利空间，产业依赖市场内部的资本、技术、人才等生产要素，凭借比较优势获得生产要素和市场份额，并逐步实现产业化。这个过程呈现企业

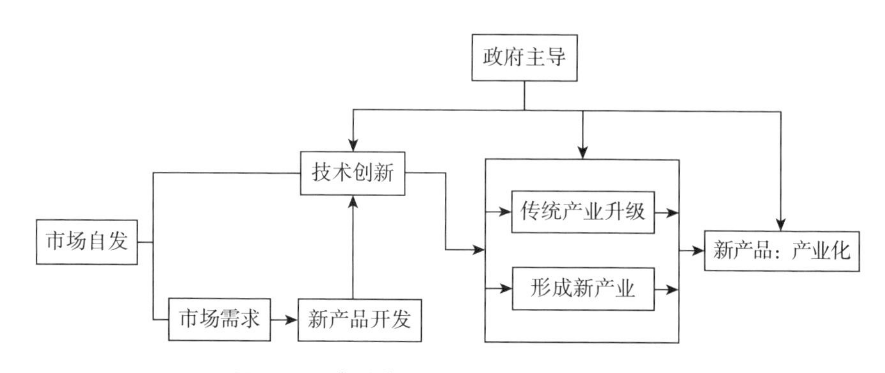

图 7－1 海洋战略性新兴产业的形成模式

资料来源：由笔者绘制。

主体性、自然选择性两个特点：企业主体性是指企业的经营决策权完全自主，并完全凭借实力在竞争市场中谋求生存发展；自然选择性是指产业的形成发展是激烈竞争的市场自然选择的结果，取决于技术水平和市场需求。

市场自发形成海洋战略性新兴产业的模式，其实质是技术创新通过市场选择后，在消费需求的拉动下实现产业化的过程。市场自发形成模式具体而言有三种方式：一是技术推动，包括传统产业技术升级和新技术的产业化，作为知识和技术密集型产业，海洋战略性新兴产业形成发展的主要推动力即为海洋领域的技术创新及其产业化；二是需求拉动，海洋战略性新兴产业的出现是顺应当前或潜在市场需求的结果，在市场需求拉动下，涉海企业寻找挖掘商业盈利点，搭建潜在需求与现实市场的契合点，从小散边缘市场逐步发展进入主流市场，促进产品推广普及；三是技术—需求双动力支持，技术推动和需求拉动方式单独来看并不具有普适性，海洋战略性新兴产业更多是由技术和需求二者共同作用而形成的。技术推动的方式是通过技术创新产品来满足市场需求，而需求拉动的方式也需要通过技术创新来进行产业化。就产业化的不同阶段来看，早期技术推动更为重要，而需求则随着技术日渐成熟而日趋重要。

市场自发形成模式的优势在于，海洋战略性新兴产业在形成和发展过程中经历过激烈市场竞争的考验，比较优势较为显著，并且内生增长动力得到强化。而以此模式培育海洋战略性新兴产业，劣势也比较明显，产业形成和发展的过程具有较大的风险性和不稳定性，并且产业形成和发展的过程比较缓慢。因此，这一模式更适用于市场发育程度高、高新技术产业基础雄厚、市场环境良好的国家或地区。

（二）政府主导形成

政府主导形成模式是指在政府强力的干预主导下，海洋战略性新兴产业通过非市场机制优先获得生产要素、攫取市场份额，形成发展并实现产业化。政府出于国家或产业利益的考量，通过直接兴办企业、制定产业政策等，培植一些短期内不能吸引市场主体自发进入的产业。这些产业利用政府的产业政策获得比较优势，进行不完全竞争。这一模式呈现两点特征：一是政府主体性，产业的资源配置主要取决于政府支持，政府干预力量直接决定了产业的竞争优势；二是选择主观性，政府基于对地区经济、产业特征、发展战略等的主观判断来选择培育的产业，技术路径不一定符合产业演进趋势，产品也不一定满足市场需求。

政府根据当地经济发展规划，确定产业发展目标，通过行政命令强制企业完成，包括政府要求传统产业进行技术改造或升级，或者直接扶持某一创新技术，通过新技术的产业化形成一个新的产业。政府通过具体的产业政策、明确的产业指标，集中技术、人才、资金等多种资源，极大地加快了海洋战略性新兴产业形成发展的产业化过程。但政府主导形成的产业模式是针对产业的初创期特性而制定的暂时性、阶段性政策，政府并不需要在产业整个生命周期内都发挥主导作用，而会随着技术、市场、经营主体的发展成熟而逐步退出干预。

政府主导形成模式的优势在于，政府的强力干预能够缩短海洋战略性产业的培育时间，加快发挥极化效应和扩散效应，并推动产业快速地从新兴阶段跨越到主导产业和支柱产业阶段，同时相对控制了海洋战略性新兴产业的市场风险和不稳定性。但这一模式的缺陷也较为严重，产业通过政府支持获取竞争优势并非激烈的市场竞争中市场选择的结果，创新能力、抗风险能力均较为缺乏，产业具有一定的脆弱性；政府的主观选择也存在较高的决策风险，一旦技术路径和发展方向决策失误，将会对产业产生致命打击；此外，政府主导产业发展也存在市场失灵问题，可能导致重复建设、低效投资等。

（三）市场自发与政府引导共同作用形成

纯粹的市场自发形成与政府主导形成模式均存在缺陷，实践中也较为少见，市场自发与政府引导共同作用是最为常见的模式。市场与政府有机结合在不同的产业发展阶段轮番主导、共同作用，二者力量也随之消长动态变化。

海洋战略性新兴产业形成发展的最佳模式即为市场与政府的合作，通过市场孕育和政府催化相结合，在市场充分发挥基础性资源配置功能，实现要素自由流动、企业自由竞争的前提下，由政府主动引导积极扶持，制定产业政策和发展规划，通过鼓励开展关键核心技术攻关、调整优化产业空间布局、提供优质的公共技术服务等，为海洋战略性新兴产业营造良好的发展环境。市场自发与政府引导共同作用能更有效地推动海洋战略性新兴产业的形成与发展。在海洋战略性新兴产业的形成发展过程中，政府与市场有发挥作用的能力和空间，二者的共同作用往往能取得良好效果。在国内外新兴产业的培育实践中，目前这一模式也较为成功。不同的国家和地区，科技发展水平、资源禀赋与产业基础各不相同，应根据当地的市场发育程度、高新技术产业基础和市场环境等方面的实际情况选择海洋战略性新兴产业培育路径。

四　海洋战略性新兴产业推动产业转型升级的机制

随着中国海洋经济进入新常态，传统粗放的高污染、高能耗发展模式已经无以为继，海洋经济面临增速下行、结构升级、增长方式转换等多方面挑战。海洋战略性新兴产业作为海洋产业和新兴技术的深度融合，代表着先进海洋生产力的发展方向，具有资源消耗低、综合效益好、节能环保等优势，在推动海洋经济产业结构转型升级、实现海洋经济供给侧结构性改革进程中起着决定性作用。

产业结构升级是指产业结构系统从较低形式向较高形式转换的过程，即产业结构的高级化，表现为产业结构的改善和产业效率的提升。黄婕能（2018）指出，产业结构转型优化的评判标准为产业结构的高级化和合理化，产业发展动力转由技术创新为主、处于制造业产业链高端及高附加值产品比重增加，以及产业结构中第二、三产业比重增加等均为产业结构高级化的标准。

产业结构升级最主要的推动力为技术创新，龚轶等（2013）认为技术创新是产业结构优化转型的根本动力，尤其是物质资本节约型创新。同时产业结构转型的相关研究认为，产业结构转型的市场动力为供需结构的变化，供给和需求变动会影响产业结构，带动产业结构转型升级。罗肇鸿（1988）指出，技术创新从生产过程和需求过程两方面对产业结构产生直接和间接影响。技术创新创造新工艺、新产品，并发展形成新兴产业，海洋战略性新兴产业就是随着海洋技术创新发展而形成的产业，“新兴性”区别了其与传统产业在产业规模形成时序上的不同。在龚轶等（2013）、罗肇鸿（1988）的研究基础上，本书提出海洋战略性新兴产业推动海洋产业结构转型升级的作用机制，即海洋战略性新兴产业通过持续不断的技术创新，作用于海洋产业的生产结构和需求结构，迅速集聚资源、扩张规模、改善产业结构、提升产业效率，从而持续推动海洋产业结构优化升级（见图7－2）。

（一）生产结构作用机制

一是海洋高新技术的创新突破，创造出新产品、新工艺，并逐步发展形成海洋战略性新兴行业。海洋战略性新兴产业凭借新产品带来的市场垄断地位，迅速集聚资源，扩大生产规模，并推动海洋战略性新兴产业的产业链条逐步延伸完善。由于新产品的生产技术对上下游产业提出了更高的要求，科技创新上下延伸，形成了一条完整的新兴产业链。海洋战略性新兴产业的发展依赖于持续性的技术创新，通过不断地创造新产品、新工艺，维持技术垄断，扩大生产规模，逐步发展成为海洋经济中的主导产业，并不断提升产业链科技水平，持续推动产业结构的优化

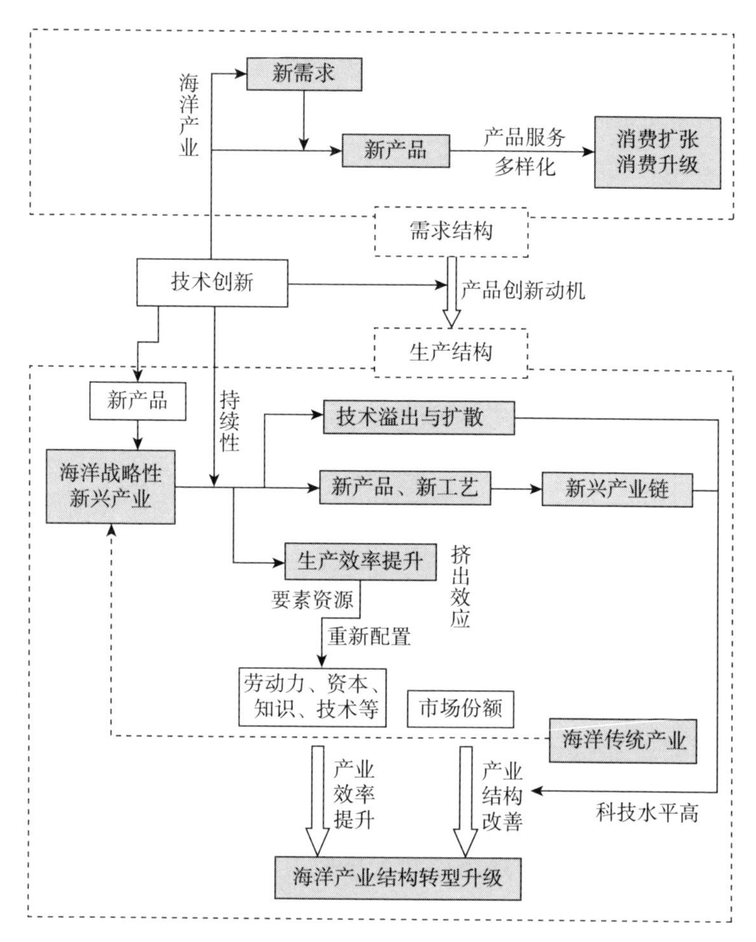

图 7-2 海洋战略性新兴产业推动产业结构转型升级作用机制

资料来源：由笔者绘制。

升级。与此同时，海洋传统产业技术更新速度慢，海洋战略性新兴产业对传统产业产生“挤出效应”，以新产品、新工艺替代原有的产品，市场份额持续扩大，使得落后不经济的海洋传统产业衰退甚至消亡，部分传统产业经由技术创新进行改造升级。海洋战略性新兴产业逐步取代传统产业的过程，即熊彼特（1999）提出的“创造性毁灭”过程：创新技术应用于生产，淘汰旧的技术和生产体系，新的产业部门取代旧的产业部门，推动产业结构调整。海洋主导产业由发展粗犷、低效率的传统产业转为高效环保的海洋战略性新兴产业。

二是技术创新会改进生产工艺和设备，优化投入要素组合，提高整体产出水平，提升海洋战略性新兴产业的劳动生产率和资本效率。Peneder（2003）指出，技术创新能力强的产业部门生产效率会迅速提升，这是促进产业转型升级的重要因素。技术进步会扩大海洋战略性新兴产业和海洋传统产业部门间生产效率的差距，进而深化社会分工、重新配置生产资源、加快产业间要素流动，推动劳动力、资本等要素从海洋传统产业流向效率更高、获利更多的海洋战略性新兴产业。Clark（1957）指出，劳动力资源会跨部门从较低收入产业部门流向较高收入产业部门，促进经济增长，并加快产业结构调整。海洋战略性新兴产业生产要素迅速集聚，人力资本积累、知识积累和技术积累加快，要素投入质量持续优化，产业发展水平不断提升；而与之相对，海洋传统产业的生产要素加快流出，市场份额持续下降，传统产业日渐衰退甚至消亡，海洋经济的主导产业部门即传统产业被海洋战略性新兴产业所取代。要素资源在海洋战略性新兴产业和传统产业间重新配置，从生产效率较低的部门流向生产效率较高的部门，这一过程实现了产业结构调整和优化升级。正如李政和杨思莹（2017）所认为的那样，产业结构优化升级是资源配置的帕累托改进，是一个要素流动和资源再分配的过程。

三是社会分工的日益专业化和精细化使得海洋经济各部门产业结构效益上升到更重要的层次，技术创新催生新的产业，使得海洋战略性新兴产业的产业部门不断增多，产业部门之间的关联性也逐渐增强。产业部门间的知识溢出是影响海洋战略性新兴产业创新和产业演进的重要因素，由于专业、知识、能力的差异，海洋战略性新兴产业研发部门的技术水平各有不同。随着各产业技术创新的不断发展，知识技术通过溢出效应在产业间相互扩散，使得创新资源和成果在不同的产业间重新配置。熊义杰（2011）指出，溢出效应是要素的扩散与集聚的差，并且不是单一形式的简单溢出，而是包括人员形式、资本形式、文化形式三种不同形式的溢出。Musmann 和 Kennedy（1989）提出的创新扩散理论认为，创新的属性、时间、空间和传递渠道等均会影响创新扩散的过程。技术创新溢出效应除了包括发生在产业内的水平效应，如示范效应、竞争效应和培训效应等，还包括发生在产业间的垂直效应，如产业链上下游的关联效应。技术创新通过水平效应和垂直效应，加快技术溢出和扩散，整合互补、联动产业发展，进而推动海洋产业结构转型升级。

（二）需求结构作用机制

海洋技术创新会创造出新产品和新需求，通过满足这些新需求，海洋战略性新兴产业不断加快发展，以互补性产品和服务扩大市场规模，增加消费者对产品的多样化需求；通过多样化的产品或服务创造并优化消费体验，推动消费市场扩大并实现消费水平升级，正如海洋动植物活性先导化合物等海洋动植物代谢产品创造出需求市场，又进一步推动海洋生物医药技术创新，提升海洋生物技术成果的丰富性和多样性。相应地，对过时产品的消费需求逐步减退，也会使生产过时产品的传统产业衰退甚至消亡。同时，需求结构会直接影响生产结构，新需求的出现会通过产品创新动机，加快海洋技术创新，进而创造新产品来满足这些新需求，就如消费市场对可燃冰清洁能源的应用需求会加快可燃冰开采技术的创新发展。市场需求为技术创新提供了明确的方向和指引。霍国庆等（2017）、赵康杰和景普秋（2014）的研究认为，市场需求规模的扩大能够提升战略性新兴产业的研发投入和创新效率。程鹏和李洋（2017）指出，即便需求结构和市场结构存在差异，市场规模仍然能影响需求结构，进而促进创新。不同的需求规模、市场格局及需求结构均会影响市场结构（李政、杨思莹，2017），通过技术创新更新产品或服务，从而推动产业结构演进。

海洋战略性新兴产业通过持续性技术创新，作用于生产过程和消费过程，加快产业动态变化，提升生产和消费水平，并进一步决定了海洋经济的再生产过程，推动海洋经济由高投入、高消耗、低产出、低效率的粗放型增长转向集约、高效、低碳的技术密集型增长，继而实现海洋产业的转型升级。

第二节 海洋战略性新兴产业结构及效率评价

一 产业结构分析

产业结构评价是统计评价的重要内容之一，以往产业结构评价多使用历史数据来测度产业结构的演变趋势，但缺乏一个对产业结构年度变化的综合评价指数。评价产业结构年度变化及其合理性存在两方面难点，一方面是难于确定产业结构短期评价的标准，另一方面是难于全面地形成一个综合指数。为对海洋经济产业结构年度变化的合理性及其变化程度进行有效评价，本书使用经济效率作为评价标准构建综合的产业年度变化指数。效率更高的产业，理论上发展速度应该更快，在海洋经济总产值中的占比理应有所增加；反之，效率更低的产业，发展速度应当相对更慢，产业增加值占海洋经济总产值的比重也理应随之下降。而现实中，产业结构的真实变化未必会与在效率标准下产业结构的理论变化相一致，那么，其中不一致的部分就是产业结构变化理论上不合理的部分。由于缺乏海洋经济各产业历年资本投入的相关数据，本书仅使用劳动生产率这一维度的经济效率作为评价标准。

在指数的构建上，具体来说，使用当年劳动生产率作为短期评价标准，经过标准化后对当年各产业的劳动生产率进行排序，得到相对得分；计算实际的各产业增加值增长率，经过标准化之后，与劳动生产率得分进行对比，并计算相对差；继而使用相对差来修正各产业增加值，由此得到当年合理的增加值增长率，并进一步根据合理的增加值增长率得到合理的增加值；根据合理增加值计算合理比重，与实际增加值及其比重进行对比，各产业实际比重与合理比重存在偏差的部分即为不合理比重，取其绝对值加总得到评价当年所有行业的不合理比重的一个综合指数，该指数即为海洋经济产业结构变化失衡指数。

（一）计算方法

设海洋经济总共有 j（$j=1,2,\cdots,10$）个细分产业，j 产业在 t 年的增加值用 $g_{j,t}$ 表示，j 产业在 t 年的劳动力人数用 $l_{j,t}$ 表示。

计算海洋产业 j 的增加值在 t 年的增长率，记为 $y_{j,t}$，并用 Y_t 表示 t 年各产业的年度增长率 $y_{j,t}$ 的合集。

$$y_{j,t} = \frac{g_{j,t} - g_{j,t-1}}{g_{j,t-1}}$$

计算 j 产业在 t 年的劳动生产率，用 $v_{j,t}$ 表示，用 V_t 表示 t 年各产业的劳动生产率的合集。

$$v_{j,t} = \frac{g_{j,t}}{l_{j,t}}$$

对各产业每年的增加值增长率、劳动生产率数据分别进行标准化处理，以消除量纲影响。$y'_{j,t}$、$v'_{j,t}$ 分别表示 j 产业在 t 年的增加值增长率标准化值、劳动生产率标准化值。

$$y'_{j,t} = [y_{j,t} - \min(Y_t)]/[\max(Y_t) - \min(Y_t)]$$

$$v'_{j,t} = [v_{j,t} - \min(V_t)]/[\max(V_t) - \min(V_t)]$$

对比产业增加值增长率标准化值与劳动生产率标准化值，确定二者差额，该差额即为对实际增长速度进行修正的修正系数，用 $f_{j,t}$ 表示，代表以效率标准衡量的产业增长不合理速度。

$$f_{j,t} = v'_{j,t} - y'_{j,t}$$

使用修正系数 $f_{j,t}$ 修正各海洋产业在 t 年增加值的实际增长速度，从而得到各产业的合理增长速度 $y^h_{j,t}$。

$$y^h_{j,t} = y_{j,t} + f_{j,t} \times [\max(Y_t) - \min(Y_t)]$$

在上年实际的产业增加值基础上，利用合理增长速度 $y^h_{j,t}$ 计算各产业在 t 年的合理增加值 $g^h_{j,t}$。

$$g^h_{j,t} = g_{j,t-1} \times (1 + y^h_{j,t})$$

j 产业在 t 年的不合理增加值 $g_{j,t}^{u}$ 则通过实际增加值减去合理增加值得到。

$$g_{j,t}^{u} = g_{j,t} - g_{j,t}^{h}$$

各产业年度产业结构变化中的不合理比重，通过各海洋产业在 t 年的不合理增加值除以海洋经济在 t 年实际增加值的合计值计算而来，记为 $r_{j,t}$，表示以 t 年劳动生产率为衡量标准，行业 j 在所有海洋产业占据的比重里有多少（几个百分点）没有与在效益标准下理论的产业结构保持同步变化。进一步得到 t 年的所有产业的整体不合理比重 R_t。

$$r_{j,t} = g_{j,t}^{u} / \sum_{j=1}^{10} g_{j,t}$$

$$R_t = \sum_{j=1}^{10} \left| r_{j,t} \right|$$

（二）结果分析

本书使用2008～2015年中国海洋经济10个细分产业的数据，描述并评价产业结构年度变化的合理性及其变化程度，数据主要来源于《中国海洋统计年鉴》。

1. 劳动生产率

如图7－3所示，2008～2015年，中国海洋战略性新兴产业劳动生产率呈显著的增长态势，且明显高于海洋传统产业。2008年，海洋战略性新兴产业劳动生产率为13.09万元/人，略低于海洋传统产业的13.18万元/人。此后，中国海洋产业劳动生产率连年增长，尤其是海洋战略性新兴产业，年均增速达到17.05%，与海洋传统产业的差距越来越大。截至2015年，海洋战略性新兴产业的劳动生产率达到38.19万元/人，远高于海洋传统产业25.76万元/人的劳动生产率。

具体到各细分产业，由表7－2可知，海洋战略性新兴产业连年增长的劳动生产率主要由海洋生物医药业、海洋电力和海水利用业贡献，尤其是海洋生物医药业。2010～2015年，海洋生物医药业劳动生产率持续飙升，由2010年的83.80万元/人增长至2015年的295.70万元/人。海

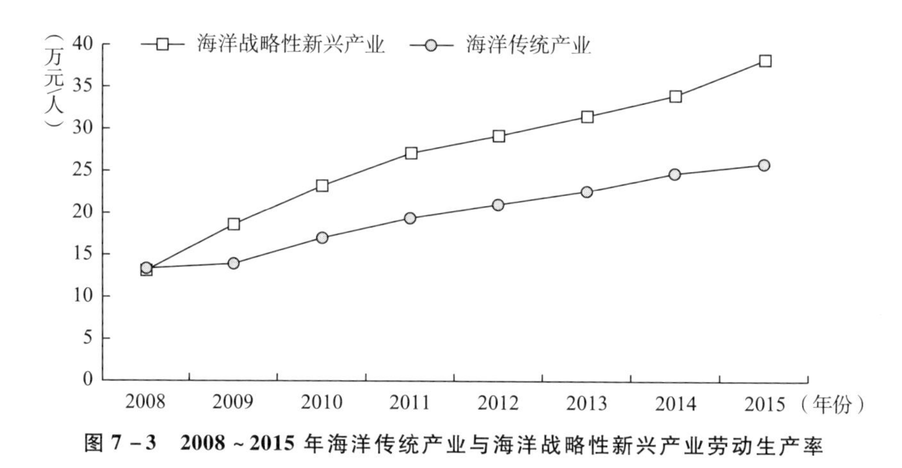

图 7－3　2008～2015 年海洋传统产业与海洋战略性新兴产业劳动生产率

洋电力和海水利用业仅次于海洋生物医药业，劳动生产率在 2015 年达到 111.50 万元/人。而海洋高端装备制造业的劳动生产率相对处于较低水平，究其原因，一是限于数据来源，本书参考其他学者的做法，使用海洋工程建筑和海洋船舶工业作为代理变量，可能并不能完全准确反映海洋高端装备制造业的效率；二是海洋高端装备制造业受国际原油价格波动影响大，在原油市场不景气的背景下，海洋工程装备制造业订单成交额连年递减，由 2013 年的 126 亿美元降低到 2015 年的 59 亿美元，在一定程度上引致劳动生产率的相对低效。

表 7－2　2010～2015 年各海洋产业劳动生产率

单位：万元/人

年份	海洋传统产业							海洋战略性新兴产业		
	海洋渔业及相关产业	海洋石油和天然气业	海滨砂矿业	海洋盐业	海洋化工业	海洋交通运输业	滨海旅游业	海洋高端装备制造业	海洋生物医药业	海洋电力和海水利用业
2010	5.15	66.10	28.25	2.75	23.98	46.91	42.63	22.16	83.80	42.73
2011	5.66	85.56	33.31	3.15	26.66	51.12	49.09	25.30	150.80	63.27
2012	6.21	84.25	28.19	2.43	31.81	56.85	53.78	27.05	184.70	73.67
2013	6.67	79.63	28.88	2.22	33.87	60.34	60.12	28.92	224.30	82.58
2014	7.03	73.22	35.06	2.70	33.95	62.27	73.13	30.91	258.10	100.33
2015	7.28	46.54	37.59	1.61	35.19	65.22	81.62	34.77	295.70	111.50

2. 产业结构年度失衡指数

如图7－4所示，中国海洋产业结构年度失衡指数呈波动态势，2010～2014年海洋产业结构年度失衡指数在0.1057和0.2168之间震荡，2015年突增至0.3431。

具体来看，2015年，海洋产业结构年度失衡指数的突增主要来自传统产业的滨海旅游业、海洋交通运输业、海洋渔业及相关产业，三大产业对产业结构年度失衡指数的贡献率分别达到39.66%、19.64%、19.50%。海洋战略性新兴产业对产业结构年度失衡指数的贡献相对较小，其中，以海洋高端装备制造业的不合理比重最高，达0.0548，对产业结构年度失衡指数贡献率为15.97%；海洋生物医药业、海洋电力和海水利用业的不合理比重较低，海洋生物医药业甚至为0（见表7－3），与前文关于劳动生产率的分析一致，反映了在产业劳动生产率标准下，海洋战略性新兴产业中的海洋生物医药业、海洋电力和海水利用业的产业不合理程度要低于绝大多数海洋传统产业。

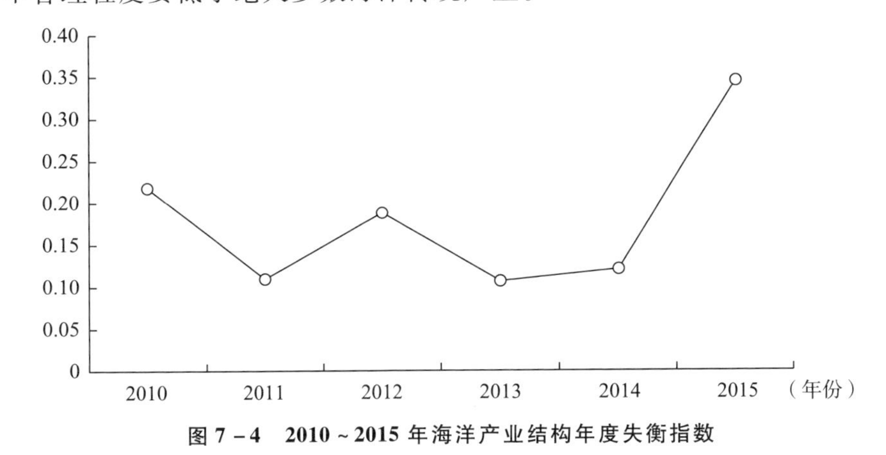

图7－4　2010～2015年海洋产业结构年度失衡指数

表7－3　2010～2015年各海洋产业不合理比重

年份	海洋传统产业							海洋战略性新兴产业		
	海洋渔业及相关产业	海洋石油和天然气业	海滨砂矿业	海洋盐业	海洋化工业	海洋交通运输业	滨海旅游业	海洋高端装备制造业	海洋生物医药业	海洋电力和海水利用业
2010	0.0077	0.0086	－0.0008	0.0011	－0.0011	－0.0868	－0.1013	－0.0076	－0.0016	0.0001
2011	－0.0004	－0.0121	－0.0002	0.0002	－0.0029	－0.0447	－0.0424	－0.0055	0.0000	0.0002

续表

年份	海洋传统产业							海洋战略性新兴产业		
	海洋渔业及相关产业	海洋石油和天然气业	海滨砂矿业	海洋盐业	海洋化工业	海洋交通运输业	滨海旅游业	海洋高端装备制造业	海洋生物医药业	海洋电力和海水利用业
2012	0.0490	-0.0002	0.0000	0.0000	0.0117	0.0402	0.0572	0.0277	-0.0003	0.0010
2013	0.0248	-0.0050	0.0003	0.0000	0.0042	0.0159	0.0408	0.0144	0.0000	0.0004
2014	0.0203	-0.0055	0.0005	0.0007	0.0017	0.0092	0.0679	0.0135	-0.0007	0.0007
2015	0.0669	-0.0024	0.0009	0.0000	0.0132	0.0674	0.1361	0.0548	0.0000	0.0014

二　产业效率分析

（一）研究方法

海洋经济产业效率是指在一定的投入下，海洋经济各产业的实际产出与最大产出的比率，反映了各产业达到最大产出的程度。该比率越高，意味着实际产出越接近最大产出，海洋经济产业效率越高；当该比率为1时，实际产出达到最大产出，则可认为该产业是有效率的。

本书使用数据包络分析（DEA）测度海洋经济产业效率。DEA使用数学规划、线性规划、多目标规划、随机规划等模型，对具有多个输入、输出决策单元（DMU）之间的相对有效性进行评价，判断DMU是否在生产可能集的前沿面上。DEA的综合技术效率TE_{CRS}可以分解为纯技术效率TE_{VRS}和规模效率SE，用公式表示为$TE_{CRS}=TE_{VRS}\times SE$。综合技术有效是指生产处于最好状态下，投入$x$后获得最大产出$y$；纯技术有效表示在目前的技术水平上，其资源投入是有效率的；规模有效指的是从规模收益递增到规模收益递减的拐点。

假设有N个DMU，每个DMU有M个投入、S个产出，向量x_i和y_i分别表示DMU的投入和产出，X为$M\times N$的投入矩阵，Y为$S\times N$的产出矩阵。投入导向型BCC模型通过解决以下线性规划问题来测算DMU的效率，形式如下：

$$\min_{\theta_B,\lambda}\theta_B$$

$$\text{s.t. }\theta_B x_0 - X\lambda \geqslant 0$$

$$Y\lambda \geqslant y_0$$
$$e\lambda = 1$$
$$\lambda \geqslant 0$$

其中，θ_B 为一个标量，λ 为一个 $N \times 1$ 的向量。

令 v 为投入权重的一个 $M \times 1$ 的向量，u 为产出权重的一个 $S \times 1$ 的向量。BCC 模型的乘数形式为：

$$\max_{v,u,u_0} z = uy_0 - u_0$$
$$\text{s. t. } vx_0 = 1$$
$$-vX + uY - u_0 e \leqslant 0$$
$$v \geqslant 0, u \geqslant 0$$

θ_B 即为第 i 个 DMU 的效率值，根据 Farrell（1957）的定义，θ_B 满足 $\theta_B \leqslant 1$，当 θ_B 取值为 1 时，表示第 i 点在前沿面上，即该 DMU 是技术有效的。BCC 的最优解为（θ_B^*，λ^*，s^{-*}，s^{+*}），其中，s^{-*} 和 s^{+*} 分别表示最大投入剩余和最大产出不足。当两阶段过程满足 $\theta_B^* = 1$，同时没有剩余，即 $s^{-*} = 0, s^{+*} = 0$ 时，得到最优解（θ_B^*，λ^*，s^{-*}，s^{+*}），那么 DMU 就是 BCC 有效率，反之则 BCC 无效率。

（二）结果分析

1. 数据和样本

在 DEA 模型的指标选择上，参考其他学者的做法，同时考虑到数据的可得性，本书的产出指标选择各产业的增加值，投入指标为各产业的劳动力人数和固定资产投资。由于缺乏数据，海洋产业固定资产投资基于全社会固定资产投资，根据海洋产业在国内生产总值中的占比测算得到。基于《中国海洋统计年鉴》的行业划分，本书对个别行业进行了归并，研究样本为 2009 ~ 2015 年中国海洋经济 10 个细分产业，研究数据主要来源于《中国海洋统计年鉴》和《中国统计年鉴》。

2. 结果与分析

2009 ~ 2015 年，海洋战略性新兴产业综合技术效率呈现先升后降再抬头的变化趋势，由 2009 年的 0.865 增长至 2011 年的 0.957，后逐渐降至2014年的0.905，又在2015年呈现抬头态势，效率增加到0.910（见图7-5）。值得注意的是，海洋传统产业的综合技术效率变化趋势与海洋战略性新兴产业类似，但海洋战略性新兴产业的综合技术效率始终显著高于同期的海洋传统产业。

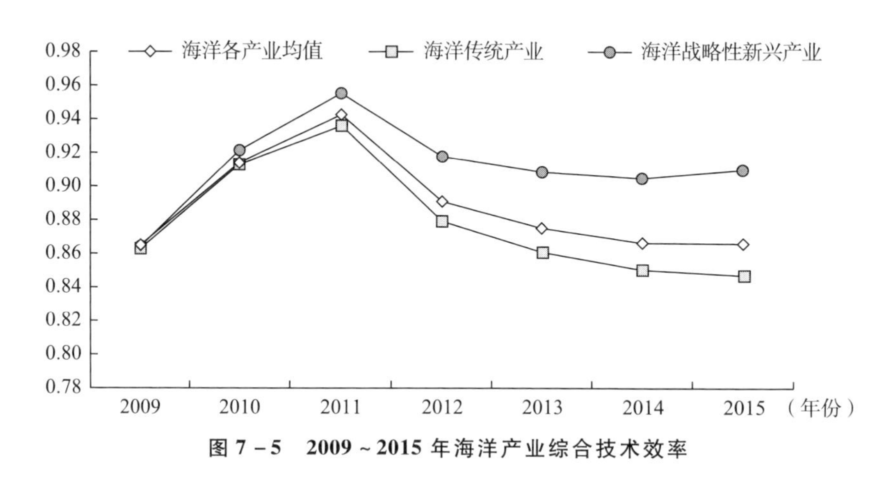

图7-5 2009~2015年海洋产业综合技术效率

综合来看，2009~2015年，中国海洋产业综合技术效率均值呈先升后降的趋势，综合技术效率由2009年的0.8636增长至2011年的0.9429，后逐年下降，到2015年效率为0.8655。2011年之后，中国海洋产业综合技术效率连年下降的态势，一方面是由于海洋产业增速下行，产业增加值年均增速逐年降低，从2011年的16.54%降至2015年的6.07%，而综合技术效率的产出指标为各产业的增加值，产出不足在一定程度上引致产业效率低下；另一方面说明了资源消耗型的粗放式发展模式已经不能支撑产业的高效发展，亟须加快海洋产业结构升级，转变增长方式，推动海洋经济供给侧结构性改革。

具体到各细分海洋产业，由表7-4可知，海洋战略性新兴产业的综合技术效率要明显高于传统产业，尤其是海洋生物医药业、海洋电力和海水利用业，其在2015年分别以1.000、0.891的综合技术效率在10个细分产业中排名第一、第二位，传统产业中的滨海旅游业以0.873的综合技术效率位列第三。

表 7-4 2009~2015 年各海洋产业综合技术效率

年份	海洋传统产业							海洋战略性新兴产业		
	海洋渔业及相关产业	海洋石油和天然气业	海滨砂矿业	海洋盐业	海洋化工业	海洋交通运输业	滨海旅游业	海洋高端装备制造业	海洋生物医药业	海洋电力和海水利用业
2009	0.863	0.863	0.863	0.863	0.863	0.863	0.863	0.863	0.869	0.863
2010	0.912	0.925	0.912	0.912	0.912	0.912	0.912	0.912	0.945	0.912
2011	0.932	0.966	0.932	0.932	0.932	0.932	0.932	0.932	1.000	0.939
2012	0.874	0.908	0.874	0.874	0.874	0.876	0.874	0.874	0.980	0.899
2013	0.853	0.884	0.853	0.853	0.853	0.863	0.863	0.853	0.985	0.887
2014	0.840	0.867	0.840	0.840	0.840	0.854	0.867	0.840	0.988	0.887
2015	0.839	0.839	0.839	0.839	0.839	0.857	0.873	0.839	1.000	0.891

2009~2015 年，海洋战略性新兴产业的综合技术效率经历了先升后降再升的变化过程。其中，海洋生物医药业在 2011 年达到 BCC 有效率后，综合技术效率略有下降，但仍保持在相对较高的水平，并逐年回升至 2015 年的 1.000；海洋电力和海水利用业也在 2011 年达到最高水平 0.939，此后连年走低，至 2015 年又抬升至 0.891；海洋高端装备制造业在经过 2011 年最高水平后，综合技术效率持续走低（见图 7-6）。

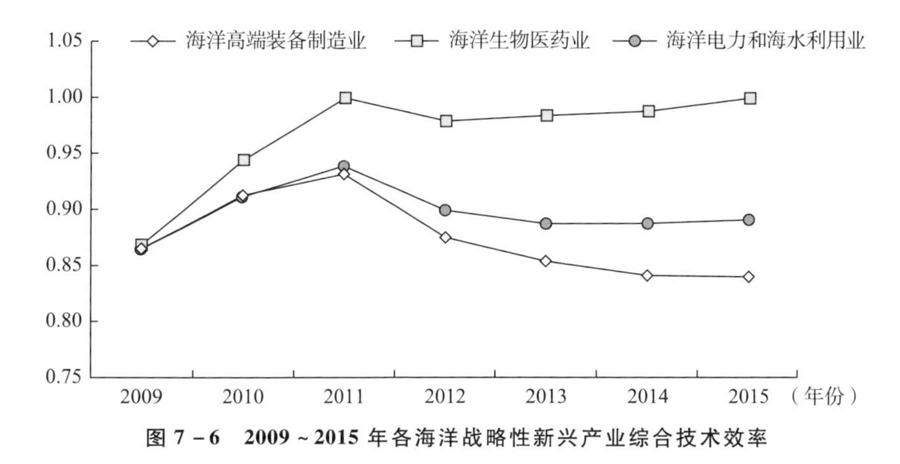

图 7-6 2009~2015 年各海洋战略性新兴产业综合技术效率

以 2015 年为例，将 DEA 的综合技术效率 TE_{CRS} 分解为纯技术效率

TE_{VRS}和规模效率 SE。关于综合技术效率，在10个细分产业中，只有海洋生物医药业综合技术效率为1.000，在纯技术效率和规模效率同时为1.000的前提下，实现了综合技术有效（见表7-5）。关于纯技术效率，海洋生物医药业和滨海旅游业均实现了纯技术有效，表明在当前技术水平下，海洋生物医药业和滨海旅游业的资源投入是有效率的，海洋交通运输业、海洋电力和海水利用业处于纯技术效率相对较高的水平。关于规模效率，海洋生物医药业、海滨砂矿业、海洋盐业和海洋化工业均达到规模有效，而海洋交通运输业和滨海旅游业的规模效率则处于相对较低的水平。

表7-5 2015年各海洋产业综合技术效率及其分解

海洋产业	综合技术效率	纯技术效率	规模效率
海洋渔业及相关产业	0.839	0.859	0.976
海洋石油和天然气业	0.839	0.859	0.976
海滨砂矿业	0.839	0.839	1.000
海洋盐业	0.839	0.839	1.000
海洋化工业	0.839	0.839	1.000
海洋交通运输业	0.857	0.955	0.898
滨海旅游业	0.873	1.000	0.873
海洋高端装备制造业	0.839	0.841	0.998
海洋生物医药业	1.000	1.000	1.000
海洋电力和海水利用业	0.891	0.892	0.999

三 结论与启示

通过对2009~2015年中国海洋经济的产业结构和产业效率研究，本节得出如下结论。

一是中国海洋战略性新兴产业劳动生产率2010~2015年呈显著的增长态势，且明显高于同期的海洋传统产业，其连年增长主要由海洋生物医药业、海洋电力和海水利用业贡献，尤其是海洋生物医药业。

二是中国海洋经济 2010～2014 年的产业结构年度失衡指数呈波动态势，但在 2015 年失衡指数突增，突增主要来自传统产业的滨海旅游业、海洋交通运输业、海洋渔业及相关产业，而海洋战略性新兴产业对产业结构年度失衡指数的贡献相对较小，尤其是海洋战略性新兴产业中的海洋生物医药业、海洋电力和海水利用业，其产业不合理程度要低于绝大多数海洋传统产业。

三是中国海洋产业综合技术效率均值在 2009～2015 年呈先升后降的趋势，海洋战略性新兴产业的综合技术效率走势与海洋产业相仿，但后期呈抬头态势，并且海洋战略性新兴产业综合技术效率始终高于同期传统产业及海洋经济整体，尤其是海洋生物医药业、海洋电力和海水利用业。

由此，本节得出如下启示。

一是要加快海洋经济供给侧结构性改革，海洋经济产业结构失衡严重，并且产业效率近年来持续降低，海洋经济资源消耗型的粗放式发展模式已经不能支撑产业的高效发展，亟须加快海洋产业结构升级，转变增长方式，提高产业发展效率，推动海洋经济供给侧结构性改革。

二是海洋战略性新兴产业对海洋经济产业结构失衡的贡献小，产业效率更高，并且效率呈抬升之势，尤其是海洋生物医药业、海洋电力和海水利用业。基于海洋技术创新，海洋战略性新兴产业具备知识技术密集、物质能源消耗少、综合效益好等特征，代表着海洋竞争的产业发展方向。海洋经济供给侧结构性改革要以海洋战略性新兴产业为抓手，加快海洋战略性新兴产业发展步伐，构筑经济新支柱、培育产业新优势，推进海洋经济发展方式转变和海洋经济结构战略性调整，扭转海洋经济产业结构失衡态势，提升海洋经济产业效率。

三是受海洋科技、海洋开发利用资源等因素的制约，中国海洋战略性新兴产业发展基础较为薄弱，大多仍处于萌芽和培育状态，产业效率近几年持续走低，对海洋经济的引擎作用尚未凸显。要大力发展海洋战略性新兴产业，尤其是海洋生物医药业、海洋电力和海水利用业，提升自主创新能力，着力突破海洋战略性新兴产业关键技术，促进市场应用与推广，加快创新成果的产业化进程。

第三节 海洋战略性新兴产业发展重点方向与领域

长期以来，中国海洋经济形成了以海洋渔业、海洋交通运输业和滨海旅游业等传统产业为主体的产业结构，海洋战略性新兴产业发展较为滞后，对海洋经济的带动作用比较有限。20 世纪 90 年代之后，国家对海洋经济的重视程度逐步加强，海洋战略性新兴产业发展进程加快，尤其是自 2010 年海洋战略性新兴产业发展规划制定出台之后，随着沿海经济带、蓝色经济区及海洋经济创新发展区域示范等涉海开发战略的相继实施，中国海洋科技实力不断增强，部分领域甚至达到国际先进水平，海洋战略性新兴产业规模稳步扩大。

2010～2017 年，中国海洋战略性新兴产业增加值由 8934 亿元增加至 20332 亿元，年均增速达到 12.47%。海洋战略性新兴产业对海洋经济的贡献也持续提升，占海洋经济的比重由 2010 年的 23.24% 增加至 2017 年的 26.20%（见图 7－7）。

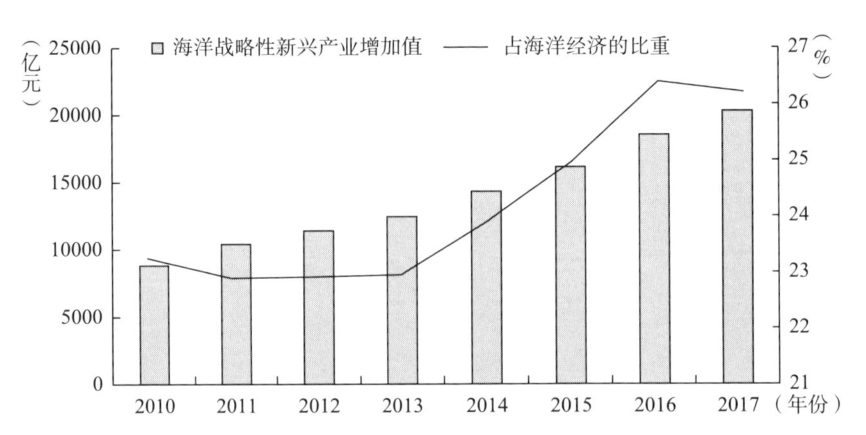

图 7－7 2010～2017 年海洋战略性新兴产业增加值及其占海洋经济的比重

资料来源：历年《中国海洋统计年鉴》。

海洋战略性新兴产业增加值主要由海洋科研教育管理服务业贡献，

2017 年，海洋战略性新兴产业增加值为 20332 亿元，其中海洋科研教育管理服务业增加值为 16499 亿元，占比达 81.15%，作为海洋战略性新兴产业中的第三产业，海洋科研教育管理服务业 2010～2017 年在海洋战略性新兴产业中的占比维持在 74.22% 以上。其次为海洋工程装备制造业，产业增加值为 3296 亿元，占比为 16.21%；海洋生物医药业增加值为 385 亿元，占比为 1.89%；海洋电力业和海水利用业增加值分别为 138 亿元和 14 亿元，在海洋战略性新兴产业中的占比均不足 1%（见图 7－8）。

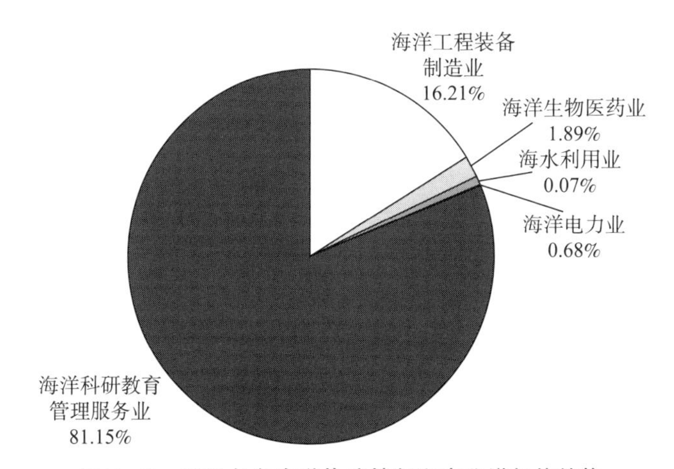

图 7－8　2017 年各海洋战略性新兴产业增加值结构

注：受限于数据来源，本书海洋工程装备制造业增加值为海洋工程建筑业和海洋船舶工业增加值之和。

资料来源：《2017 年中国海洋经济统计公报》。

整体来看，中国海洋战略性新兴产业虽然已经形成一定规模，也在海洋工程装备制造、海洋生物医药等某些重点领域取得一定突破，但受海洋科技、海洋开发利用资源等因素的制约，中国海洋战略性新兴产业发展还存在一些问题。一方面，中国海洋战略性新兴产业基础薄弱、规模较小，难以对海洋产业结构调整产生带动效应。虽然海洋战略性新兴产业对海洋经济的贡献持续提升，但海洋工程装备制造的核心技术和关键配套技术的国有化率还较低，海洋生物医药业仍以生产海洋功能食品为主，海洋新能源产业受制于成本效益，产业化仍亟待突破，海洋战略性新兴产业对海洋经济的支撑作用尚未凸显。2017年，海洋战略性新兴产业在海洋经济中的占比也仅为26.20%，对海洋经济的贡献尚有较大提升空间。另一方面，中国海洋战略性新兴产业发展缺乏区域协调和交流合作，甚至存在激烈的低端竞争。由于缺少国家层面的统筹规划，未形成专业的区域产业分工机制和产业合作机制，各沿海省（区、市）产业定位和发展方向趋同，引致区域间产业项目重复建设，处于较低端环节的装备制造能力在短期内大幅提升，但产业链高端的装备设计能力未实现突破，导致产能结构性过剩和区域间低端竞争。

一 海洋工程装备制造业

作为国家发展高端装备制造业的重要组成部分，海洋工程装备制造业是为水上交通、资源开发以及国防建设提供海洋技术装备的综合性产业，是中国海洋强国战略的重要基础和支撑。

（一）发展现状

海洋工程装备是在海洋资源开发利用和保护活动中使用的大型工程装备和辅助装备，具有技术密集、高投入、高回报、高风险、成长潜力大等特点，并且对设备的可靠性、安全性要求较为严格，同时设备成套性强，建造工艺要求高。由于海洋工程装备承接的订单主要为多品种、小批量的，所以对装备生产厂商的制造技术和资金实力要求非常高，使得海洋工程装备制造业的行业进入壁垒高。自20世纪70年代，为了开发渤海海上油气，中国建成一批具有代表性的海工装备，带动中国海洋工程装备制造业起步发展。进入21世纪后，面对开放的国内外市场，中国海洋工程装备制造业快速发展，海洋工程装备制造业的技术水平迅速提升。

2010年，《国务院关于加快培育和发展战略性新兴产业的决定》的颁布，第一次将海洋工程装备制造业提升至国家发展战略高度，并陆续出台《海洋工程装备制造业中长期发展规划》《海洋工程装备科研项目指南》《海洋工程装备制造业持续健康发展行动计划（2017—2020年)》等一系列政策，积极组建海洋工程总装研发设计国家工程实验室、海洋工程装备制造业创新中心等平台，为海洋工程装备制造业发展提供有力支持。

1. 市场规模不断扩大

国际上，海洋工程装备通常分为海洋油气资源开发装备、其他海洋资源开发装备和海洋浮体结构物，且以海洋油气资源开发装备为主。以 2015 年为例，在中国海洋工程装备 1163.5 亿元市场规模中，海洋油气资源开发装备 652.4 亿元，占比达 56.07%。海洋油气资源开发装备的市场需求主要来自海上油气资源开发，而海上油气资源开发受国际原油价格影响较大，在国际原油价格波动较大的背景下，海洋工程装备市场也呈现明显的波动发展态势。2012～2017 年，中国海洋工程装备订单成交额自 2013 年达到 176 亿美元后持续下滑（见图 7－9），世界地位也随之呈较大变动。2016 年，中国海工企业承接的建造订单成交额达 24.8 亿美元，虽然同比下降 35.1%，但对比仅有 1.4 亿美元和 4.4 亿美元新订单的传统海工建造国新加坡和韩国，中国仍居全球首位，市场份额占比达 47.5%。2017 年，中国海洋工程装备订单成交额累计达 20.7 亿美元，同比下降 16.5%，市场份额也降至 21.9%，被韩国超越而退居全球次席。

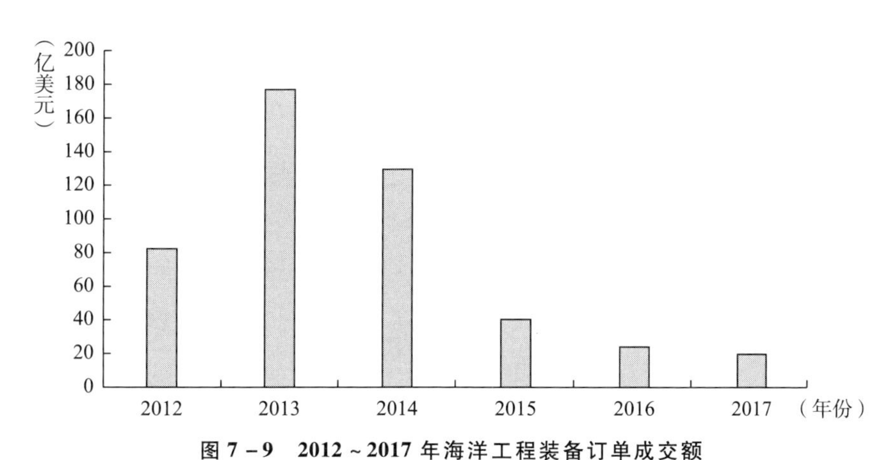

图 7－9　2012～2017 年海洋工程装备订单成交额

资料来源：历年《中国海洋统计年鉴》。

中国海洋工程装备市场规模在波动中持续扩大，如图 7－10 所示，

2011～2015年，市场规模由618.2亿元增长至1163.5亿元。到2017年，海洋工程装备制造业资产总额达1568.23亿元，拥有规模以上企业56家；全年实现销售收入975.78亿元，同比增长7.65%；行业盈利水平迅速提高，实现利润总额6.43亿元，同比增长155.64%。

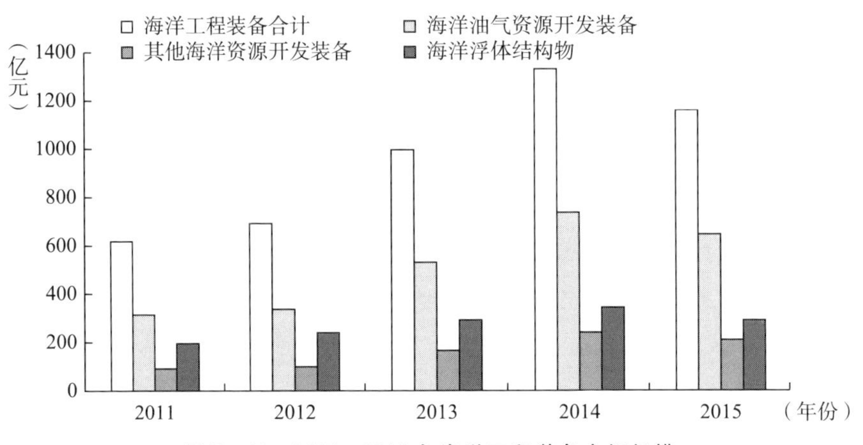

图7－10 2011～2015年海洋工程装备市场规模

资料来源：历年《中国海洋统计年鉴》。

2. 产业转型升级

中国海洋工程装备制造业除了行业规模不断扩大，产业转型升级也在持续推进，已经基本形成从海工总装到主要配套全系列的海工装备体系。

一是产品结构逐步升级。一方面，继续保持传统海工船领域优势，2017年中国承接的29艘价值13.1亿美元的海工船，占全球海工船接单总额的54.8%。另一方面，产品覆盖面不断扩大、产品结构不断优化，海洋工程装备产品由自升式钻井平台、FPSO和海工辅助船等较为传统的领域进一步优化延伸，而进入相对高端的领域，譬如经济型钻井船、FSRU、特种海工作业船等。2017年沪东中华造船厂获得的2艘大型LNG－FSRU建造合同，打破了韩国对这一领域的垄断。此外，诸如半潜式钻井平台、三用工作船等主力装备已实现批量化建造。

二是产业布局基本形成。在产业链条上，海洋工程装备制造业目前基本形成了一条涵盖基础研究、设计开发、装备建造、设备配套、技术服务等在内的较为完整的产业链。尤其是在核心配套环节，近年来取得的突破较大，诸如海洋钻井包、动力定位系统、海洋起重机等核心配套已经实现了产业化。在产业空间上，我国基本形成了以环渤海地区、长三角地区和珠三角地区为中心的海工装备研发、总装和配套设备产业集聚区，产业集群效应显现，大批骨干企业脱颖而出，如环渤海地区的大连船舶重工、青岛北海船厂，长三角地区的上海外高桥造船厂等。

三是技术水平不断提升。在关键技术上取得较大突破，先后自主设计建造国内先进的水深最大的近海导管架固定式平台、30 吨浮式生产储油轮装置 FPSO、自升式钻井平台，具有国际先进水平的 3000 米深水半潜式平台、圆筒型钻井平台等海洋工程装备。同时，通过收购兼并引进国外先进技术，收购兼并 F&G 等全球领先的设计企业，中国海洋工程装备企业的设计能力得到大幅提升，开发出 DSJ、SPA 等一系列自主设计产品，设备研发加快突破，如移船绞车、DP3 动力定位系统等，核心船舶配套设备竞争力不断增强。

（二）存在问题

中国海洋工程装备制造业近年来保持较快发展，技术水平持续提升，产业布局也已经初步形成，但在技术研发、产业化等方面仍存在一些问题和挑战。

一是自主创新能力不强。海洋工程装备制造核心专利技术多被国外垄断，中国制造业主要模仿参照或者直接引进国外技术，研发投入较少，自主创新能力不足。虽然承接订单较多，但主要集中于低端海洋工程装备产品，产品技术含量低，基本以总装为主，产品附加值较低，扎堆于价值链低端。技术水平和创新能力不能适应国内外深海开发的需要，对中国海洋工程装备制造业的发展形成一定制约。

二是产业配套装备发展较滞后。海洋工程装备制造业的产业链主要包括装备设计、装备总装建造和配套设备三大块，而大部分造价则集中于各种配套设备，配套设备在价值链中的占比高达 55%。但由于配套设备规格种类多、技术含量高，且要满足海上作业的诸多高难度要求，中国配套设备发展能力不足，只在低端配套上占有一定份额，高端配套设备则基本为国外供应商所垄断。中国高端配套设备严重依赖进口，本土化程度低，配套设备自给率不足30%，关键设备配套率甚至低于5%。同时，中国海洋工程装备关键配套设备通用性较差，无法提供有效的全球性售后支持，严重制约了中国配套设备的全球竞争力。

三是产业链处于低端环节。在当前全球海洋工程装备三级梯队式竞争格局中，中国尚处于第三梯队。虽然中国海洋工程装备制造业布局已初步形成，但与掌握核心技术、垄断海工装备研发设计和关键设备制造的欧美，以及高端海工装备模块建造与总装领先的韩国、新加坡相比，存在较大差距。中国海洋工程装备制造业主要从事装备改装和修理、浅水装备建造，由于中国长期以来过于注重规模扩张，技术水平提升有限，产业发展集中于低技术含量、低附加值的海洋工程装备领域，海洋工程装备制造业处于低端环节。

四是项目总包能力缺乏。在当前世界广泛采用的项目管理制下，海洋工程装备建造的整体由总承包商全面负责，总承包商占据附加值最高部分，所获利润最高。中国海洋工程装备制造业核心技术不足，配套设备发展落后，总包项目管理经验欠缺，制约了中国海洋工程装备制造业的项目总包能力，很多海工企业主要从事主体结构建造或装备集成，且基本为分包项目，获利相对微薄。

（三）发展重点

中国海洋工程装备制造业需加强自主创新，明确发展重点，以进一步拓展高端产业环节，优化产业布局，持续提升中国海洋工程装备的国际竞争力。

一是提升技术创新能力。加快海洋工程装备研发中心、测试基地、海上试验场等创新平台建设，着力关键共性技术攻关，推动设备自主设计与制造。创建国际研发合作平台，通过引进吸收再创新，加强深层次自主研发，提升中国海洋工程装备开发设计能力和制造技术水平。推动新一代信息技术在海洋工程装备领域的应用，积极推进物联网、云计算、大数据等新兴技术助力海洋工程装备实现自动化、智能化发展。

二是明确产业发展重点。把握海洋资源开发需求，重点发展先进装备制造、高技术船舶与特种船舶、关键配套设备。

关于先进装备制造，推动深水半潜式钻井平台、大型浮式生产储卸油装置（FPSO）、固定式海上液化天然气存储气化平台（PSRU）、张力腿平台（TLP）、立柱式平台（Spar）等油气开采装备的研发应用，加强大功率海上风电设备研发制造，发展大中型海水淡化工程高效节能核心装备。

关于高技术船舶与特种船舶，支持超大型集装箱船、大洋钻探船、超大型气体船、深海采矿船、浮标作业船、大洋综合资源调查船、海底管线巡检船、多功能物探船、超大型矿砂船等高技术船舶的设计和制造，发展深远海多功能救助船、大型远洋打捞工程船、高性能公务执法船、多功能应急保障船、极地物探船、极地科考破冰船等特种船舶。

关于关键配套设备，攻关双燃料发动机等船用动力系统与关键配套设备，开发尾气处理装置等环保装备，开发通信导航、动力定位系统、物探系统、锚拖带作业系统等关键设备和系统，推动甲板和舱室设备、辅助自动驾驶系统、无人装卸作业系统、钻井系统、大功率激光器等实现集成化和智能化。

二　海洋生物医药业

（一）发展现状

海洋生物医药业是指以海洋生物为原料或提取有效成分，进行海洋生物化学药品、保健品与功能制品的生产经营活动，包括基因、细胞、酶、发酵工程药物、基因工程疫苗、新疫苗；药用氨基酸、抗生素、维生素、微生态制剂药物；血液制品及代用品；诊断试剂；血型试剂、X光检查造影剂、用于病人的诊断试剂；用于动物肝脏制成的生化药品等。

1. 市场规模连年扩张

自20世纪80年代全世界范围内掀起海洋生物提取物热潮后，日本、美国、韩国、印度、荷兰、挪威、加拿大、波兰、法国等国均已能够生产海洋生物提取物及其衍生品，极大地促进了全球海洋生物医药业的发展。欧美、日本等发达国家投入巨额资金开发海洋生物酶、生物相容性海洋生物医用材料，西班牙、美国出现了专门从事海洋药物研发的制药公司。

中国现代海洋生物医药业发展起步较晚。1978 年，全国科技大会上关于“向海洋要药”的提案，促使海洋药物研究正式被纳入国家科学技术发展规划，并建立了初期的海洋生物医药制造体系与机制。20 世纪 90 年代，海洋生物技术研究正式纳入“863 计划”，成立国家海洋药物工程技术研究机构，并相继启动大批海洋生物技术的重大项目，推动海洋生物医药业快速发展。进入 21 世纪，中国接连颁布多项政策措施，促进海洋生物医药业的研究发展，尤其是自 2009 年战略性新兴产业发展规划将海洋生物医药业作为海洋领域重点发展的产业以来，中国海洋生物医药业步入快车道，产业化进程不断推进，产业规模持续扩张。2010 ~ 2019 年，海洋生物医药业增加值由 67 亿元连年增长至 443 亿元（见图 7 - 11），9 年间增长了 5.61 倍，年均增速达 23.35%，即便增速最低的 2019 年，也以 8% 的同比增速超过同期 GDP 增速，也高于同期海洋经济总体 7.90% 的增速。

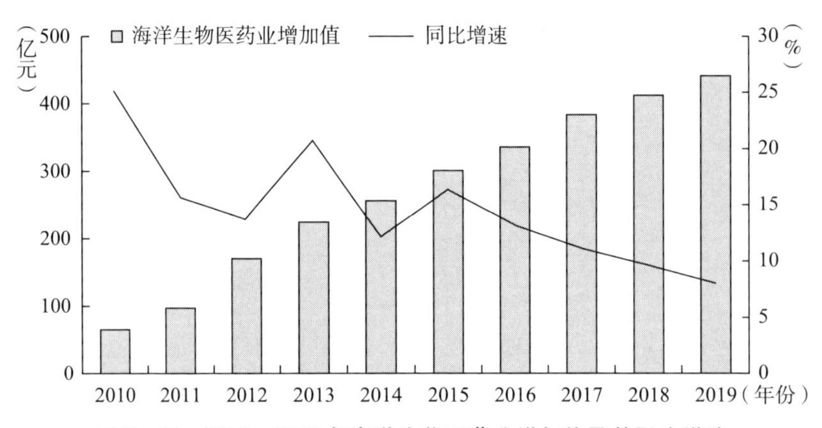

图 7 - 11　2010 ~ 2019 年海洋生物医药业增加值及其同比增速

资料来源：根据历年《中国海洋经济统计公报》数据整理所得。

2. 产业加快集聚发展

一是产品竞争力不断增强。海洋生物科学技术研究从近海、浅海到远海、深海的延伸扩展，发掘出大量海洋动植物活性先导化合物、结构差异化的海洋动植物代谢产品，中国海洋生物技术成果的丰富性和多样化不断提升。同时，培育出一批具有市场竞争力的重大海洋产品，包括中国研制的首个具有自主知识产权的藻酸双酯钠，已进入Ⅲ期临床试验并有望获国家新药证书的海洋生物抗病毒国家二类新药“藻糖蛋白”，突破国内人体医学诊断行业重大技术瓶颈和国外垄断的早期肾损伤诊断试剂盒，通过海洋兽药注册的国内首个鱼用活疫苗，达到甚至领先国际先进水平的海藻纤维、海洋生物碱性蛋白酶、高纯氨基葡萄糖硫酸盐等，壳聚糖类骨钉产品等生物相容性良好的海洋生物材料制品。

二是产业集聚态势已经初步形成。广州、湛江、厦门等8个国家海洋高技术产业基地，加之上海临港、江苏大丰等4个科技兴海产业示范基地，形成了以广东、上海、福建、山东四大研究中心为依托的海洋生物医药业发展格局，并初步形成以广州深圳、山东青岛为核心的海洋医药与生物制品产业集群，以厦门为核心的福建闽南海洋生物医药与制品集聚区。同时，科技成果产业化步伐不断加快，培育了一批海洋生物医药业高科技企业，包括威海百合生物技术股份有限公司、天津天士力、江苏苏中药业集团、浙江海正药业股份有限公司、深圳市海王生物工程股份有限公司、北海国发海洋生物产业股份有限公司等海洋生物企业。

三是研发水平持续提升。中国海洋生物医药科技水平不断提升，研发实力持续增强。在国家政策的支持引导下，沿海省（区、市）相继建立研究机构，形成了以上海、广州、青岛、厦门为核心的海洋药物及生物技术研究中心，科研成果领域从沿海、浅海向远海、深海不断延伸，获得了大量具有自主知识产权的国内外专利。同时，中国海洋药物及海洋生物工程制品研发领域的科研人员不断增加。

（二）存在问题

虽然中国海洋生物医药业取得一定成果，行业规模不断扩张，但与美国、瑞士等发达国家相比仍存在较大差距。

1. 自主创新能力不足

科技创新是海洋生物医药业等海洋战略性新兴产业发展的关键，但由于产业发展基础薄弱、科研人才欠缺、支撑体系尚不完备等，海洋生物医药业自主创新能力不足成为产业发展的最大制约因素。

一是基础研究较为薄弱。美国、日本等发达国家十分注重海洋生物基础科学的研究，而中国由于海洋开发技术和海洋生物医药技术发展较为落后，基础研究较为薄弱，以 2015 年为例，海洋生物医药基础研究研发人数仅为 47 人，只有应用研究研发人数的 24.74%，研发经费支出也只有 844.6 万元，只有应用研究的 11.70%（见图 7－12）。目前对海洋生物的研究大多处于初级代谢产物的阶段，对海洋生物的生物学、药理学等研究尚不够深入，对很多海洋生物的潜在药物价值缺乏了解，制约了海洋生物进入临床试验阶段进而实现临床应用的可能性。

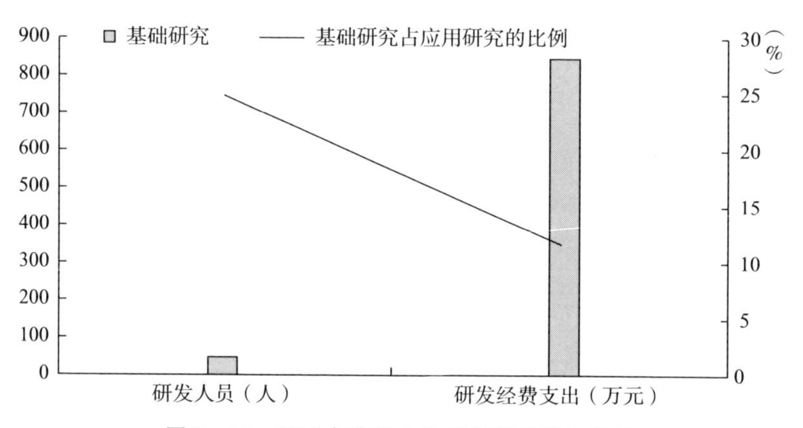

图 7－12　2015 年海洋生物医药研发投入情况

资料来源：《中国海洋统计年鉴 2016》。

二是应用研究创新不足。中国企业创新主体地位尚未形成，企业缺乏自主创新意识，大多数选择跟随仿制或基于原有产品进行改良，缺乏自有品牌，造成了产业低端的同质化竞争。2014～2015 年，中国海洋生物工程技术发展较快，R&D 人员从 39 人增长至 190 人，R&D 课题数从 22 个增加至 36 个，R&D 经费支出也从 2189.2 万元增长到 7217.1 万元（见图 7－13）。但中国海洋生物工程技术仍处于起步阶段，2015 年，海洋生物工程技术的研发人数在海洋工程研究中的占比仅为 2.39%，R&D 经费支出的占比也只有 1.63%。同时，海洋生物工程技术行业专利数量处于较低水平，2015 年发明专利总数只有 6 项，在拥有 12425 项发明专利的海洋工程研究中仅占有 0.05% 的份额。

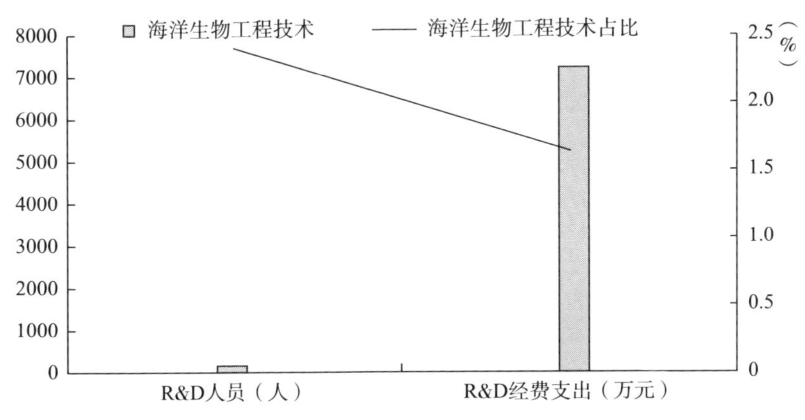

图 7－13　2015 年海洋生物工程技术 R&D 情况

资料来源：《中国海洋统计年鉴 2016》。

2. 产业化进程缓慢

中国海洋生物医药业是以科研成果为基础的高科技含量、高附加值的高新技术产业，虽然拥有大批先进的研究成果，但产业化水平却十分低下。海洋生物医药业与其他海洋战略性新兴产业不同，海洋生物医药产品属于药物体系，在安全性和规范性要求下，海洋生物医药从药物研发、临床试验到投产应用具有较长的生产周期。海洋生物医药存在生产周期长等产业特征，同时生产流程比陆生医药更为复杂，加之科技链不畅、成果转化机制缺乏等问题，使得海洋生物医药的产业化进展较慢，产业化比率严重低下。中国海洋生物技术成果转化率较低，只有约 15% 的海洋生物技术能真正转化为产品，与美国 50% 的科技成果转化率相去甚远，其中的海洋生物医药转化率更为低下，严重限制了海洋生物医药业的经济效益和社会效益。

（三）发展重点

一是加快技术发展。依托海洋生物医药产业基地，建设海洋生物技术和海洋药物研究中心、药物资源库、基因资源库、海洋生物样品库和微生物物种资源库，加快建设海洋生物创新平台及公共服务平台。加快研究生物资源开发技术，开展深海生物基因资源研究，加强重要海洋动植物和微生物基因组及功能基因，海洋生物药用、工农业用功能基因，海洋动植物及其病原微生物重要功能基因等技术研发，抢占海洋生物基因资源的制高点。加强海洋生物医药技术研究，研究开发预防性及治疗性疫苗等新兴生物提取技术，积极探索海洋生物资源新物质和海洋生物制品新功能，发展新型诊断试剂、治疗性和诊断性抗体、新型生化药物、化学合成新药、中间体与制剂、再生医药材料等。积极发展高技术育种，提升涉海科研机构研发能力、拓展海洋生物研究领域。

二是明确产业发展重点。着力关键性海洋生物技术攻关，提升自主知识产权，积极开发高技术、高附加值的海洋生物医药，重点研发抗肿瘤、抗病毒、抗心脑血管疾病等创新药物；加快开发促生长制剂、海洋生物酶制剂、海洋生物制品基料、海洋生物型临床营养制品和保健制品等海洋生物功能制品。加快关键技术产业化进程，大力发展海洋生物育种和健康养殖，尤其是医用海洋动植物的养殖和栽培，建设海洋生物育种和健康养殖集聚区，推进海洋生物种质保护。

三　海洋新能源产业

在能源转型和应对全球气候变化的压力下，海洋新能源凭借开发潜力大、可持续利用、绿色清洁等优势，成为世界各国争先发展的重要领域。

（一）发展现状

海洋能源资源按存在形式和开采技术，可分为三大类：第一类是煤炭、油气等传统的海底化石能源；第二类是潮汐能、波浪能、温差能、盐差能、生物质能以及海上风能等可再生能源；第三类是可燃冰、页岩油气、海底重稠油和干热岩等非常规能源。本书研究的海洋新能源包括第二类的可再生能源和第三类的非常规能源。

1. 海洋可再生能源

中国海洋能源储量丰富，20 世纪 50 年代，中国开始进行海洋可再生能源开发研究，并先后建设海山、江厦潮汐能电站。进入 21 世纪，中国颁布多项政策加快海洋可再生能源发展，加大财政支持，并专门成立“海洋可再生能源专项基金计划”，截至2017年9月，该计划已经为111个海洋可再生能源项目提供资金支持，合计达12.5亿元。在《绿色电力证书核发及自愿认购规则（试行）》等政策大力支持下，中国的海洋可再生能源技术步入发展快车道，海洋电力行业市场规模不断扩张。

2019年，中国海洋能装机容量为4兆瓦，海上风电装机容量达2641兆瓦，海洋电力行业增加值达199亿元。如图7-14所示，中国海洋电力行业增加值从2010年的28亿元快速增长至2019年的199亿元，年均增速达24.35%，即便增速最低的2019年，同比增速也达7.2%，高于同期GDP增速。

图7-14　2010~2019年海洋电力行业增加值及其同比增速

资料来源：根据历年《中国海洋经济统计公报》数据整理所得。

据各沿海省（区、市）可再生资源的蕴藏量，中国海洋可再生能源产业主要分布于山东、江苏、浙江等地区。其中，风能发电站多分布于山东、江苏等地区，在2013年中国1588.99万千瓦的风能发电量中，以山东风能发电能力最强，达到628.69万千瓦，占比达39.57%，江苏和广东次之，风能发电量分别达268.46万千瓦和186.93万千瓦，市场份额分别为16.90%和11.76%（见图7-15）。潮汐电站则主要分布于浙江省，如江厦潮汐试验电站、海山潮汐电站和岳浦潮汐电站等，三家电站2015年装机容量分别为4100千瓦、250千瓦和150千瓦。

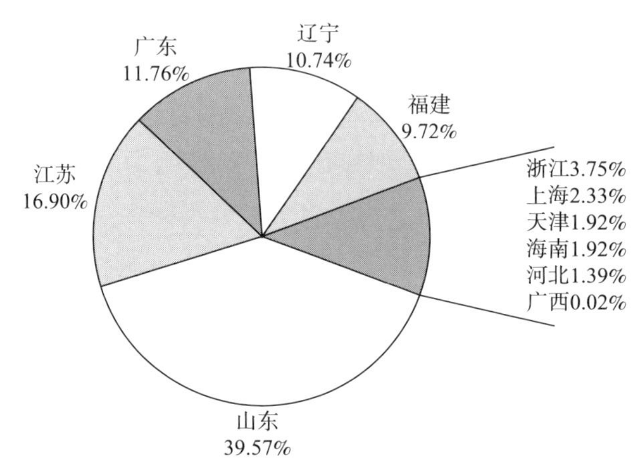

图7-15　2013年沿海地区风能发电能力

资料来源：《中国海洋统计年鉴2014》。

中国海洋可再生能源技术不断发展，尤其是潮汐能、波浪能、潮流/海流能、温差能、盐差能等发电技术，由早期的研发和示范阶段开始进入应用阶段，并形成50余项海洋能新技术和新装备。例如，中国“万山号”鹰式波浪能发电装置实现升级且累计发电超过50兆瓦，200瓦温差能电力系统操作深度达500米，LHD模块化潮流能发电机组研制成功并完成海试和并网发电，潮流能发电涡轮机从60千瓦、120千瓦基础向600千瓦挺进，并已开始测试和海试。中国成为世界上第3个实现兆瓦级潮流能并网发电的国家，同时，以广东万山波浪能试验场、山东浅海试验场以及浙江舟山潮流能试验场为主的国家级海洋能海上试验场已经启动一期项目建设，为中国海洋能产业发展提供了支撑和保障。

2. 海洋非常规能源

除了页岩油气、煤层气、可燃冰外，海洋非常规能源还包括深水油气资源。天然气水合物（可燃冰）是一种由天然气和水分子在低温高压状态下形成的似冰状固态物质，俗称“可燃冰”，是21世纪最具潜力接替煤炭、石油和天然气的新型洁净能源之一。2004年，中国与德国合作勘探南海神狐冷泉区，确认存在海底可燃冰；2009年，于青海祁连山永久冻土带首次钻获可燃冰实物样品；2017 年，中国可燃冰勘探开发理论及全流程试采等核心技术取得突破，在南海北部神狐区域的可燃冰试采取得成功，经 60 天连续采气 30.9 万立方米。在现有技术下，可燃冰的开采可能导致严重的温室效应和深海地质灾害，因此可燃冰尚在进行技术准备，不能进行规模化商业开采。

（二）存在问题

一是海洋新能源技术发展较慢。海洋新能源开发利用存在开发难度较大、稳定性较差、能量密度不高、分布不均匀等问题，技术研发也面临诸多风险和不确定性。国际上潮汐能、海流能、波浪能、温差能和盐差能等技术还处于研发示范的早期阶段，中国比较成熟的技术只有海洋风电和潮汐发电，其他的发电技术仍处在实验开发阶段。2010～2015 年，中国海洋新能源开发技术发明专利总数呈先增后降的趋势，由 2010 年的 25 个逐年增长至 2013 年的 701 个，后又降至 2015 年的 299 个（见图 7－16）。同时，海洋新能源技术研发投入也逐年减少，海洋新能源技术开发 R&D 的课题数由 2011 年的 511 个减少至 2015 年的 218 个，R&D 内部经费支出也由 2011 年的 14.09 亿元减少到 2015 年的 8.31 亿元（见图 7－17）。

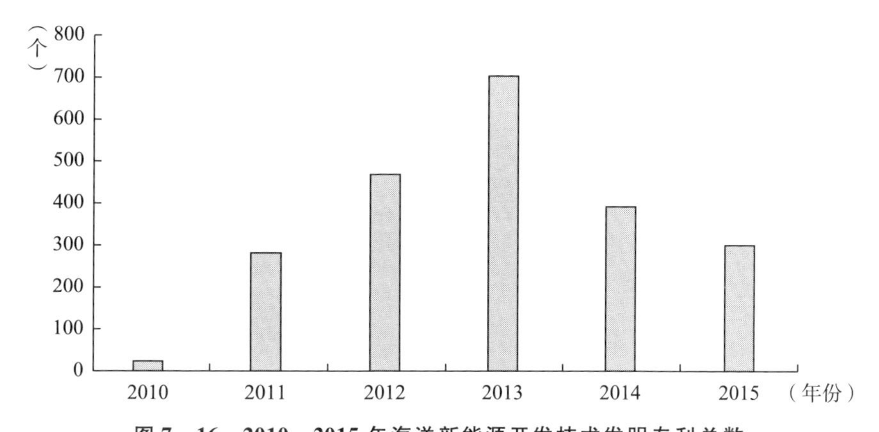

图 7－16　2010～2015 年海洋新能源开发技术发明专利总数

资料来源：根据历年《中国海洋统计年鉴》数据整理所得。

二是海洋新能源产业市场准入门槛高，较难进行市场化运行。发展海洋新能源除了受稳定性差、收集控制难度大、转换率低下等技术制约，还面临装置建设造价昂贵、施工及维护困难等种种难题。由于海洋新能源产业成本高、风险高、收益率不稳定的特点，海洋新能源产业的企业主体主要为大型国有企业，民营企业难以望其项背。技术开发与商业化应用不确定性大，使得海洋新能源产业较难进行市场化运行并实现产业化扩张，海洋电力业在海洋经济总体中的占比一直极小，2017 年海洋电力行业增加值占海洋生产总值的比重仅为 0.17%，在能源消费中的占比也较低。

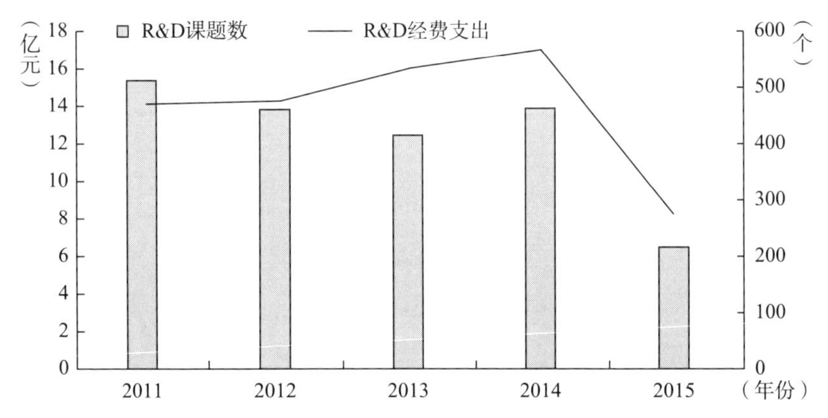

图 7－17　2011～2015 年海洋新能源技术开发 R&D 课题数及经费支出情况

资料来源：根据历年《中国海洋统计年鉴》数据整理所得。

（三）发展重点

加快建设国家重点实验室和工程实验室，搭建海洋新能源科技创新服务平台，着力关键共性技术突破，加快技术共享、转移、扩散，并推动创新链与产业链耦合，构建完善海洋新能源产业技术创新体系。探索建立由政府引导扶持，主机厂商、勘察设计企业、安装施工企业联合作为主体的海上风电全生命周期研发公共平台，积极开展移动式测风、漂浮式海上风电基础、远距离海上风电输电等关键核心技术研发。

关于海上风电，充分利用海上风能资源，科学合理布局海上风电项目。着力攻关大功率风电机组及关键零部件、漂浮式海上风电平台装置、风电场智能开发与运维、海上风电场施工等领域的关键技术。加快离岸风电项目建设，促进产业集群的形成，打造海上风电运维和科研及整机组装基地、海上风电创新研发基地、海上风电高端装备制造基地。加快海上风电相关示范项目建设，扶持与农渔业兼容发展的潮间带风电建设，开展南海台风多发海域试验风场研究，积极推动渗水海上风电项目开发建设，从勘察设计、风机制造、安装施工等全生命周期角度探索降本增效的措施。着力电网并网技术研究，完善配套基础设施建设，科学规划海上风电输电，加强气象保障。

关于海洋能，加强海洋能资源勘查，选划海洋能利用空间，优化产业发展环境。加快海洋能产业化进程，依托海洋新能源科技创新服务平台，着力海洋能技术研发，促进海洋能开发企业的孵化培育，配套完善海洋能装备制造及测试服务。建设海洋能示范项目，打造海岛多能互补独立电力系统、近岸兆瓦级潮流能电站、近岸万千瓦级潮汐能电站等示范工程，推动潮流能、波浪能等海洋能综合利用示范电站建设。

关于生物质能，在保护海洋生态的基础上，探索发展高通量优质藻种选育与改造技术，重点发展海藻生物质采收技术及设备，着力发展海藻油脂提取生物酒精的转化技术、微生物发酵制备甲烷技术、海藻生物燃料的加工炼制技术，推动海洋微藻制备生物柴油和氢气的海洋生物质能产业化。

关于天然气水合物等非常规能源，加快建设天然气水合物国际合作研发中心、勘察开发技术孵化中心和国家工程实验室，着力开展天然气水合物钻采和储运关键装置、开发环境原位检测多元数据融合预警、多功能钻探专用船型等关键技术研发；成立勘探开发企业，全力推进天然气水合物资源勘探、试采和商业化开发，强化产业链上下游配套，加快形成天然气水合物勘探、勘察、钻采、生产、储运、支持服务等环节的完整产业链；加快新能源装备研发，着力发展非常规油气勘探开发技术装备、海上大型浮式生产储油系统、万吨级半潜式起重铺管船等装备，推动页岩气等非常规资源勘探开发。

四 海水淡化与综合利用业

海水淡化与综合利用作为水资源的重要补充，是优化用水结构、缓解淡水资源紧张、保护生态环境的重要途径，对中国经济社会可持续发展具有重要战略意义。

（一）发展现状

1. 市场规模逐年扩张

中国海水淡化起步早，自20世纪50年代末，中国开始进行海水淡化技术研发，电渗析、反渗透和蒸馏法等多种海水淡化技术方法得到长足发展。特别是“十五”至“十二五”期间，中国海水淡化与综合利用业由技术研发阶段步入产业化阶段，海水淡化技术研发、装备制造、工程设计与建设等各方面进展加速，海水淡化与综合利用产业体系基本建立。截至2016年末，中国海水淡化能力达到118万吨/天，海洋冷却用水量达到1201.36亿吨/年，海水直流冷却技术在钢铁、化工等行业广泛应用，其中90%为电力企业。2010～2019年，中国海水淡化与综合利用产业规模保持稳中有增态势，海水淡化与综合利用业增加值由10亿元增加到18亿元（见图7－18）。虽然海水利用规模较小，2017年行业增加值占中国主要海洋生产总值的比例不到0.02%，但海水淡化与综合利用业对缓解中国沿海地区缺水问题至关重要。

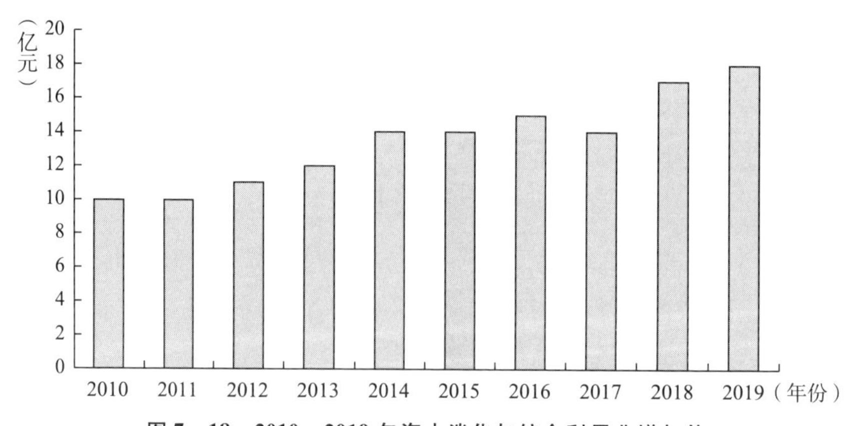

图7－18 2010～2019年海水淡化与综合利用业增加值

资料来源：根据历年《中国海洋经济统计公报》数据整理所得。

2. 产业体系日趋完善

中国海水淡化与综合利用产业体系基本建立并日趋完善，海水淡化产业整体水平不断提高。在产业空间布局上，总体呈现“北多南少”“南膜北热”的现象。中国海水淡化与综合利用业主要分布在北方沿海地区，尤其是天津、山东等省市，浙江海水利用也相对较为发达。在中国2016年末已建成投产的158个海水淡化工程装置中，已建成数量以浙江为最多，达47个，其次为山东和辽宁，分别有28个和19个；158个海水淡化工程装置总产能达1388265m^3/d，其中，总产能以天津为最高，达317445m^3/d，其次为河北和山东，分别实现288500m^3/d和276955m^3/d的产能（见图7－19）。

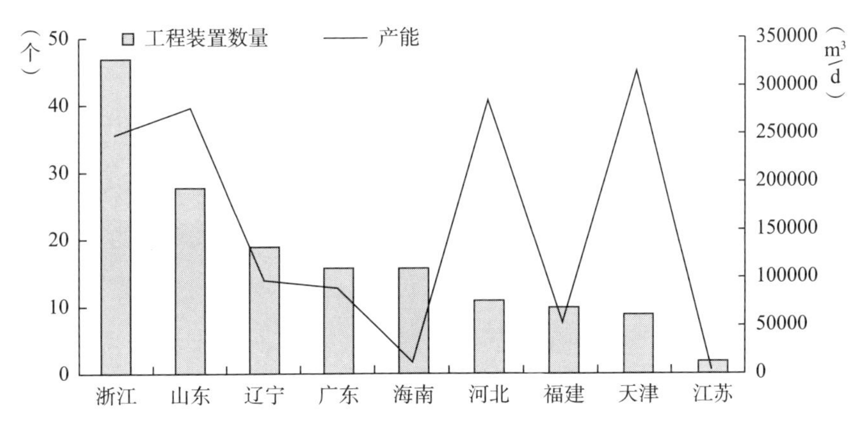

图7－19　2016年沿海省（区、市）海水淡化工程装置数量及产能

资料来源：《中国海洋统计年鉴2017》。

中国海水利用关键技术当前已经取得较大突破，尤其是海水淡化核心技术、低温多效海水淡化技术和反渗透海水淡化技术已经达到国际先进水平，并开发了诸如国产海水淡化膜组器、海水淡化高压泵、反渗透膜压力容器等一批海水淡化关键设备，并实现了海水淡化成套设备的海外出口。同时，中国先后建成一批具有自主知识产权的千吨级和万吨级示范工程。2016年末，在中国158个海水淡化工程装置中，以应用反渗透技术和低温多效技术的工程装置为主，分别有136个和19个（见图7－20）。除了应用海水淡化主体技术，中国海水淡化工程建设也开拓了海水淡化技术与新能源技术相结合的工艺路线，研发并建成一批风能、核能、太阳能、海洋能等新能源海水淡化装置。

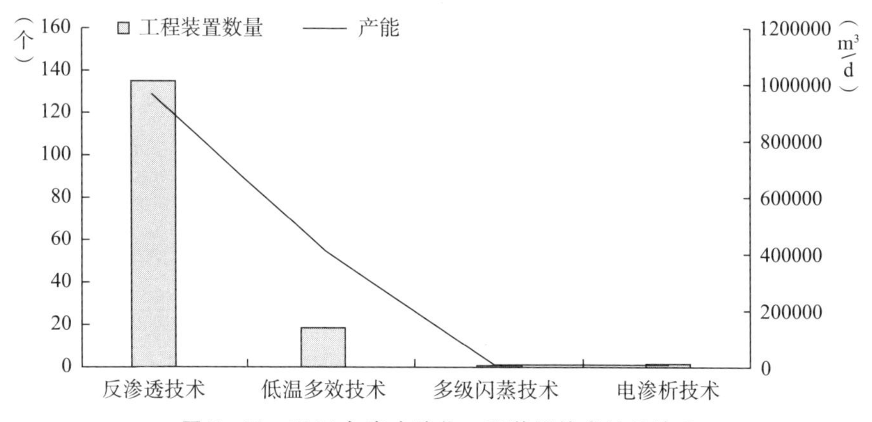

图 7－20　2016 年海水淡化工程装置技术使用情况

资料来源：《中国海洋统计年鉴 2017》。

（二）存在问题

一是关键核心技术不强。虽然经过近年来的积极发展，中国海水淡化关键技术、关键装备及零部件已取得较大进展，系统集成方面也取得一定成效，但与国外技术和应用相比仍存在较大差距。技术和产品创新主要集中在低端环节，高端领域缺乏创新，并且自主创新能力不足，原创性技术和突破性技术较少，关键部件及设备、核心材料等仍依赖进口，制约了中国海水淡化与综合利用业的健康发展。

二是海水淡化市场应用不足。由于中国当前海水淡化技术主要为反渗透法和蒸馏法，同时又受成品水要求、地域、原水水质、供水距离、企业规模等因素影响，目前中国海水淡化成本较高，达到每立方米 5～8 元，高于自来水价格，海水淡化这一新兴产业缺少竞争优势。海水淡化效益不显，各界对海水淡化工程建设积极性不高，同时淡化水的较高成本抑制了海水淡化的市场需求，又进一步打压了企业进入海水淡化市场的积极性，使得海水淡化市场规模较难持续扩大，产业扩张乏力。

（三）发展重点

成立海水淡化与综合利用创新平台，重点加快海水淡化技术突破，加强海水淡化科技基础研究，着力海水淡化工艺技术、关键设备和材料的研发，着力海水淡化、海水循环冷却、海水化学资源提取等技术集成，扭转关键技术受制于人的局面，提高海水淡化自主创新能力和核心竞争力；加快海水淡化与综合利用关键技术产业化，发展形成淡化海水、工业海水、生活海水三大产业。

关于海水淡化，着力海水淡化技术研发，推进海水淡化产业化，开展技术产业化示范，支持城市利用海水作为生产生活用水，实施沿海缺水城市海水淡化民生保障工程。推动海水淡化水进入市政供水系统或用于调水的供水体系，鼓励并支持沿海地区推进建设大规模海水淡化示范工程。关于海水综合利用，积极开发精细化工产品并推广应用，加强海水提取钾、镁、溴等一系列海水化学资源的综合利用。关于海水直接利用，严格限制淡水冷却，在沿海地区大力推动海水冷却技术在高用水行业的规模化应用，针对化工、石化、电力等重点行业的工业用水需求，推广海水直接利用；积极推进高耗水行业节水改造和新建项目的海水循环冷却应用。

五　海洋科研教育管理服务业

海洋科研教育管理服务业包括海洋信息服务业、海洋技术服务业、海洋科学研究、海洋教育等多项内容，是开发、利用和保护海洋过程中所进行的科研、教育、管理及服务等活动。

（一）现状与问题

中国海洋科学研究能力不断增强，2010～2019年，海洋科研教育管理服务业市场规模不断扩张，行业增加值由6839亿元增长至21591亿元，除了2012年和2013年增速（均为7.3%）较低，其他年度海洋科研教育管理服务业增加值同比增速处于8.1%～12.8%（见图7－21），高于同期GDP增速。2017年，海洋科研教育管理服务业在海洋经济中的占比达到21.26%，为海洋第三产业乃至整个海洋产业的发展提供了强大推动力。

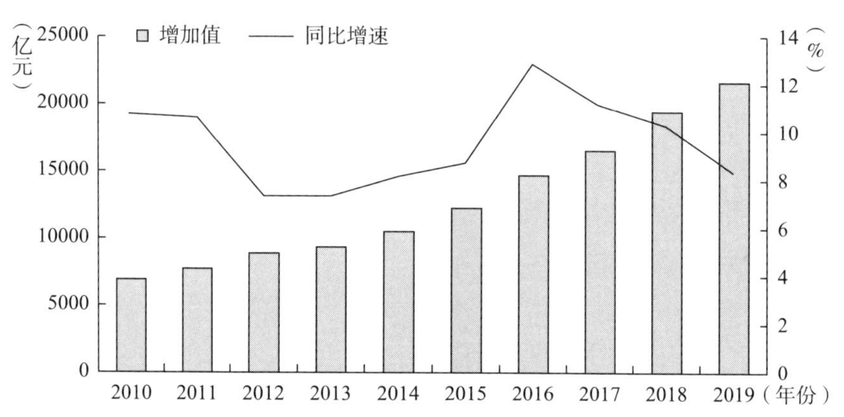

图 7-21　2010~2019 年海洋科研教育管理服务业增加值及其同比增速

资料来源：根据历年《中国海洋经济统计公报》数据整理所得。

1. 海洋信息服务业

20 世纪 80 年代以来，欧美、日本等世界海洋强国围绕海洋信息系统建设，投入巨资相继推出一系列大型海洋信息系统建设项目，包括全球海洋实时观测网计划、美国一体化海洋观测系统、日本密集型地震海啸海底监测网系统、欧洲海底观测网等。中国也在党的十八大以后明确提出，要加快海洋信息标准化建设，推进信息资源的统一管理和共享，依托国家电子政务网络，整合改造海洋信息业务网。当前，中国海洋信息服务业已经形成一定规模，海洋信息系统建设取得初步成效，包括全球海洋立体观测网、国家海底科学观测网、海洋上空温室气体监测网、中国南海海底观测网等海洋信息系统项目。

中国的海洋信息系统建设虽然取得一定成效，但相对于欧美、日本等国，项目仍处于分散、孤立的状态，覆盖面广，长期且常态化的海洋和海底观测仍处于起步阶段；数据获取区域以近海、海岸带和浅海为主，深海、远海仍存在大片的数据空白区，并且所获数据难以共享，制约了海洋信息服务效能的发挥。此外，受限于能源供应技术、海底工程布设技术，海底观测网建设的相关技术和配套工艺较为落后。

2011~2015 年，中国海洋信息服务业 R&D 课题数和经费支出均呈先增后减的态势：R&D 课题数由 2011 年的 29 个增加至 2013 年的 46 个，后又减少至 2015 年的 23 个；R&D 经费支出由 2011 年的 12212.7 万元增加至 2013 年的 19753.5 万元，后又减少至 2015 年的 13353.1 万元（见图 7－22）。

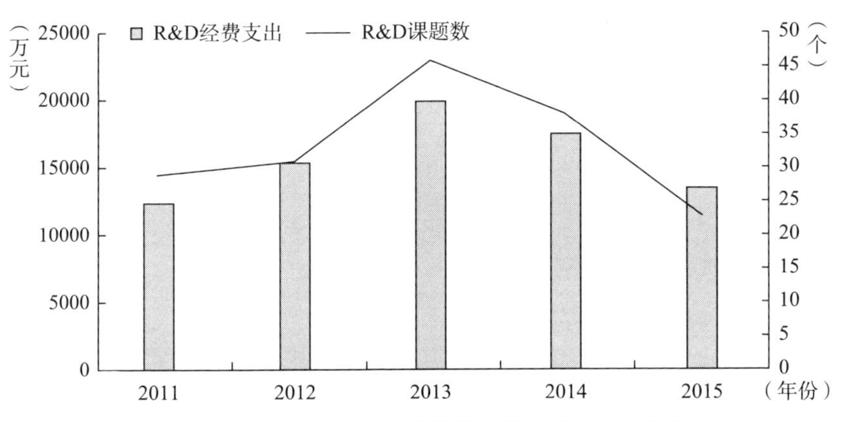

图 7－22　2011～2015 年海洋信息服务业 R&D 情况

资料来源：根据历年《中国海洋统计年鉴》数据整理所得。

2. 海洋技术服务业

海洋技术服务业是以技术和知识向海洋科技产业提供服务的产业，其服务手段是技术和知识，服务对象是海洋产业。根据服务对象的不同，科技服务大致可以分为两类：一是面向政府提供的政务服务，包括参与科技计划项目、管理基金项目、科技宣传、科技合作与交流等；二是面向市场提供的科技服务，包括管理咨询、技术服务、信息服务、培训服务等，表现为专业化、品牌化、连锁化、网络化、规模化、产业化的运作模式。

中国海洋技术服务业仍处于发展初期，但海洋技术服务质量和能力稳步提升，内容不断丰富，模式不断创新，新型服务组织和业态不断涌现，呈现良好的发展势头。2011～2015 年，中国海洋技术服务业 R&D 投入不断增加，甚至在 2015 年呈爆发式增长：R&D 课题数由 2011 年的 21 个增加至 2015 年的 616 个；R&D 经费支出由 2011 年的 4925.8 万元增加至 2015 年的 95782.3 万元（见图 7－23）。

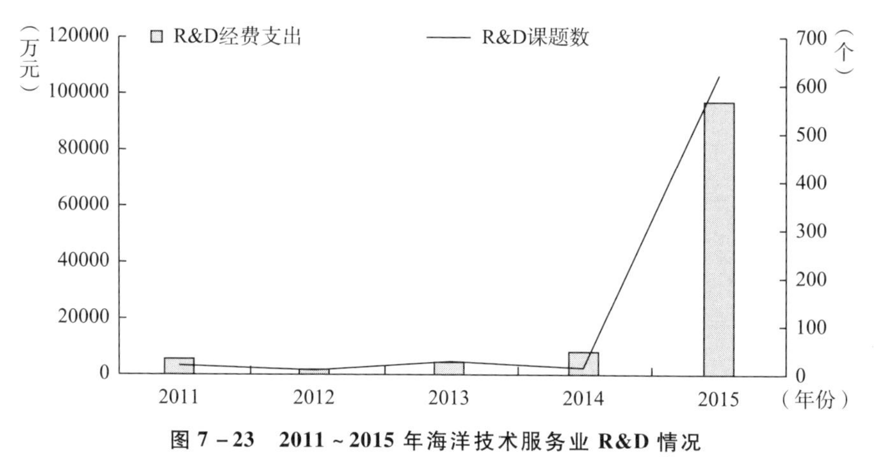

图 7－23 2011～2015 年海洋技术服务业 R&D 情况

资料来源：根据历年《中国海洋统计年鉴》数据整理所得。

3. 海洋科学研究

中国海洋科学研究始于 20 世纪 50 年代，先后成立了中国科学院、国家海洋局、农牧渔业部等，并建立了各种海洋科研调查机构 100 多个。中国海洋科研部门进行了大量考察和科研工作，“全国海洋综合调查”为中国海洋科学研究、资源开发、经济发展和国防建设提供了有力支撑，“全球变化与海气相互作用”专项填补了中国在深远海领域调查研究的空白。近年来，中国海洋科技研究快速发展，海洋科研力量不断增强。2011～2015 年，海洋科研机构数量由 179 家增加至 192 家，R&D 人员数量由 25077 人增加至 29088 人（见图 7－24）。5 年间，中国陆续设立 3 个工程技术中心、6 个全国海洋经济创新发展示范区域、7 个国家科技兴海产业示范基地和 8 个国家海洋高技术产业基地试点。

海洋科学研究已覆盖海洋各个学科，例如在物理海洋学方面提出了“文氏普遍风浪谱”理论，在海洋地质与地球物理学方面建立了中国边缘海形成演化理论框架，在生态动力学方面建立了中国近海生态系统动力学理论体系基本框架。同时中国海洋技术取得了突破性进展，已经形成了以海洋资源勘探开发、海洋通用工程、海洋环境监测为主的高新技术体系。

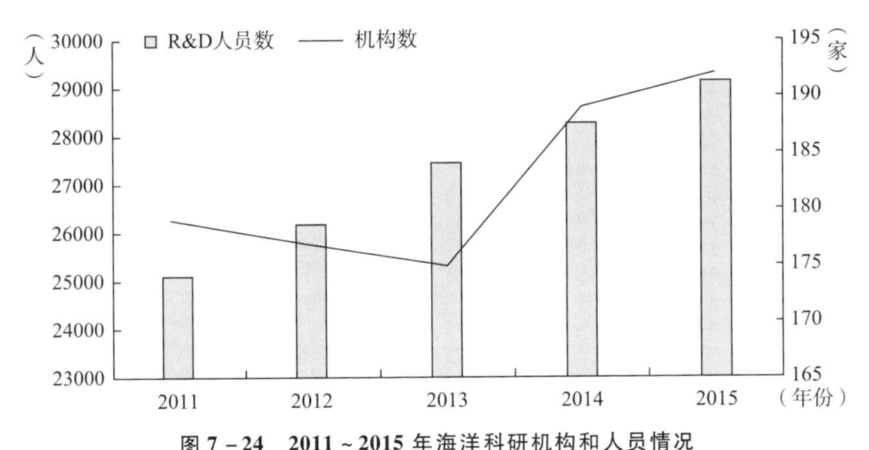

图7－24 2011～2015年海洋科研机构和人员情况

资料来源：根据历年《中国海洋统计年鉴》数据整理所得。

4. 海洋教育

中国已经基本建成较为完善的海洋教育体系，目前中国海洋类本专科院校有130多个，其中专业海洋类院校22个，涉海类院校100多个；设立涉海类专业点近300个，其中以水产养殖专业的设置数量最多，轮机工程、航海技术、海洋科学与技术等专业设置数量次之。在专业人才方面，从事海洋教学和科研的人数多达数万人，人才质量相对较高，25%以上具有高级职称，30%以上具有硕士以上学位，并且呈现明显的聚集效应，主要分布于山东、广东、浙江等海洋强省。

海洋教育对中国海洋经济产业质量的持续提升起着不可忽视的作用。海洋基础教育、高等教育和职业教育发挥各自功能，为海洋产业的发展提供了多层次人才，推动中国科研机构和研究队伍不断壮大、科研人员学历结构持续优化。在2015年35860名海洋科技活动人员中，学历结构以博硕士学历为主，其中，博士学历有8749人，占比为24.40%；硕士学历有11793人，占比为32.89%；本科学历有10417人，占比为29.05%（见图7－25）。此外，中国积极开展国际技术援助项目，在加强当地海洋管理、保护海洋生态环境、促进海洋可持续发展等方面取得了显著成绩。

经过几十年的发展，中国海洋教育取得较大进展，但还存在许多不

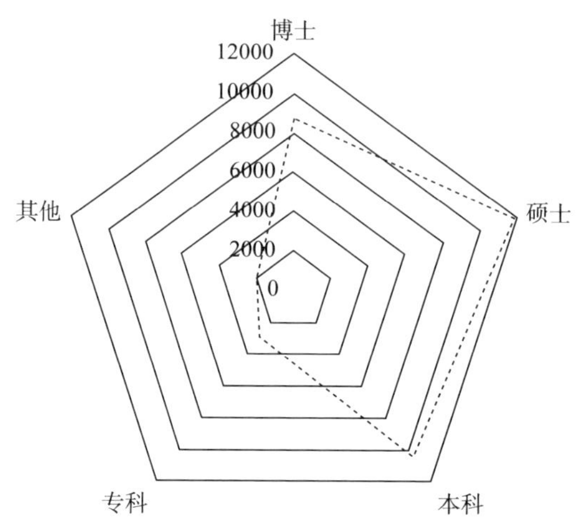

图 7－25 2015 年海洋科技活动人员学历结构

注：图中的数字指各学历人数。

资料来源：《中国海洋统计年鉴 2016》。

足，尤其是在海洋基础教育和职业教育方面，教育形式单一，功能也比较有限。海洋基础教育覆盖面较窄，而海洋职业教育热度较低，使得中国技能型海洋人才需求缺口持续扩大。

（二）发展重点

关于海洋信息服务业，加强海洋信息技术自主创新能力，搭建海洋信息技术公共服务平台，促进海洋信息技术装备自主研发与应用，推动具有自主知识产权的新一代长航程、高智能的移动观测装备产业化；推动海底移动组网技术创新，加快研发形成高灵敏度、高稳定性的海洋动力环境、海洋水质和生态环境监测等智能传感器，支持船载智能终端等高端海洋电子设备和系统研发、海洋水声通信系统建设。依托“一带一路”开放平台，加强海洋信息化体系建设：一是建立并完善海洋基础数据库，加快推进海洋信息数字化、统一化和标准化建设，统计汇集海洋地理、海洋环境等数据，并进行制度化、常态化对外发布，提升海洋环境专项预报水平，加快海洋咨询与论证机构建设；二是加快海洋信息网络建设，统筹海洋大数据平台建设，提升海洋大数据获取分析、应用能力，提高科研信息的可获得性和成果的有用性，发展海洋信息服务业；三是强化海洋灾害监测和防御能力，建设集海洋执法、防灾减灾、海洋环境监测、海域动态监管于一体的监测基地，形成海洋防灾减灾协作机制，提高海洋信息的预警功能，降低海洋灾害的危害性。

关于海洋技术服务业，发展电子计算中心、科技合作促进中心、科技投资担保、知识产权促进中心及一批专利代理、技术创新、科技孵化、科技咨询、科技传播、人才培训、成果转化推广等科技服务。支持设立科研机构，支持科技服务市场化，引导科技服务业以规模化、专业化、品牌化、产业化模式运作。

关于海洋科研教育，要建立综合性海洋教育制度，一是重视海洋基础教育和终身教育，并将海洋教育贯穿各个阶段，教育内容从基本知识覆盖至专业知识甚至特种知识，强化海洋意识和海洋国土知识教育；二是优化高等教育结构，合理配置教育资源，有序调整专业设置，不断提升海洋高等教育水平，引导涉海院校发挥各自的优势，建设优势学科，优化专业结构，并且鼓励涉海院校创新海洋人才培养模式，加强对海洋人才的多学科交叉混合培养，培养复合型的海洋人才，同时提高海洋人才培养要求，提升海洋人才培养质量；三是高度重视海洋职业教育，对接人才需求，支持引导职业院校调整专业设置，扩大人才培养规模，并加强校企合作，根据企业要求完善培训方案及教育体系，通过订单式人才培养提高海洋人才培养的针对性，实现技能型海洋人才的连续、稳定供给；四是鼓励海洋研究机构建立海洋研学重点实验室，支持涉海机构联合建立海洋教育实践活动基地，为强化海洋意识和海洋国土知识教育提供平台，抢占海洋科技教育制高点。

第四节　海洋战略性新兴产业发展路径

当前，世界主要沿海大国把维护国家海洋权益、发展海洋经济、保护海洋环境列为本国的重大发展战略，美国 1999 年“回归海洋，美国未来”的内阁报告即强调了海洋是保持美国实力和战略安全的不可分割的整体。在新一轮科技革命与产业变革浪潮下，21 世纪新一轮的海洋竞争是以高新科技为依托的海洋军事、经济、科技的综合实力竞争，海洋科技水平和创新能力在未来的国际科技竞争中将占据主导地位。在地缘政治关系复杂多变、海洋权益争夺愈演愈烈的背景下，发展以科技为引领、以创新为驱动的海洋战略性新兴产业，培育处于全球海洋产业链高端、引领海洋经济发展方向的先进海洋经济产业集群，以拓展海洋经济发展新空间，实现海洋经济的跨越式发展，在新一轮世界海洋经济布局中抢占先机。

一 以三大战略为指引，加快关键核心技术突破

掌握关键核心技术并逐步获得科技主导权是海洋战略性新兴产业发展的关键所在。要以创新驱动、军民融合和中国标准“三大战略”为指引，采取自主创新与引进模仿再创新“两条路径”，加快海洋战略性新兴产业核心关键技术突破。

（一）以三大战略为指引

一是创新驱动战略，围绕海洋强国建设目标，以国家重大战略需求为导向，积极整合科技资源，强化基础研究与应用基础研究，加快关键核心技术攻关，重点突破海洋经济转型升级所急需的核心技术和关键共性技术，引领海洋科技创新实现跨越式发展。

二是军民融合战略，以军民深度融合为核心，着力关键共性技术攻关，大力发展军民两用技术，通过军转民、民参军等方式加强军工企业与民营企业的技术交流与合作，加强资源共享、优势互补，持续强化协同创新能力。在海洋工程装备等海洋战略性新兴产业领域，实施军民融合重大工程，加快船舶和海洋工程装备等新技术、新产品的研发应用，以及军民科技互通互融，创新海洋经济与国防建设的协调发展模式。

三是中国标准战略，坚持“技术专利化、专利标准化、标准国际化”原则，加快海洋战略性新兴产业关键技术布局，加强知识产权申请和保护，特别是国际专利申请。整合优势资源，建设海洋战略性新兴产业标准体系，搭建海洋标准信息服务平台，积极推行海水淡化标准体系、海洋测绘基准体系等中国标准，增强中国海洋战略性新兴产业技术

和产品标准的国际话语权。

（二）两条路径相结合

1. 路径一：以技术创新战略联盟模式，推动产业自主创新

为加强科技的进步和提高科技成果转化率，建立健全海洋战略性新兴产业技术创新战略联盟模式。以地方政府为主导，建设以海洋企业为主体、以涉海高校及科研院所等科技力量为依托、以现代企业制度为规范的三位一体的新型产学研模式，积极推动海洋企业、高校等科研机构联合建设多方结合的海洋产业技术创新联盟，从战略层面推动产学研各方形成持续稳定的合作关系。制定完善相关配套政策、法规，建立面向市场需求的产学研紧密结合的运行机制，整合产业技术创新资源，立足产业技术创新需求，开展联合攻关，形成一个完整的创新系统。

一是加快推进技术创新平台建设。夯实产学研合作基础，围绕打造结构完善、布局合理、从国家到地方的多层次海洋技术创新平台体系，就重大关键共性技术进行系统化研究。支持涉海企业与高校、科研机构的交流合作，鼓励涉海企业与科研机构联合开展关键共性技术攻关，降低企业技术创新的风险和成本。充分发挥技术创新平台技术创新、扩散和协调的三大功能，提升中国海洋战略性新兴产业自主创新能力。

二是发挥企业技术创新的主体功能。完善产学研合作机制，建立一体化合作渠道，引导科研力量更多地流向企业，实现产业链与创新链有效对接，在关键技术、共性技术等领域进行协同创新，着力突破产业发展的技术瓶颈。激发企业技术创新主观能动性，鼓励企业建立技术中心等研发机构，支持大型企业建设高水平技术研究中心以进行产业前沿重大关键共性技术攻关，支持中小企业合作建设特色型技术研究中心以支持企业自身的技术创新与产品开发，形成大中小企业协调发展的产业创新体系。

三是加快关键共性技术的重点突破。要推动海洋战略性新兴产业中的创新组织集中优势创新资源，发挥优势，积极开展协同创新。加强科学引导和调控，促进海洋战略性新兴产业企业制定产业技术创新规划，依据自身优势，围绕海洋战略性新兴产业技术发展重点，选准关键技术作为突破方向，通过技术创新战略联盟开展联合攻关，尽快形成一批具有自主知识产权的新技术、新产品，不断提高关键技术、产品及设备的国产化率。

2. 路径二：以国际合作模式，推动模仿学习再创新

除了自主创新，对于海洋新能源、海水综合利用等技术尚不成熟的战略性新兴产业，还应加强国际合作、引进先进技术，通过消化吸收进而模仿创新，提高技术创新的起点。

一是加快产业技术学习与创新步伐，不断提升外围技术模块的高端渗透能力。瞄准国际海洋战略性新兴产业的创新前沿精准发力，加快嵌入海洋强国主导的产业技术创新网络，不断追赶先进海洋新兴产业技术，缩短核心关键技术实现部分乃至整体突破的周期。加快技术创新链的整合，通过海洋战略性新兴产业非核心的相关技术的引进学习再创新，增强海洋战略性新兴产业关键核心技术的学习与再创新能力。

二是充分把握“一带一路”建设机遇，从海洋强国引进先进技术、设备和复合型人才，在模仿学习基础上，研发更适用于中国海洋环境的新技术、新产品和新设备，推动中国涉海企业成长为核心关键技术的主导者和供应商。加强国际合作和组织参与，重点拓展与海洋强国著名海洋研究机构的合作关系，增加重大项目和工程计划，在国际合作中不断增强中国的海洋科技力量，实现国际合作和强强联合。

三是建设并完善外资引入平台，以高新技术产业为桥梁，通过外资引擎带动中国海洋战略性新兴产业的国际化发展，推动中国海洋战略性新兴产业向技术链、价值链的高端不断攀升。

二　整合资源要素，促进产业集群发展

加强统筹规划，整合资源要素，优化产业布局，以海洋科技产业园为平台，推动海洋战略性新兴产业集聚发展，培育形成一批特色鲜明、品牌突出、协同高效、竞争力强的特色产业链和优势海洋产业集群。

（一）加强顶层设计，做好区域统筹规划

一是明确各区域海洋产业的发展定位，因地制宜选择产业发展方向

和基本模式，避免盲目扩大产业规模及进行低质重复性建设，突出不同区域海洋战略性新兴产业的专业化分工，形成各具特色与优势的区域化发展格局。

二是探索环渤海、长三角、珠三角三大产业集聚区的协作交流机制，建立全国性或区域性产业联盟，联合海洋战略性新兴产业重要研发机构、海工企业与检验机构、用户单位等，倡导相互持股和换股，构筑利益共同体，加强科研开发、市场开拓、业务分包等领域的深度合作与交流。

三是构建海外交流合作机制，大力推进与“一带一路”沿线国家和地区的合作，进行优势互补、协同发展，推动中国海洋战略性新兴产业的产业链不断向“一带一路”沿线国家和地区延伸。

（二）集聚资源要素，加快海洋科技产业园建设

为充分发挥“马歇尔外部性”，促进海洋战略性新兴产业在区域内实现投入共享、劳动力共享及知识溢出，以海洋科技产业园为平台，打造创新能力强、创业环境好、产业链完善的海洋战略性新兴产业基地，促进产业集群集约化发展。

一是集聚创新要素，加快科研成果转化。引进知名高校、科研院所等机构，加快集聚领军人才、研发机构、大企业集团研发中心等创新要素，打造海洋战略性新兴产业公共研发平台、产品展示与技术交流平台，推进产学研合作一体化，促进园区内技术流动与协同创新，高标准建设战略性新兴产业成果转化推广平台，加快技术成果转化与应用推广。

二是建立海洋战略性新兴产业项目库、专家库，谋划、引进一批对行业整体水平提升具有关键主导作用的优势企业和重大项目落地园区：首先要以技术生项目，通过关键技术突破催生新的科技项目，对接需求企业推动项目做大做强；其次要以人才引项目，采用合作开发、技术入股、委托开发以及共建或无偿提供试验基地等模式引进人才，发挥高端人才在项目实施和推动上的“裂变效应”；最后要以项目带项目，发挥重大项目的带动示范作用以及园区内产业集聚效应，带动新项目、引进

新企业，形成良性循环，不断优化产业结构。

三是建立行业技术研发、检测标准及知识产权、海域使用权流转交易等公共服务平台，完善各项基础设施配套建设，提供全方位服务。鼓励技术服务业的发展，重点支持技术研发、信息咨询、创业孵化、技术交易和转移、专利代理、技术成果转化等技术服务业，为海洋战略性新兴产业提供技术转让、研发设计、信息咨询、人才培养等服务。

（三）加强产业融合，培育全产业链的海洋新兴产业

着力发展信息化与工业化的融合、新兴技术间的相互融合、制造业与服务业的融合、战略性新兴产业的海陆融合、海洋战略性新兴产业的相互融合五大融合衍生的新业态。以“互联网+”和数字经济等推动产业融合，重构海洋战略性新兴产业价值链，推动产业创新发展，培育全产业链海洋战略性新兴产业。

一是加快建设“互联网+”海洋战略性新兴产业创新中心，将互联网思维和技术融入海洋战略性新兴产业的产业链条，积极发展海洋生物医药技术系统、海洋能源互联网等“互联网+”海洋战略性新兴产业，对海洋基础设施进行数字化、网络化、智能化升级。

二是推进数字经济与海洋工程装备、海水淡化与综合利用等产业融合发展，开展智能工厂、数字化车间培育建设试点，建设智能制造公共技术支撑平台，支持海工企业实施智能化改造，加快发展海洋战略性新兴产业智能化基础制造与成套装备。

三是实施“互联网+”行动和大数据战略，完善新一代信息基础设施，深化与互联网核心企业的战略合作，推动海洋公共领域大数据应用，建设海洋大数据综合试验区。

三 建立成果转化及资源配置机制，提高产业化效率

基于市场需求，建立科技成果转化机制和竞争性资源配置机制，推动技术成果转化应用，提高海洋战略性新兴产业产业化效率。

（一）以市场为导向，构建科技成果转移转化机制

市场需求是海洋战略性新兴产业形成发展的推动力。针对应用需求

进行技术创新和产品研发，根据效益原则建设海水淡化等海洋战略性新兴产业工程项目，充分发挥市场的资源配置作用。积极构建以市场为导向的海洋战略性新兴产业科技成果转移转化机制，打通科技创新与成果的产业化应用通道。建设技术转移中心及科技成果转化服务示范基地，不断推进以海洋战略性新兴产业企业为主体的科技成果转化体系建设。支持包括社会团体、科研院所、企业及各类中介组织等在内的各类主体参与海洋科技创新成果的推广应用，通过各类主体的专业化服务不断推动海洋战略性新兴产业重大科技成果的转化应用。建立并完善技术产权交易市场，加快专利技术交易扩散，通过市场的力量推动创新成果转化。

（二）创造消费需求，加强海洋科技成果推广应用

由于海洋新能源、海水淡化等海洋战略性新兴产业应用成本较高，较难形成有效的市场需求，所以政府需结合海洋战略性新兴产业特点进行支持和引导。加强对居民消费理念的引导，提升消费市场对海洋战略性新兴产业技术和产品的接受度，加快新技术、新产品的应用推广。通过财政补贴或者税收优惠等政策鼓励新技术、新产品、新设备的购买应用，降低产品生产或消费成本，刺激市场需求。完善政府采购机制，加大政府采购力度，支持鼓励自主创新产品的研究和应用，优先采购国内海洋战略性新兴产业的自主创新产品。对海洋新兴技术或产品采取长期价格保护，或者要求公共领域或机构用户进行强制消费，增加新技术或新产品的应用，带动海洋战略性新兴产业市场空间持续扩大。实施品牌化战略，结合海洋战略性新兴产业优势，创造主打品牌，通过品牌效应推动产品消费，带动市场发展。

（三）建立竞争性资源配置机制，提升产业发展效率

由政府主导建立竞争化的科研资源配置体系，在海洋战略性新兴产业的研究主体之间竞争性地配置人才、资金等要素资源，鼓励企业在技术创新及成果转化等方面参与竞争，通过市场选择商业化模式和产业化路径，形成以市场为导向的产业基础，降低新技术产业化风险，提高产业发展效率。

在金融资源配置方面，推动海洋科技金融发展，打造三链融合的海洋“创新生态链”。一是加快建立海洋战略性新兴产业投融资新机制，以实现海洋科技与金融资源高效对接。搭建海洋战略性新兴产业金融服务新平台，构建覆盖创新链条全过程的海洋科技金融服务体系，形成包含天使投资、创业投资、担保资金和政府产业投资基金、银行信贷等在内的多元化、多层次、多渠道投融资格局。二是支持银行等金融机构加大信贷资金投放力度，完善海洋新兴产业风险补偿及分担机制，加大金融创新力度，创新海域使用权抵/质押贷款，积极开发知识产权质押、科技保险、航运保险、担保融资等新型科技金融工具。三是推动海洋科技创新与资本相互融合，形成创新、产业与资本三链融合的“创新生态链”，推动海洋科技创新成果孵化转化，加快产业化进程，为培育壮大海洋战略性新兴产业提供技术引领和支撑。

在人才资源配置方面，通过培养、引进和国际合作等多种方式，加快创新型海洋人才队伍建设。一是加大对海洋高等教育的投入力度，支持涉海高校调整优化学科专业布局，加强涉海专业学科建设，提升中国海洋基础学科教研能力及水平。二是建立人才培养与企业需求精准对接机制，发展订单制、现代学徒制等多元化培养模式，鼓励海洋企业设立科研工作站和创新实践基地，引进培养科研团队和高层次领军人才。三是搭建海洋人才交流服务平台，为涉海企业的人才引进工作提供高效服务，通过“靶向引才”等方式在高端人才培育引进、分配激励等方面实现突破，促进各层次科技人才向涉海企业会集。

第　八　章

制度创新、有为政府与海洋经济供给侧结构性改革

制度是推动海洋经济供给侧结构性改革的核心因素和关键变量。改革开放以来，一系列的制度创新已经促使中国海洋经济获得快速发展。截至2019年，海洋生产总值已经达到89415亿元，占GDP的比例保持在9%左右，海洋经济呈现快速增长的态势。然而，近年来，随着海洋开发活动的不断深入，海洋经济发展的制度供给问题凸显。一方面，良好的海洋生态环境、高品质的海洋旅游产品和绿色安全的海洋水产品供给不足，供给结构已不适应需求结构的快速变化；另一方面，低端海洋产业重复建设和产能相对过剩，占据了大量稀缺的海域、海岸线资源。同时，海洋资源环境供给约束力不断加大，导致海洋产业发展的支撑潜力持续收紧。当前，海洋经济发展体制机制性障碍还相当突出，制度性交易成本居高不下，严重影响海洋产业的转型升级，海洋经济快速发展引起的潜在风险与不确定性因素逐渐增加，致使海洋经济“量大质低”明显。

海洋经济发展的制度创新的逻辑到底是什么？如何进行制度创新？现有的制度结构对海洋经济发展的“红利”释放是否已经消失殆尽？是否需要新的制度结构？为什么会出现海洋资源的耗竭与过度污染？为什么会出现2017年前大规模围填海行为而2018年之后被突然叫停？海洋牧场、天然气水合物等海洋经济新领域发展产生的制度需求如何进行

制度供给？现在已经基本完成的机构改革在制度供给上是否有足够的效率？这一系列的制度性问题都需要深入思考和系统化研究。

第一节　海洋经济制度创新与有为政府

一　海洋经济制度创新与政府行为

制度创新，又可称之为制度变迁或制度变革，是以诺斯为代表的新制度经济学家在深入研究制度创新问题的基础上创立的，认为制度是影响经济效率的重要因素，制度对经济绩效的影响是基础性的，正是因为有了制度创新，技术创新、资本集聚、劳动力素质提升才成为可能，进而获得经济增长。因此，制度创新的重要性超过技术、资本以及自然资源，是决定经济绩效的关键因素。制度创新理论认为，制度创新的主体包括个人、个人之间自愿组成的合作团体和政府机构三种形式。戴维斯和诺斯指出，制度创新首先是由“第一行动集团”发起的，担负这一活动职责的集团可以分为三个层次，即政府、团体和个人，三个层次可以自由组合进行制度创新，而在可供选择的条件下，政府的制度创新最具优越性。政府的制度创新包括两种方式：一种是“自上而下”的强制性创新，另一种是“自下而上”的诱致性创新。但就中国的中央集权制度格局看，政府主导的“自上而下”的强制性创新是主要方式。中国改革开放以来的实践，实质上是中央政府主导的以“供给型”制度创新为主要模式的制度变迁过程（吕晓刚，2003）。

就海洋经济而言，海洋经济是集合性的概念，泛指人类以海洋资源开发利用为核心的相关经济活动。海洋资源构成了海洋经济的基础，美国学者 Colgan（2013）认为海洋资源是海洋经济活动的投入基础，Park 和 Kildow（2014）认为海洋资源决定的产品或部分服务构成了海洋经济活动的内容。在实践发展中，依托于海洋资源形成了多种以海洋资源为基础的产业，如海洋渔业、海洋油气业、海洋盐业、海洋化工业等。海洋也为人类提供了生态服务的功能，形成了海水淡化、海洋生物医药、海洋生态旅游等产业。此外，海洋还是人类联系世界的媒介，是沟通国际贸易的桥梁，是推动全球化发展的纽带。依托于海洋资源、生态与媒介功能形成了人类开发利用海洋的多样化的经济活动，而海洋要素本身的特征、要素投入过程以及海洋经济活动中人的行为都需要制度保障和规制。而海洋开发越深入，制度创新越明显。可见，海洋经济发展的制度创新的根本是要优化配置海洋经济发展的投入要素，最优化产出与提升效率。因此，制度创新对海洋经济发展至关重要。而纵观改革开放以来中国海洋经济的发展历程，海洋经济发展的制度创新主要是由政府“自上而下”的强制性供给实现的。

那么，在海洋经济发展中，为什么会出现政府主导制度创新？在海洋经济发展过程中，政府与市场的关系主要表现为“强政府 + 弱市场”的形态。这种形态的典型特点是不对称的，政府主导了海洋资源开发、利用与保护的多数活动，且政府依据海洋固有特点及自身管理海洋的需求供给了绝大多数的制度。之所以会出现这种形态，一方面是传统的计划经济思维尚未得到根本改变，改革开放以来的海洋经济快速发展基本是由政府推动的，市场的培育、市场机制和市场制度的建立和完善基本是由政府完成的；另一方面是海洋自身固有的特点，特别是复杂性和不确定性，推动了政府主导地位的形成，具体表现为以下几种形式。

首先，海洋资源与生态的公共物品属性，容易产生公地悲剧。海洋经济是以资源开发、利用与保护为基础的资源型经济形态。与陆地资源相比，海洋资源具有普遍的公共物品特性，具有非排他性和非竞争性，诸如海水的流动性导致海洋水体资源、生物资源、能源资源等海洋资源难以确立排他性的产权关系；海底矿藏、海洋土地、海洋空间等海洋资源虽然具有固定的位置，可以进行产权划分，但是在现实中多以公权（国有或集体所有）的形式存在。这种产权特征大大增加了海洋资源实现高效配置的难度（都晓岩、韩立民，2016）。如果将海洋资源完全交由市场配置，多数情况下会出现市场失灵，比如海洋资源过度开发、海洋生态环境恶化等。按照公共物品理论，政府是供给公共物品、解决市场失灵的最主要主体。因此，由政府主导海洋资源开发、利用与保护的制度供给是必然选择。

其次，海洋开发利用的不确定性，需要制度创新主体有足够的能力降低风险。对于人类而言，海洋的大部分还是一个未知的世界。海洋的探索和认知需要陆地经济发展到一定程度，拥有资金、技术基础后才能开展。而多数海洋活动对技术要求高，需要投入的资金较陆地活动大得多，预期收益不明确，从而增加了海洋开发利用的风险。此外，海洋灾害频发，对海洋开发活动影响巨大，比如台风会直接影响海洋渔业捕捞活动、海上油气开发以及运输等。当不确定性存在的时候，创新就成为必要的了（汪丁丁，1992）。而政府的参与，如提供政策性资金支持、补贴政策等可以降低海洋开发过程中的投入风险、不确定性与复杂性，提升参与主体的积极性。

再次，海洋的复杂性特征需要提供更多的制度保障。海洋是一个复杂的系统，具有多层次、多组合、多功能、连通性、不可分割性的特征（都晓岩、韩立民，2016），海洋系统的各种资源要素、生态要素相互联系、相互影响，紧密地结合在一起。如果某种资源过度开发或者不合理开发，必然会影响整体海洋的变化。例如，天然气水合物作为一种新型能源能够进入计划商业开发阶段，而多数天然气水合物埋藏于海床之下，受到水压、海床等多种物理、化学、生态因素的影响，如果开发技术不纯熟，可能引发海底地质灾害、海底大量温室气体涌入大气以及环境危机。另外，海洋开发利用是由人类主导的，任何海洋变化都存在人类活动的足迹。到目前为止，人类活动已经对海洋造成了严重的影响，包括渔业资源过度利用、海洋环境污染等。因此，要实现海洋经济的快速健康发展，必须建立适应海洋复杂性的制度约束与激励体系。

最后，市场发育不完善。不同于陆地资源开发，人类对海洋的认识、利用与开发起步较晚，到目前为止还远未达到全部认识海洋的深度和广度。此外，海洋经济的要素市场发展缓慢，海洋科技成果转化率低，资本市场处于初级阶段，金融支持海洋经济方式和产品发育缓慢，海洋保险市场还处于探索阶段，若干市场性制度与规范尚未建立，市场不能有效地发挥资源的基础性配置作用。

上述问题在很大程度上可以通过政府主导的制度创新进行解决和突破，可以说在诸多影响海洋经济的变量中，制度是关键变量。制度因海洋经济发展需求而产生，又催生出新的知识创新、海洋管理创新、海洋技术创新和海洋产品创新，形成新的产品与产业形态，推动区域及国家经济的发展。因此，政府主导的制度创新为市场的发展提供了制度性的保障，进而发挥市场配置资源的决定性作用，为海洋经济的正常运行“保驾护航”，可以有效降低风险，保证海洋经济发展的质量和效益。

二　有为政府与海洋经济制度创新

对于政府在海洋开发、利用与保护中如何发挥最大化的作用，至今无论是学术界还是政界都未有清晰的认知。这主要缘于两方面的认识不足。一是对海洋复杂性与不确定性的认知不足。海洋经济的综合性、海洋开发的复杂性、海洋生态的不对称性等特点，带来了两方面问题，即政府在海洋经济发展中是否能够像陆地资源开发一样、由政府主导的海洋开发是否能够减少政府的干预。二是政府对自身的功能与作用认知不足。政府应该提供什么样的公共产品？设计什么样的制度？如何正确处理与市场的关系？这些在当前海洋经济发展的实践中都还处于模糊状态。实践中，政府对海洋经济发展制度创新的认知不足是显而易见的，体现在海洋与渔业管理机构的频繁调整、政策的不连续性。政府经常在海洋公共产品的供给上出现“越位”“错位”“缺位”，过多干预“私人产品”的生产和交换，但对其职责范围之内的公共产品安排却经常显得乏力（陈明宝、韩立民，2010）。这必然带来一些问题：政府想成为有为政府却超越了自身的边界，对实践指导过多；缺乏对海洋经济发展的制度创新逻辑的足够认知，所设计的制度不符合实际或效率太差；限于从业人员的知识水平及部门利益，综合性的制度创新和制度供给缺乏，不利于海洋综合性管理。

如要解决这些问题，核心就是要明确政府在制度创新和制度供给中的定位。西方经济理论中讨论政府的边界与定位问题一般是将其与市场同时考察。作为配置资源最主要的两种方式，政府与市场一直是经济理论界“古老而永恒”的话题。正如王广亮和辛本禄（2016）指出的：“从斯密的消极政府模式到凯恩斯的政府全面干预学说，再到20世纪70年代以后新市场自由化运动的兴起，政府和市场这两种力量总是处在此消彼长的变化之中。”在中国的制度环境下，政府和市场的边界探讨也一直在延续，并且尚未解决。

长期以来，因计划经济体制中政府主导模式未从根本上改变，以及海洋本身的不确定性和复杂性特征，政府既要解决自身机构调整以适应海洋经济发展特点的问题，又要以供给制度指导和调控海洋经济发展，具有典型的“双重”品性，即既要有限也要有为。这里称之为“有为政府”。所谓有为政府[①]，是指在各个不同的经济发展阶段能够因地制宜、因时制宜、因结构制宜地有效地培育、监督、保护、补充市场，纠正市场失灵，促进公平，提高全社会各阶层长期福利水平的政府（王勇、华秀萍，2017）。有为政府一方面强调政府需要在不同的经济发展阶段根据不同的经济结构特征，克服对应的市场不完美、弥补各种各样的市场失灵，承担干预、增进与补充市场的重要功能；另一方面要弥补市场失灵，并且要对政府机构与职能进行改革，包括简政放权、取消错误干预与管制等（王勇、华秀萍，2017）。有为政府更加注重主动改革和动态适应性，而这种特性能够使有为政府明确与市场的边界与关系。

党的十八大报告提出：“推进政企分开、政资分开、政事分开、政社分开，建设职能科学、结构优化、廉洁高效、人民满意的服务型政府。”[②] 这与有为政府的逻辑基本吻合，符合“尊重市场规律，遵循市场规则；维护经济秩序，稳定经济发展；有效调配资源，参与区域竞争”的有为政府的标准（陈云贤，2019）。

基于有为政府理论，可以将海洋经济发展中政府的制度创新理解为：在海洋经济发展中将制度改革或制度供给视为政府的重要任务，通

① 有为政府是近些年提出的概念，主要是以林毅夫为主的新结构经济学派针对经济发展中政府的作用提出的，区别于传统经济学中的有限政府，有为政府更加强调政府的主动性、积极性、自我约束与善治市场，与市场机制有机结合，共同治理市场。

② 中国共产党第十八次全国代表大会报告。

过海洋经济发展的现实与未来需求，不断完善行为规则，通过法定程序为涉海利益相关者开发海洋、利用海洋和保护海洋设立和创新行为准则，保障海洋经济的有序发展。有为政府的核心任务在于处理好海洋经济发展中政府与市场的关系，而要加强有为政府的建设，就必须简政放权、转变政府职能、破除行政性垄断，以制度促进市场有效竞争，进而抑制市场性垄断（程恩富、高建昆，2014）。

第二节　海洋经济制度创新逻辑

海洋经济起源于人类对海洋资源的需求。人类对海洋的利用从“兴鱼盐之利、行舟楫之便”开始，形成了最初的海洋经济活动。直到改革开放前，中国的海洋经济仍以海洋渔业、海洋交通运输业以及旧式的修造船业为主。改革开放后，在国家的高度重视下以及地方政府的主导与推动下，各类海洋活动蓬勃兴起，海洋经济迅速发展，随之而来的海洋产权制度、海洋要素配置调节机制、海洋生态环保制度等逐步建立完善。可见，海洋经济是随着人类对资源需求与发展空间约束的认知而逐步发展起来的，海洋经济发展中的制度也是随着人类对海洋的开发、利用与保护逐步建立和完善的。那么，海洋经济发展中的制度供给或制度创新为什么会出现？制度经济学家将这一问题归结为要素相对价格的变化，即当预期收益超过成本时，制度创新就会产生。汪丁丁（1992）认为，之所以会产生制度创新，是因为出现了以前没有的新事物，随之产生了利润，进而产生制度上的需求，制度创新就成为必然。从动态的角度看，制度创新是持续发展的，制度创新完成后，为与经济发展匹配，在要素相对价格发生变化后会进入下一个不稳态，即新的制度创新过程，以此持续创新。

新制度经济学认为，制度创新（变迁）的逻辑过程是“第一行动集团”和“第二行动集团”共同推动的结果，这与新结构经济学中有为政府的“动态变迁”制度创新存在逻辑一致性，都强调政府主导下的海洋经济发展的制度创新，除要达到有为政府的目标外，还必须适应不断变化的市场环境，即制度创新要将政府与市场结合起来综合考虑。关于政府与市场的关系，经济学的主流观点是市场决定资源的配置，是能够通过价格信号达到帕累托有效配置的机制，即有效市场。有效市场与有为政府是相互依存的，有效市场以有为政府作为前提，有为政府以有效市场作为依归（王勇、华秀萍，2017）。市场的“有效”配置机制和政府的“有为”制度创新机制是互补的，是一个有机的整体，只有将两者结合起来，才能实现功能上良性互补、效应上协同发展、机制上交替损益（程恩富、高建昆，2014）。

有效市场与有为政府并非同时存在。就海洋经济而言，海洋的复杂程度与不确定性以及人类对海洋的认知水平、海洋开发技术手段等限制了市场的发育程度，导致在大多数情况下，政府制度创新的主导程度明显大于市场有效程度，海洋经济发展的制度创新表现出不同的特点。不同发展阶段的制度创新如表 8－1 所示。

表 8－1　不同发展阶段的制度创新

发展阶段	政府与市场关系	制度供给	作用对象
初级阶段	政府主导，市场辅助	战略、计划、财税与金融制度、法律法规等	技术、企业、组织、产业等
成长阶段	政府主导，市场先行	制度环境，产权、科技、金融	技术、企业、组织、产业等
成熟阶段	政府辅助，市场主导	制度环境，产权、科技、金融	技术、企业、组织、产业等

（1）初级阶段。基于人类对资源与空间拓展的需求，海洋开始进入人类经济社会发展的关键领域，然而海洋资源多远离陆地，人类认知有限，因此需要进行勘探开发海洋资源的工具与技术，这需要政府提供激励性的政策并提供法律法规等制度性的保障促进海洋经济发展。因此，这一阶段的海洋经济发展的主要动力应来自政府扶持和引导，市场则处于初级发育阶段，各要素对海洋经济贡献有限。

（2）成长阶段。进入成长阶段后，随着资金、技术等的逐步积累，滨海旅游及海产品加工、包装、储运等后继产业呈现加快发展的趋势，海洋生物工程、海洋石油、海上矿业、海洋船舶等海洋第二产业也随之进入高速发展阶段（张静、韩立民，2006）。这一阶段，市场机制作用逐步发挥，但尚未进入有效市场阶段，政府还是处于主导地位。政府推动制度创新的主要着力点包括适应快速发展的海洋经济、进行体制机制调整，并在产权制度、要素市场发育的推进制度等方面供给制度。

（3）成熟阶段。各类要素已经发育成熟，市场机制在海洋经济发展中起主导作用。这一阶段，政府制度创新主要指供给与市场机制运行有关的制度，包括技术创新政策、产业结构优化与高级化发展政策、金融与海洋融合政策等。

第三节　中国海洋经济发展制度创新评估

一　中国海洋经济发展制度创新的演进

“认识海洋、利用海洋、经略海洋”是一个逐步深入和完善的过程，是人类福利效应不断优化及与海洋的和谐互动不断深化的过程，也是制度持续创新的过程。自新中国成立以来，海洋在中国经济社会中的地位从军事斗争前沿演化到经济发展前沿，海洋经济逐渐发展壮大，已经成为国民经济的重要增长极。从这一演变过程来看，政府在制度创新层面发挥了重要作用，其作用可概括为：内容由简单到复杂、范围由小到大、性质由统治性和保卫性向管理性和服务性转变。

（一）初级阶段（1949～1980年）

新中国成立到改革开放的30年间，中国一直将海洋定位为海防的前线，政府制度创新的主要任务是保证国家军事斗争和国家安全，体现在两个方面：一是通过海军建设加强海上入侵防御能力，强调建设强大的海军、保卫海防安全是中国海上防卫的一贯政策；二是通过海关建设加强国家海岸出入境管理（李晓蕙、韩园园，2015）。为适应海洋发展的需要，1964年中国成立了第一个管理海洋事务的专门机构——国家海洋局（SOA），其职能仅限于海洋科研调查、海洋资源勘探等，具体事务是由中国海军代为管理的。1978年后，国家海洋局被划分为国务院海洋管理的专门机构，但由于行政建制及“重陆”传统的影响，海洋经济仍未获得足够的重视。

（二）成长阶段（1980 年至现在）

十一届三中全会以后，政府的工作重心转向经济建设。随着对外开放的开始，中国海洋事业进入了全面发展的新时期，虽然海洋经济管理领域仍然延续分散管理体制，但是各个涉海行业部门管理的工作内容开始发生变化。

1. 海域使用制度

为适应海洋空间拓展的需求以及生态环境保护的要求，政府不断强化对海域使用的管理。自 20 世纪 80 年代以来，中国先后颁行一系列有关海洋管理与海域使用制度的法律法规，包括《海洋环境保护法》（1982 年颁行）、《海上交通安全法》（1983 年颁布）、《矿产资源法》和《渔业法》（两法均为 1986 年颁布）、《海域使用管理法》（2001 年颁布）、《海洋行政处罚实施办法》（2003 年施行）、《物权法》（2007 年颁布）、《海岛保护法》（2009 年颁布）等。其中《海域使用管理法》是海域使用管理中最主要的法律之一，而《物权法》首次明确了海域使用权的用益物权性质。此外，国务院和其有关部委、各地方人民政府还颁布了不少行政法规、部门规章、地方法规，以配合和完善上述法律的执行和实施（杨潮声，2011）。海域使用制度的建立和完善，有利于海洋资源开发、利用与保护的规范，有利于为海洋经济发展提供良好的秩序，促进海洋经济快速发展。

2. 海洋产业政策

从政府的角度看，提供有利于海洋产业发展的政策是政府作为制度创新者的主要任务。按照海洋产业政策对产业发展的作用领域、范围、形式和效果等方面的不同，概括起来产业政策主要有以下 4 种类型：海洋产业技术政策、海洋产业结构政策、海洋产业布局政策和可持续发展的海洋产业政策（于谨凯、张婕，2007）。受海洋开发技术水平限制，以及海洋产业发展成长阶段制约，海洋产业政策的制定和实施是随着海洋开发的深度和广度不断推进而逐步呈现的。在 20 世纪 80 年代，海洋资源开发还集中于渔业、运输、盐等易获取型资源时，海洋产业政策以如何推动这些产业的发展为主。到21世纪，海洋资源开发逐步深入，新兴海洋产业开始出现并迅速成长，政府的海洋产业政策就逐步转向以如何优化传统产业、推动传统产业为主。如《全国海洋经济发展规划纲要》《国家“十一五”海洋科学和技术发展规划纲要》《国家海洋事业发展规划纲要》《全国科技兴海规划纲要（2008—2015年）》《海水利用专项规划》《可再生能源中长期发展规划》《船舶工业调整和振兴规划》等。

3. 海洋环保制度

利用制度解决海洋经济发展与生态环境保护的矛盾是政府制度创新的重要内容。自1982年中国颁布了第一部《海洋环境保护法》开始，海洋生态环境保护成为政府推进海洋工作的重点内容之一。在海洋开发过程中，遵循“海洋生态保护优先”理念，先后实施了《海洋工程管理条例》《全国海洋功能区划》等制度性规范，以减小人类活动对海洋生态系统的影响。进入21世纪以来，中国相继出台或修订了《海洋环境保护法》《海域使用管理法》《海岛保护法》《深海法》等法律，以及《防治海洋工程建设项目污染损害海洋环境管理条例》等20余部配套法规（中国新闻网，2017），形成了相对完备的海洋生态环境法律体系。而随着国家生态文明建设的推进，在海洋领域也形成了若干法律法规及规划，如《中共中央 国务院关于加快推进生态文明建设的意见》《全国海洋主体功能区规划》《全国海洋功能区划》《海岸线保护与利用管理办法》，有效地约束了海洋生态系统的破坏性行为，有利于海洋生态环境的健康发展。

此外，为维护海洋生态健康和安全，政府也积极推动海洋生态红线制度的建设。《中共中央 国务院关于加快推进生态文明建设的意见》提出“严守资源环境生态红线，科学划定森林、草原、湿地、海洋等领域生态红线”。《关于全面建立实施海洋生态红线制度的意见》和《海洋生态红线划定技术指南》的发布，标志着中国海洋生态红线划定工作全面启动（周玲玲等，2017）。《国家海洋局海洋生态文明建设实施方案（2015—2020年）》则提出在全国建立海洋生态红线制度，将重要、敏感、脆弱海洋生态系统纳入海洋生态红线区管控范围并实施强制保护和严格管控（中国新闻网，2017）。

4. 海洋科技政策

党和国家高度重视海洋科技，先后颁布和实施多项海洋科技政策与规划（见表8－2），特别是党的十八大以来，在统筹国内国际两个大局，按照“创新、协调、绿色、开放、共享”理念，围绕海洋科技发展顶层设计、分领域国家专项规划、地方海洋科技实践、海洋科技管理体制创新，提出了一系列认识海洋、经略海洋、促进海洋科技发展的重大政策，成为建设海洋强国、落实国家创新驱动战略的有力支撑。

表8－2 代表性海洋制度与政策

	分类	文件	内容
海洋环保制度	海岛保护	《国家海洋局关于印发〈无居民海岛开发利用审批办法〉的通知》	文件规定了无居民海岛的基本利用原则、具体审批要求和流程，以及批复登记规定
	海洋环境保护	《国家海洋局关于印发〈海洋赤潮信息管理暂行规定〉的通知》	文件规定赤潮信息管理的基本原则、赤潮信息的汇集和处理原则和流程以及赤潮信息的发布渠道和内容等信息
	海洋海岸工程	《国家海洋局关于进一步加强海洋工程建设项目和区域建设用海规划环境保护有关工作的通知》	通知要求各地方政府认真做好海洋工程建设项目环境影响报告书的核准工作，严格审查区域建设用海规划环境影响专题篇章，加强海洋工程建设项目和区域建设用海规划监督检查
海域使用制度	海域使用	《国家海洋局关于印发〈海域使用权管理规定〉的通知》	文件规定了海域使用论证，海域使用申请审批，海域使用权招标、拍卖，海域使用权转让、出租和抵押，以及处罚事项
	海洋功能区	《国家海洋局关于印发〈海洋功能区划管理规定〉的通知》	文件规定了海洋功能区划分的基本原则、如何进行海洋功能区划的编制、海洋功能区划的审批和备案、海洋功能区划的评估和修改、海洋功能区划的实施方法
	海域管理	《关于加强区域农业围垦用海管理的若干意见》	文件强调了区域农业围垦用海管理的重要性、要求建立完善科学的区域农业围垦用海管理制度、要求规范范围内用海项目的管理工作
	海洋执法	《国家海洋局关于印发〈中国海监海洋环境保护执法工作实施办法〉的通知》	办法规定了海洋执法中的辖区管理问题、层级管理问题和执法过程中的检查内容、检查方式以及案件查处问题

续表

	分类	文件	内容
海洋科技政策	海洋科研	《国家海洋局关于印发〈国家海洋局青年海洋科学基金管理办法〉的通知》	文件规定了资金的资助范围包括海洋科学基础研究和应用基础研究，以及基金的大小、申请条件、申请程序、评审方法和实施及管理方法
	海洋防灾预警	《国家海洋局关于印发〈全国海洋预警报视频会商暂行办法〉的通知》	文件建立了海洋预报月（周）视频会议制度和海洋灾害预警报应急视频会商制度，规定了组织主体、参与主体和具体的会议流程安排
	海洋产业	《国家海洋局关于印发〈海洋可再生能源发展“十三五”规划〉的通知》	文件从中国的发展现状和形势需求出发，在党的指导思想下，确定海洋可再生能源发展的主要目标，确定产业的基本布局；明确了海洋可再生能源发展的重点任务
	总体规划	《全国科技兴海规划（2016—2020年）》	提出了中国到2020年科技兴海的总体目标和重点任务
		《“十三五”国家科技创新规划》	该规划对中国深海技术、海洋农业技术、海上风电技术、船舶制造技术以及海洋领域的基础科研进行了规划和部署
		《“十三五”海洋领域科技创新专项规划》	明确了“十三五”期间海洋领域科技创新的发展思路、发展目标、重点技术发展方向、重点任务和保障措施
		《国民经济和社会发展第十三个五年规划纲要》	提出“发展海洋科学技术，重点在深水、绿色、安全的海洋高技术领域取得突破”，“加强海洋资源勘探与开发，深入开展极地大洋科学考察”
	专项规划	《中国制造2025——能源装备实施方案》	到2025年前，中国将形成具有国际竞争力的较完善的能源装备产业体系，引领装备制造业转型升级
		《可再生能源发展“十三五”规划》	提出中国将积极稳妥地推进海上风电开发，推进海洋能发电技术的示范应用
		《海洋可再生能源发展“十三五”规划》	提出“十三五”时期，将以显著提高海洋能装备技术成熟度为主线，着力推进海洋能工程化应用。到2020年海洋能开发利用水平显著提升，科技创新能力大幅提高，核心技术装备实现稳定发电，形成一批高效、稳定、可靠的技术装备产品，工程化应用初具规模，标准体系初步建立

续表

	分类	文件	内容
海洋科技政策	专项规划	《全国海水利用"十三五"规划》	提出"十三五"时期，要扩大海水利用应用规模，提升海水利用创新能力。到2020年，海水利用实现规模化应用，自主海水利用核心技术、材料和关键装备实现产品系列化，产业链条日趋完备，标准体系进一步健全，国际竞争力显著提升
		《"十三五"国家战略性新兴产业发展规划》	提出要超前布局空天海洋技术，打造未来发展新优势。推进卫星全面应用。增强海洋工程装备国际竞争力，推动海洋工程装备向深远海、极地领域发展。发展海洋创新药物。大力推动海水资源综合利用。加快海水淡化及利用技术研发和产业化，提高核心材料和关键装备的可靠性、先进性和配套能力
		《"十三五"生物产业发展规划》	提出"支持具有自主知识产权、市场前景广阔的海洋创新药物，构建海洋生物医药中高端产业链""开发绿色、安全、高效的新型海洋生物功能制品""深度挖掘海洋生物基因资源""推动海洋生物材料等规模化生产和示范应用"

资料来源：根据相关文件整理而成。

二 中国海洋经济发展制度创新的绩效评估

（一）经济发展的成绩

受国家政策的影响，政府对海洋经济发展的重视程度不够。1978年以前，海洋经济主要局限在海洋渔业、海洋交通运输业和海洋盐业三大传统产业领域，海洋技术手段和科研能力都比较落后，中国海洋经济发展比较缓慢。

改革开放之后，国家逐渐提高对海洋经济的重视程度，在海洋领域出台了若干的政策与规划，包括海洋产业政策、海域使用制度、海洋环保制度、海洋科技政策等。在这些政策的指引和推动下，中国海洋经济获得快速发展，海洋经济产值呈现平稳上升趋势，尤其是进入21世纪以来发展迅猛。自2000年开始，海洋生产总值以年均18%的速度快速增长，到2019年末，海洋生产总值达89415亿元（见图8－1），是2000年的20倍，占GDP的9%，海洋经济在国民经济中的作用越来越大。

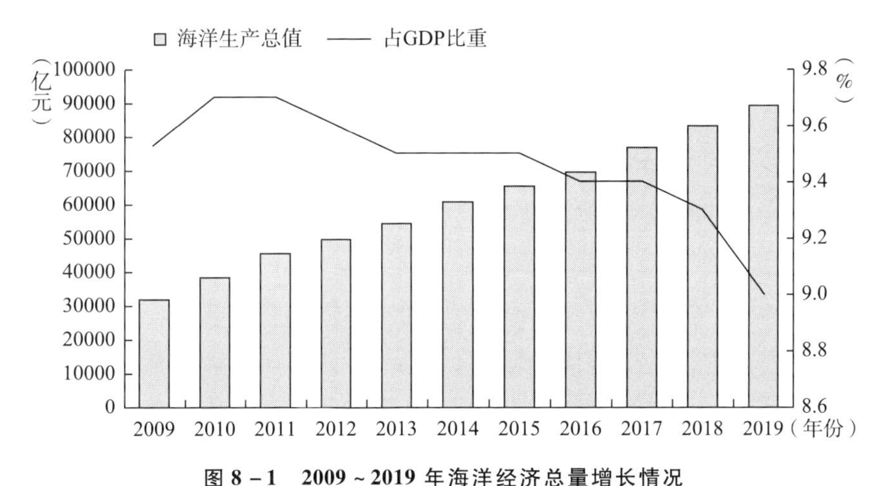

图 8－1　2009～2019 年海洋经济总量增长情况

资料来源：根据历年《中国海洋统计年鉴》数据整理而得。

（二）资源开发向纵深发展

海洋资源的开发是从近海到远海、从浅海到深海逐步推进的过程。20 世纪 90 年代以来，随着中国海洋科技创新能力总体稳步提升，部分关键海洋技术取得重大突破，海洋资源开发能力显著提高。目前，中国海洋资源开发已经逐步深入深远海与极地领域，部分资源开发已经处于国际领先水平，极大地提升了中国海洋经济的发展水平。

（三）现代海洋产业体系形成

海洋产业的形成是与海洋资源开发密切联系的，最初纳入统计的海洋产业只有 6 类，到 20 世纪 90 年代达到 7 类，到现在主要海洋产业共 12 类，海洋产业体系框架基本完备。而未来，随着海洋科技创新发展与市场需求的牵引，会出现新的海洋产业，体量和规模也会不断增大，它可能会单独纳入海洋经济的统计范畴，成为海洋产业体系的新成员，比如海洋生物育种与健康养殖、深海矿产资源开发、大洋生物基因资源开发等。

此外，海洋产业结构不断优化。长期以来，政府通过产业政策不断调整产业结构，降低第一产业的比重，积极发展技术含量高的海洋产业和服务业。到 2019 年，在全国海洋生产总值中，第一产业增加值为 3729 亿元，第二产业增加值为 31987 亿元，第三产业增加值为 53700 亿元，海洋第一、第二和第三产业增加值占海洋生产总值的比重分别为 4.2%、35.8%和 60.0%。

（四）海洋生态环保成效显著

当前，中国海洋生态环境保护表现出良好的发展势头。《2019 年中国海洋生态环境状况公报》显示，海水质量总体改善明显，典型海洋生态系统健康状况和生物多样性保持稳定状态，其中在监测的河口、海湾、滩涂、珊瑚礁、红树林和海草床等 18 个海洋生态系统中，3 个海洋生态系统处于健康状态，14 个处于亚健康状态，1 个处于不健康状态。此外，海洋功能区环境状况良好，赤潮、绿潮灾害面积大幅缩小。海洋生态环境保护总体向好发展。

第四节 国外海洋经济制度创新经验借鉴

海洋经济已经成为全球经济社会发展中的重要增长点，各国政府都非常重视海洋经济的发展，先后采取了一系列的行动，从体制改革、立法、规划、政策等层面做出了安排，推动海洋经济的顺利发展。

一 美国

美国海洋经济发展历史悠久，综合实力比较强。美国政府历来重视海洋发展战略及政策的制定和实施。早在 1966 年，美国国会通过了《海洋资源与工程开发法》，要求成立海洋科学、工程和资源总统委员会，对美国的海洋问题进行全面审议。1972 年，美国出台了《海岸带管理法》，确定了美国海岸带管理的政策和目标、联邦政府对沿岸州政府的干预体系，以及通过海岸带管理规划对海岸带进行管理的方式。1999 年，美国成立国家海洋经济计划国家咨询委员会，启动实施“国家海洋经济计划”（NOEP）。该计划的宗旨就是提供最新的海洋经济及海岸经济信息，并预测美国的海岸领域以及海岸线可能会出现的一些趋势。2000 年，美国国会通过了《海洋法令》，提出制定新的国家海洋政策的原则，这有利于促进对生命与财产的保护、海洋资源的可持续利用。2004 年，海洋政策委员会正式提交了名为《21 世纪海洋蓝图》的国家海洋政策报告。随后，美国公布《美国海洋行动计划》，提出了具体的落实措施（李懿、张盈盈，2017）。2000 年 8 月，美国制定了《海洋法》，该法为美国在 21 世纪出台新的海洋政策奠定了法律基础。此外，《海洋保护、研究和自然保护区法》《渔业养护和管理法》《深水港法》《净水法》《国家环境政策法》《国家海洋污染规划法》《深海底硬矿物资源法》等，都构成了促进海洋经济发展的制度体系。

纵观美国海洋政策的变迁过程，政府在其中起到主导作用。政府依据海洋资源开发、利用与保护的现实需求，结合联邦政府体制，制定和设计了若干有利于海洋经济发展的制度，使美国海洋经济能够保持发展的活力，并领先于全球。

二　英国

英国位于欧洲西部，是一个典型的岛国，被北海、英吉利海峡、凯尔特海、爱尔兰海和大西洋包围，由大不列颠岛（包括英格兰、苏格兰、威尔士）以及爱尔兰岛东北部的北爱尔兰和周围 5500 个小岛（海外领地）组成，大不列颠岛是英国最主要的国土。得天独厚的地理环境，造就了英国丰富的海洋资源，使其成为海洋产业历史悠久的国家。英国现有的海洋经济包括海上活动、海底活动和为海上活动提供产品和服务的经济活动，包括渔业、油气业、砂矿开采、船舶修造业、海洋设备、海洋可再生能源、航运与港口、海底电缆、许可与租赁、海洋国防、海洋环境、休闲娱乐业、海洋科研教育等。

英国的海洋经济政策分为两个阶段。

第一阶段（2000 年之前），以制定分散的、单一的产业或区域的经济政策为主。根据用途可分为渔业方面、油气勘查和开采方面、与皇室地产有关的政策、与规划有关的政策等，主要包括：1949 年的《海岸保护法》、1961 年的《皇室地产法》、1964 年的《大陆架法》、1975 年的《海上石油开发法（苏格兰）》、1971 年的《城乡规划法》（规定海域的使用）、1981 年的《渔业法》、1992 年的《海洋渔业（野生生物养护）法》、1992 年的《海上安全法》、1992 年的《海上管道安全法令（北爱尔兰）》、1995 年的《商船运输法》、1998 年的《石油法》、2001 年的《渔业法修正案（北爱尔兰）》。

第二阶段（2001 年至今），以制定综合性的高层次海洋经济政策为主。从 20 世纪 90 年代起，英国有关政府部门、科技界、海洋保护组织和广大公众就开始呼吁制定综合性海洋政策。随后，有关各方积极行动起来。2002 年，英国环境、食品与乡村事务部发布了《保护我们的海洋》研究报告，提出英国在海洋领域的目标是形成“清洁、健康、安全和富有生产力与生物多样性的海洋”。2003 年，英国政府发布了《变化中的海洋》，建议用新的管理方法对各类海洋活动进行综合管理和制定综合性海洋政策。2008 年，英国自然环境研究委员会发布《2025 海洋科技计划》，重点支持气候、生物多样性、海洋资源可持续利用等十大领域。2009 年正式批准《英国海洋法》，该法由 11 部分构成。2010 年英国政府发布《海洋能源行动计划》，提出在政策、资金、技术等多方面支持新兴海洋能源的发展。2011 年英国商业、创新与技能部发布了《英国海洋产业增长战略》，该战略是在对企业、政府和学术界的思想不断整合的基础上形成的第一个海洋产业增长战略，该战略的实施有望带动英国海洋产业（海洋休闲产业、装备产业、商贸产业和海洋可再生能源产业）总增加值从现在的 170 亿英镑增长到 2020 年的 250 亿英镑。2013 年 8 月，英国商业、创新与技能部以及英国能源和气候变化部联合发布了英国最新的海上风电产业发展战略——《海上风电产业战略——产业和政府行动》（林香红等，2014）。

三 加拿大

加拿大渔业及海洋部作为管理和协调全国海洋事务的主管部门，统一负责全国的海洋管理工作。作为专职海洋管理职能部门，加拿大渔业及海洋部负责制定海洋政策和计划；海洋立法；渔业资源的养护和管理；管理和保护海洋环境；维护海上安全，提供导航服务、破冰业务；渔业和海洋科学研究等。同时，加拿大也有一些其他涉海部门，如自然资源部、环境部、运输部、遗产部、印第安人事务和北方发展部等。

加拿大已有的联邦涉海法规数量近40个，包括《渔业法》《可航行水域保护法》《航运法》《沿海捕鱼保护法》《捕鱼和游船港口法》《沿海贸易法》《航道保护法》等。其中，1996年通过的《加拿大海洋法》较为全面且综合性强，该法明确了本国海洋管理机制，指明了未来海洋发展战略方向，是今后指导加拿大海洋工作的一部重要法规（李双建等，2012）。

四　澳大利亚

澳大利亚地理位置优越，四面环海，海洋资源富饶，生态环境保持良好，海洋产业发展势头强劲。澳大利亚海洋经济的发展主要得益于政府的推动。澳大利亚政府在1997～1999年分别公布了《澳大利亚海洋产业发展战略》《澳大利亚海洋政策》《澳大利亚海洋科技计划》三个政府文件（见表8－3），提出了澳大利亚21世纪的海洋战略及发展海洋经济的一系列战略和政策措施（谢子远、闫国庆，2011）。

表8－3　澳大利亚主要海洋经济政策

文件	主要内容
《澳大利亚海洋产业发展战略》	明确了综合管理作为协调海洋产业之间关系、管理机构和层次之间关系以及推进海洋产业发展的根本管理模式，提出了海洋产业的最佳化发展是以海洋环境保护为前提并具有有效可持续性
《澳大利亚海洋政策》	规定了可持续利用海洋的原则、海洋综合规划与管理、海洋产业、科学与技术、主要行动等
《澳大利亚海洋科技计划》	规定了认识海洋环境、海洋环境的利用和管理、认识和利用海洋环境的基础设施三方面内容

澳大利亚非常重视国内海洋立法。澳大利亚在海洋领域已建立了比较健全的法律制度，有600多部国内法律与海洋有关。这些法律主要包括海洋生物多样性保护、渔业水产、近岸石油和矿产、海洋环境污染、

海洋旅游、海洋建设工程和其他工业、海洋运输、药业、生物技术和遗传资源、能源利用、土著人和托雷斯群岛居民的责任和利益、自然和文化遗传等方面。

五 日本

日本是一个群岛国家，由四国、九州、本州、北海道四个大岛和7200多个小岛组成，海岸线总长33000多千米，200海里专属经济区总面积为480多万平方千米。海洋资源丰富，陆地资源匮乏，因此，日本的经济和社会生活高度依赖海洋，历届政府的政策和经济发展目标都与海洋息息相关。尤其是20世纪60年代以来，日本政府把经济发展的重心从重工业、化工业逐步向开发海洋、发展海洋产业转移，迅速形成了以海洋生物资源开发、海洋交通运输、海洋工程等高新技术产业为支柱的现代海洋经济结构。

在战略规划方面，20世纪90年代日本制订了一系列推进海洋开发的战略计划，海洋开发审议会通过《海洋开发基本构想及推进海洋开发方针政策的长期展望》，从总体上审议今后海洋经济发展的基本设想、开发目标、实施政策等。1996年，日本又根据世界形势，提出"海洋开发规划"。自此，日本每年都对该规划进行调整、修改，提出新的目标。1999年内阁决定将开发海洋纳入重点跟踪项目和振兴产业计划。

在产业发展方面，日本采取官、产、学一体化的联合开发体系，从而形成了具有很强研究实力和竞争实力的开发体系，并积极把科技研究成果推向市场，大大促进了海洋产业的发展。

在立法方面，据统计，日本与海洋开发有关的法律达107部，为海洋政策的落实和实施提供了法律保障，主要制定的法律、法规有《领海法》《专属经济区法》《渔业法》《海洋水产资源开发促进法》《外国人渔业规制法》《关于海洋资源的保存及管理的法律》《海上保安厅法》《日本海洋基本法》《海洋建筑物安全地带设置法》。《日本海洋基本法》明确了日本海洋政策的六大基本理念，即开发、利用海洋与保护海洋环境相结合，确保海洋安全，充实海洋科学知识，健全发展海洋产业，综合管理海洋，促进国际合作（姜雅，2010）。

六 韩国

韩国海洋经济的发展得益于政府的鼎力支持（孙悦琦，2018）。在相关法律法规的保障下，韩国建立了涉及面广且连通内外的多重合作网络。1996 年，韩国海洋水产部推出了《21 世纪海洋水产前景》，形成了韩国海洋经济发展的顶层设计，即建设海运强国、水产大国、海洋科技强国和海洋环境良好的海洋国家。1999 年，韩国确立了 21 世纪海洋发展战略的方向、推进体制等基本方针，致力于推动海洋栽培渔业、海洋运输量和海洋技术与海洋环保的发展，振兴水产流通加工及水产贸易等。而 2004 年《海洋韩国 21》战略则制定了建设 21 世纪世界第五大海洋强国的目标。2000 年，韩国制订《海洋开发基本计划》，并将其作为海洋开发的指导性文件。

韩国在产业发展上也制定了若干行之有效的政策。1998 年开始的“海洋牧场计划”，重在海洋资源利用方式向集约化和环境友好型的渔业增长方向转型。韩国为迎接第 4 次产业革命大数据时代的到来，制订了“海洋水产大数据综合计划”，通过构建大数据，激发和释放海洋水产业的发展潜能。为应对全球船舶市场萎靡不振的状况，韩国政府密集提出船舶配套产业支持措施。2016 年韩国实施了《造船密集区域经济振兴方案》以提升造船产业竞争力。在海运业方面，政府为海运公司提供 6.5 万亿韩元的支援，还计划在未来 5 年，联合民间资本在研发领域共同斥资 7500 亿韩元，培养 6600 名专业人才。

此外，韩国还注重法律制度的完善，从法律层面为海洋经济发展保驾护航。韩国通过了包括《渔具管理法》《海洋产业集群法》《海洋水产发展基本法》《船员法》《船舶安全法》等诸多相关海洋法律，覆盖海洋渔业、航运业、造船业等多个领域，为海洋经济发展提供了有力的法律保障。

综上，相关沿海国家海洋政策法规如表 8 - 4 所示。

表 8－4　相关沿海国家海洋政策法规

国家	政策法规（出台年份）	内容要点
美国	《国家海洋政策》（2010）	基于生态系统管理海洋、海岸带与大湖区；开展近海与远海空间规划；坚持可持续发展原则，科学决策，加深对海洋的认识，保护和修复地区性生态系统，应对气候变化与海洋酸化；解决北极地区不断变化的环境条件；加强联邦政府各部门间的协调与合作
	《国家海洋政策实施计划》（2013）	强化涉海部门间的协调与合作，简化涉海审批流程，更好地管理海洋、海岸带和五大湖，为决策部门、产业界和公众提供丰富的科学知识与信息，促进联邦政府与各州、部落、地区和地方政府的协调与合作
英国	《英国海洋法》（2009）	内容涉及海洋开发与管理、许可证审批、海洋生态保护、渔业管理以及海岸休闲娱乐管理等方面
	《英国海洋政策》（2011）	明确英国海洋管理组织履行的职能和开展的海洋管理工作
加拿大	《加拿大海洋战略》（2002）	明确加拿大海洋管理的政策导向以及海洋管理的综合方向
	《加拿大海洋行动计划》（2005）	内容涉及国际领导权、主权和安全以及可持续发展的海洋综合管理体制、海洋健康、海洋科学技术等内容
	《我们的海洋、我们的未来、联邦计划与活动》（2009）	加深对加拿大与海洋关系的了解与认识、促进加拿大海洋经济的发展以及拟定和实施新时期加拿大的海洋战略与海洋管理政策等
澳大利亚	《海岸带综合管理国家合作办法框架实施计划》（2003）	强调海岸带综合管理需要各级政府和各利益相关者共同参与，对沿海集水区、海岸带和海洋进行一体化管理
日本	《日本海洋基本法》（2007）	确立了“海洋基本理念”，制定“新的海洋立国”方针；完善海洋体制机制建设，全面强化海洋管理；加大海洋投入力度，维护海洋权利与利益
	《海洋基本计划（2013—2017）》（2013 年修订）	大力发展和振兴海洋产业，确保海洋安全，实行海洋信息公开化和一体化，加强海洋综合管理和规划，加强海洋资源开发与利用，积极参与海洋领域的国际合作
韩国	《海岸带管理法》（1998）	内容涉及海岸带管理的国家政策、海岸带管理边界、国家与地方海岸带管理计划、海岸带的保护与治理等
	《海洋与渔业发展基本法》（2009）	制订海洋与渔业发展的基本计划，海洋发展事项涉及海洋管理与保护、海洋资源开发、海洋产业发展、海洋与渔业发展所需的基础设施与环境等

资料来源：张兰婷等（2018）。

第五节　海洋经济制度创新路径

在供给侧结构性改革的背景下，有为政府的制度创新和制度供给需要紧扣海洋领域供给侧结构性改革的需要，结合海洋开发与保护的特点和规律，重点解决海洋经济发展中存在的结构性、体制性矛盾，处理政府与市场的边界问题。海洋经济发展中的制度创新路径包括两个方面：一是如何塑造有为政府，使政府在海洋经济发展中发挥本职功能；二是设计有利于激发海洋经济各要素发挥作用的制度，推进海洋经济的增长与可持续发展，形成能够激发海洋经济“有效市场”的制度结构。

一　政府主导作用发挥与职能转变

新结构经济学的“有为政府”理论认为，“有为政府”要适应经济结构动态变迁的需求，积极改革政府的组织结构与管理模式，以适应经济增长、产业结构与技术进步的结构性变迁（王勇、华秀萍，2017）。“有为政府”自身改革体现在两个层面：一是自身的机构改革，建立有为型的政府；二是界定政府与市场的有效边界，正确发挥政府的“保姆”功能。

首先，健全海洋经济发展的顶层设计对制度创新至关重要。制度变迁理论认为，形成制度变迁过程首要的是要形成“第一行动集团”，即处于整个权力中心最高层的决策制定者是制度创新的“第一行动集团”。从中国海洋管理体制顶层设计来看，从1963年设立国家海洋局开始，到2013年设立国家海洋委员会，再到2017年的国家机构改革撤销国家海洋局，国家海洋局的职能分别并入自然资源部和生态环境保护部，更加清晰地区别了海洋的资源、生态功能，从体制上保证了海洋经济发展中的制度创新主体地位。目前，要真正发挥政府制度创新“第一行动集团”的作用，需要加强政府自身能力建设。第一，充分发挥国家海洋委员会——具有较高规格和层次的海洋管理机构和组织的功能，制定和完善科学合理、可持续、具有一定前瞻性的总体战略性质的政策和规划。第二，需要建立完善的从上到下、较为集中的海洋经济管理体制机制，包括完善的海洋管理机构、科学的联动协调工作机制。同时，辅以培育和发展、完善能够参与海洋管理、配合政府海洋工作的社会中介机构或具有较强服务和公益性质的海洋服务组织，改变目前海洋经济管理体制较为分散、单一的情况，加强涉海规划的衔接，继续推进“放管服”工作。第三，完善海洋经济监测评估，提高海洋经济监测评估能力，保障海洋经济运行，充分发挥引导社会预期、参与和服务决策的作用。

其次，完善的海洋法律法规、海洋行业发展政策，为经济发展提供良好的政策法规。从制度创新角度看，政府是法律规章制度的供给方，市场行为主体是法律规章制度的需求方和接受方，政府供给完善的法律制度能够保障海洋经济的良好运行。从现行海洋经济的法律法规需求看，政府应该在海洋产权建立与完善、海洋资源管理、海洋科技研发与成果转化、金融支持海洋经济发展等方面制定法律法规与政策，建立竞争有序、公平公正的市场环境。

最后，实现陆海一体化的制度创新。陆地系统和海洋系统在地理与生态上无法保持独立性，两个系统相互影响，共同构成了独特的陆海相互作用界面。然而，陆海一体化规划的一个根本障碍是缺乏支持自然资源管理机构的协调。通常，不同的机构、部门或团体分别管理海洋和陆地自然资源（Alvarez-Romero et al.，2011）。这就需要统一性的机构来协调不同利益相关者的利益，同时提供陆海一体化的制度，以确保陆海产业的耦合发展、陆海生态环境协同保护与治理。

二 制度要素创新路径

海洋经济是一个系统，由若干要素组成，包括从海洋中获取的要素、在海洋中开发的要素和投入海洋的要素（Park and Kildow，2014），以此为基础形成了核心与外围的海洋经济活动，其中核心活动指人类获取海洋资源或者利用海洋资源形成的经济活动，包括渔业、油气、生物医药和海上交通运输等，而外围的经济活动则主要是支撑和促进核心海洋经济活动的手段，包括科技、资本金融等，核心和外围相互影响、相互关联，共同构成了海洋经济体系。而在核心和外围海洋经济活动中，产权制度是根本，是规制和约束各类经济活动的核心；科技和资本是支撑要素，是加速海洋资源开发、推动海洋经济增长的动力；海洋的生态功能是海洋经济有别于其他经济活动的重要特征，也是海洋经济活动中不可或缺的要素。

（一）海洋产权制度

产权制度是制度创新的核心内容之一。设计符合海洋资源开发特征、保护与利用规律、能够激发参与主体积极性的制度，是制度创新的首要任务。《中共中央 国务院关于完善产权保护制度依法保护产权的意见》中明确提出了要进一步完善现代产权制度。对于海洋经济领域而言，受长期的“重陆轻海”思想的影响，海洋领域产权制度建立较晚，产权体系不完善，海域资源的市场化配置进程缓慢，影响海洋经济要素的有效配置。目前，海洋资源已经被纳入自然资源体系，实行国家统一管理。然而，海洋资源有别于其他自然资源，其公共产品属性非常强，不确定性和复杂性更强，需要政府在制度创新时设计差异化的制度。

1. 健全完善的海洋产权制度

以海域资源为基础，建立和完善包括海洋资源资产产权（含海洋物质资产、海洋环境资产、海洋能源资产、海洋无形资产等）、涉海企事业或其他单位的普通资产产权（含非资源性涉海实物资产产权、非实物资产产权）、海洋知识产权与专有技术，以及海洋排污权、排放权等在内的占有/使用权、收益和处置等的产权制度。

2. 建立和完善海域资源市场化配置机制

明确海洋（域）资源的产权，合理评价海洋资源的资产价格，完善海洋资源与环境的市场定价机制，形成有效反映海洋资源环境需求与供给特点的价值机制；推进海洋资源的市场化交易平台建设，规范完善海域资源市场化配置，推动海域使用权的流转，推进海洋公共产品、重大项目的市场化配置进程，提高海洋资源的使用效率。

3. 健全海洋产权的监督机制

于广琳（2010）认为，海域资源的利用如果缺乏市场机制，行政审批式的配置模式极易滋生腐败，推进以海域使用权招标拍卖为核心的海域资源市场化配置是从源头上防止腐败的有效途径。因此，需要健全海洋资源市场化配置的制度建设，加强行政监察和效能监察，着力解决行政不作为和乱作为问题；建立定期考评制度，对市场化配置项目的实际效果进行科学评估。

（二）海洋科技创新制度

创新是海洋经济发展的原动力。海洋资源一般位于浅海或者深远海，远离陆地，开发利用时需要工具或技术手段支撑，而深海大洋的资源开发需要的技术手段更复杂，科技集成要求更高，为政府推动科技创新带来了挑战。

1. 海洋科技创新体制

多年以来形成的科技体制渗透到社会的每一个领域，海洋领域也不例外，“重微观、轻宏观”的模式不适应海洋科技创新，海洋科技体制改革需要从顶层上设计，进行整体性的科研体制设计，强化海洋科技资源的统筹与整合，切实提高海洋领域重大科技工程的组织与运行，确保国家海洋整体性开发的推进。

2. 科技创新主体研发制度

有效激发市场主体参与创新是现代市场经济的发展动力之一，也是提高经济运行效率的有效手段。海洋的风险高、投资高、利润不确定性等导致企业参与发展的积极性不高，技术创新进展缓慢。因此，需要政府引导和鼓励企业逐渐成为技术创新的主体，通过财政补贴、金融支持、激励性税制、科技计划等手段鼓励企业增加科技投入，促进研发，确立企业在海洋科技类项目中的主体地位，保护其合法性与有效地位，增强企业参与创新的积极性。

3. 产学研合作制度

产学研被认为是促进科技创新成果转化的最有效方式，它能够将高校、科研院所与企业紧密联合起来，共同促进科技创新。在海洋经济领域，政府在不同的阶段应发挥主导与辅助的作用，推动形成若干产学研联盟，提供机制化的保障和制度化的法律法规，促进海洋科技的协同创新。

（三）金融支持海洋经济发展的制度

金融是实现资源优化配置和海洋经济发展的重要手段。由于海洋资源的特点、科技创新需求等，金融的资源配置功能能够引导生产要素向海洋领域流动，通过“资本积累”和“技术创新”等途径（李靖宇、任洨燕，2011），实现海洋资源的优化配置，促进海洋经济增长。在现代金融支持海洋经济发展中，政府与市场相互结合是主要方式，政府提供制度环境与政策工具，市场提供资金和业务，共同促进海洋经济发展。首先，构建金融支持海洋经济发展的制度环境。政府应重点在现有的组织体系内专设涉海金融管理机构，同时设置政策性金融机构，推动形成相对成熟的市场金融主体，健全涉海金融监管和管理政策，完善涉海金融法治规范、信用制度等，形成健全的金融支持海洋经济的组织制度、监管系统与基础设施等的制度环境。2018 年，中国人民银行、国家海洋局等八部委联合印发《关于改进和加强海洋经济发展金融服务的指导意见》，开始尝试进行顶层设计和政策引导。其次，根据海洋经济的特点，制定和设计金融支持海洋经济发展的政策。针对海洋经济的风险高、前期投入大、预期效益不明显等特点，政府应制定多项鼓励性和优惠性的政策，支持银行、信贷、社会资本等参与海洋资源开发与利用。支持建立银行信贷、资本市场（股票融资和债券融资）、股权投资基金、信托、小额贷款、融资性担保、融资租赁等非银行金融以及民营资本共同参与的涉海金融体系，同时可利用金融工具和金融政策，推动对海洋经济产业结构和企业结构的优化；充分利用金融机构的信息优势和产业培育经验，提供海洋经济发展所需的市场信息、技术信息、企业成长等方面的帮助。此外，海洋灾害的防灾减灾需要保险市场的介入，政府应在海洋保险、担保等风险控制性金融方面提供鼓励性和优惠性政策以支持发展。

（四）海洋生态文明制度

海洋生态系统为人类经济社会发展提供了大量的直接或间接利益，已经成为海洋经济发展中不可或缺的部分。海洋生态文明就是尊重海洋自然规律，提升资源利用效率，实现人类与海洋和谐相处，最终推动海洋经济可持续发展的重要保障。推进海洋生态文明建设，必须有完善的制度体系作为保障。沈满洪（2016）提出了生态文明制度构建的框架，认为生态文明制度包括强制性制度、选择性制度、引领性制度。本章以此框架为基础，说明政府在海洋生态文明建设方面应该提供的制度。

强制性制度：政府应构建完善的海洋生态管理结构与体制，深入推进海洋生态红线制度，制定严格的产业进入与退出政策，以维护海洋生态系统的稳定性，化解和防范海洋生态系统损害，提升海洋生态系统服务功能。

选择性制度：政府应提供包括海洋环境税收、海洋生态补偿、海洋环境金融、海洋资源环境交易等在内的制度，严格约束海洋开发与保护行为，逐步形成稳中有序的海洋经济发展秩序，提升海洋经济的发展质量。

引领性制度：政府应建立和完善海洋生态文明建设的奖惩机制，引导企业与公民积极保护海洋，推动绿色、低碳、循环的海洋消费方式，促进海洋经济健康发展。

参考文献

白福臣、周景楠，2015，《海洋产业结构变化与海洋经济增长》，《岭南师范学院学报》第3期。

包诠真，2009，《我国海洋高新技术产业竞争力研究》，硕士学位论文，哈尔滨工程大学。

曹加泰、管红波，2018，《基于偏离-份额分析法的长三角地区海洋产业发展及其优化》，《海洋开发与管理》第6期。

陈可文，2001，《树立大海洋观念 发展大海洋产业——广东省海洋产业发展与广东海洋经济发展的相关分析》，《南方经济》第12期。

陈明宝、韩立民，2010，《蓝色经济区建设的运行机制研究》，《山东大学学报》（哲学社会科学版）第4期。

陈彦光、刘继生，2001，《城市系统的异速生长关系与位序-规模法则——对Steindl模型的修正与发展》，《地理科学》第5期。

陈云贤，2019，《中国特色社会主义市场经济：有为政府+有效市场》，《经济研究》第1期。

程恩富、高建昆，2014，《论市场在资源配置中的决定性作用——兼论中国特色社会主义的双重调节论》，《中国特色社会主义研究》第1期。

程鹏、李洋，2017，《本土需求能倒逼企业创新能力的可持续成长吗?》，《科学学研究》第6期。

代谦、别朝霞，2006，《FDI、人力资本积累与经济增长》，《经济研究》

第4期。

戴彬、金刚、韩明芳，2015，《中国沿海地区海洋科技全要素生产率时空格局演变及影响因素》，《地理研究》第2期。

狄乾斌、刘欣欣、王萌，2014，《我国海洋产业结构变动对海洋经济增长贡献的时空差异研究》，《经济地理》第10期。

都晓岩、韩立民，2016，《海洋经济学基本理论问题研究回顾与讨论》，《中国海洋大学学报》（社会科学版）第5期。

冯友建、朱玮，2016，《不同视域下浙江省海洋产业结构分析——基于偏离－份额分析法》，《海洋开发与管理》第7期。

付丽明、雷磊，2012，《沿海地区资源型城市工业结构转型的研究——以盘锦市为例》，《海洋开发与管理》第9期。

傅远佳，2011，《海洋产业集聚与经济增长的耦合关系实证研究》，《生态经济》第9期。

盖美、陈倩，2010，《海洋产业结构变动对海洋经济增长的贡献研究——以辽宁省为例》，《资源开发与市场》第11期。

龚轶、顾高翔、刘昌新、王铮，2013，《技术创新推动下的中国产业结构进化》，《科学学研究》第8期。

韩立民、文艳，2004，《努力创建我国海洋科技产业城》，《海洋开发与管理》第6期。

黄婕能，2018，《经济新常态下的产业结构转型路径》，硕士学位论文，南京大学。

黄盛，2013，《区域海洋产业结构调整优化研究——以环渤海地区为例》，《经济问题探索》第10期。

黄雅静、吴得文，2006，《珠江三角洲产业结构的Shift-Share方法分析》，《海南师范学院学报》（自然科学版）第4期。

霍国庆、李捷、张古鹏，2017，《我国战略性新兴产业技术创新理论模型与经典模式》，《科学学研究》第11期。

纪玉俊、李超，2015，《海洋产业集聚与地区海洋经济增长关系研究——基于我国沿海地区省际面板数据的实证检验》，《海洋经济》第5期。

姜江、盛朝迅、杨亚林，2012，《中国战略性海洋新兴产业的选取原则与发展重点》，《海洋经济》第1期。

姜世国、周一星，2006，《北京城市形态的分形集聚特征及其实践意义》，《地理研究》第2期。

姜雅，2010，《日本的海洋管理体制及其发展趋势》，《国土资源情报》第2期。

蒋兴明，2014，《产业转型升级内涵路径研究》，《经济问题探索》第12期。

兰建文，2013，《区域产业发展研究方法与思维模式探讨》，《西安科技大学学报》第3期。

李靖宇、任洨燕，2011，《论中国海洋经济开发中的金融支持》，《广东社会科学》第5期。

李靖宇、袁宾潞，2007，《长江口及浙江沿岸海洋经济区域与产业布局优化问题探讨》，《中国地质大学学报》（社会科学版）第2期。

李静、楠玉、刘霞辉，2017，《中国经济稳增长难题：人力资本错配及其解决途径》，《经济研究》第3期。

李帅帅、范郢、沈体雁，2018，《我国海洋经济增长的动力机制研究——基于省际面板数据的空间杜宾模型》，《地域研究与开发》第6期。

李双建、于保华、魏婷，2012，《世界主要海洋国家海洋综合管理及对我国的借鉴》，《海洋开发与管理》第5期。

李涛、曹小曙、杨文越，2016，《珠江三角洲客货运量位序－规模分布特征及其变化》，《地理科学进展》第1期。

李晓蕙、韩园园，2015，《我国海洋管理政府职能演化特征》，《海南大学学报》（人文社会科学版）第11期。

李懿、张盈盈，2017，《国外海洋经济发展实践与经验启示》，《国家治理》第2期。

李哲，2018，《基于DEA的泛珠九省区固定资产投资效率研究》，硕士学位论文，海南大学。

李政、杨思莹，2017，《科技创新、产业升级与经济增长：互动机理与实证检验》,《吉林大学社会科学学报》第3期。

梁绮琪、易晨晨,2014,《基于SSM的陕西高技术产业主导优势部门选择实证研究》,《对外经贸》第7期。

林书雄,2006,《新兴技术的内涵及其不确定性分析》,《价值工程》第9期。

林香红、高健、何广顺、李巧稚、刘彬,2014,《英国海洋经济与海洋政策研究》,《海洋开发与管理》第11期。

刘大海、陈烨、邵桂兰、王晶,2011,《区域海洋产业竞争力评估理论与实证研究》,《海洋开发与管理》第7期。

刘堃,2013,《中国海洋战略性新兴产业培育机制研究》,博士学位论文,中国海洋大学。

刘明,2008,《区域海洋经济可持续发展能力评价指标体系构建研究》,《海洋开发与管理》第4期。

刘瑞翔、夏琪琪,2018,《城市化、人力资本与经济增长质量——基于省域数据的空间杜宾模型研究》,《经济问题探索》第11期。

刘伟,2011,《基于区域经济协调导向的广东海洋经济发展新思维》,《新经济杂志》第10期。

刘洋、徐长乐、徐廷廷、贝竹园,2013,《上海海洋产业结构优化研究》,《资源开发与市场》第3期。

罗肇鸿,1988,《世界产业结构的调整及其影响》,《世界经济》第10期。

吕晓刚,2003,《制度创新、路径依赖与区域经济增长》,《复旦学报》(社会科学版)第6期。

宁凌、杜军、胡彩霞,2014,《基于灰色关联分析法的我国海洋战略性新兴产业选择研究》,《生态经济》第8期。

乔俊果、朱坚真,2012,《政府海洋科技投入与海洋经济增长:基于面板数据的实证研究》,《科技管理研究》第4期。

乔琳,2009,《面向国际的我国海洋高技术和新兴产业发展战略研究》,硕士学位论文,哈尔滨工程大学。

乔翔，2007，《中西方海洋经济理论研究的比较分析》，《中州学刊》第6期。

邵朝对、苏丹妮，2017，《全球价值链生产率效应的空间溢出》，《中国工业经济》第4期。

沈满洪，2016，《生态文明制度建设：一个研究框架》，《中共浙江省委党校学报》第1期。

宋进朝，2012，《环渤海经济圈海洋产业的发展状况与结构分析》，《生产力研究》第9期。

孙才志、张坤领、邹玮、王泽宇，2015，《中国沿海地区人海关系地域系统评价及协同演化研究》，《地理研究》第10期。

孙吉亭、赵玉杰，2011，《我国海洋经济发展中的海陆统筹机制》，《广东社会科学》第5期。

孙悦琦，2018，《韩国海洋经济发展现状、政策措施及其启示》，《亚太经济》第1期。

台航、崔小勇，2017，《人力资本结构与经济增长——基于跨国面板数据的分析》，《世界经济文汇》第2期。

汪丁丁，1992，《制度创新的一般理论》，《经济研究》第5期。

王柏玲、李慧，2015，《关于区域产业升级内涵及发展路径的思考》，《辽宁大学学报》（哲学社会科学版）第3期。

王广亮、辛本禄，2016，《供给侧结构性改革：政府与市场关系的重构》，《南京社会科学》第11期。

王丽娟、陈飞，2017，《人力资本与经济增长的动态关联性研究——基于VAR模型》，《经济问题》第7期。

王玲玲，2015，《海洋科技进步对区域海洋经济增长贡献率测度研究》，《海洋湖沼通报》第2期。

王勇、华秀萍，2017，《详论新结构经济学中“有为政府”的内涵——兼对田国强教授批评的回复》，《经济评论》第3期。

魏梦雅、张效莉，2016，《基于三次产业分类的东海经济区海洋产业结构分析》，《海洋经济》第2期。

文艳、倪国江，2008，《澳大利亚海洋产业发展战略及对中国的启示》，《中国渔业经济》第1期。

习近平，2020，《中国航海日 重温习近平心中的“海洋精神”》，中国日报网，7月10日，https://baijiahao.baidu.com/s?id=1671821803471048982&wfr=spider&for=pc，最后访问日期：2021年8月30日。

习近平，2019，《秉承互信互助互利原则 让世界各国人民共享海洋经济发展成果》，人民网，10月16日，https://baijiahao.baidu.com/s?id=1647497189121418815&wfr=spider&for=pc，最后访问日期：2021年9月3日。

向晓梅、张拴虎、胡晓珍，2019，《海洋经济供给侧结构性改革的动力机制及实现路径——基于海洋经济全要素生产率指数的研究》，《广东社会科学》第5期。

向云波，2009，《区域海洋经济整合研究——以长江三角洲为例》，博士学位论文，华东师范大学。

谢子远、闫国庆，2011，《澳大利亚发展海洋经济的经验及我国的战略选择》，《中国软科学》第9期。

邢治华、崔峥嵘，2003，《做好海洋经济中的区域联合与协作》，《环渤海经济瞭望》第11期。

熊彼特，约瑟夫，1999，《资本主义、社会主义与民主》，吴良健译，商务印书馆。

熊义杰，2011，《技术扩散的溢出效应研究》，《宏观经济研究》第6期。

徐婷、谭春兰，2014，《上海渔业产业结构评价分析——基于偏离－份额及灰色关联分析方法》，《中国渔业经济》第2期。

许学强、周一星、宁越敏，1997，《城市地理学》，高等教育出版社。

杨爱荣、冷传明，2005，《Shift-Share方法在我国区域经济结构分析中的应用》，《西安文理学院学报》（自然科学版）第1期。

杨潮声，2011，《海域使用权制度研究》，博士学位论文，吉林大学。

杨帆，2008，《基于偏离－份额分析法的绵阳市产业结构分析》，《科学决策》第11期。

杨建芳、龚六堂、张庆华，2006，《人力资本形成及其对经济增长的影响》，《管理世界》第5期。

尹向来、孙青，2018，《中国省际实体经济的差异演化与影响因素——基于空间杜宾模型的实证分析》，《广西经济管理干部学院学报》第4期。

尤芳湖等，2000，《建设“海上山东”总体思路及实施方案研究》，山东省科学院科研成果，山东济南。

于广琳，2010，《推进海域资源市场化配置，从源头防治腐败》，《海洋开发与管理》第2期。

于谨凯、李宝星，2008，《中国海洋产业可持续发展：基于主流产业经济学视角的分析》，《中国海洋经济评论》第2期。

于谨凯、刘星华、单春红，2014，《海洋产业集聚对经济增长的影响研究：基于动态面板数据的GMM方法》，《东岳论丛》第12期。

于谨凯、张婕，2007，《海洋产业政策类型分析》，《海洋信息》第4期。

于梦璇、安平，2016，《海洋产业结构调整与海洋经济增长——生产要素投入贡献率的再测算》，《太平洋学报》第5期。

于文金、邹欣庆、朱大奎，2008，《南海经济圈的提出与探讨》，《地域研究与开发》第1期。

余亭、刘强，2012，《基于偏离－份额分析法的粤鲁浙三省海洋经济增长效应分析》，《海洋开发与管理》第7期。

翟仁祥，2014，《海洋科技投入与海洋经济增长：中国沿海地区面板数据实证研究》，《数学的实践与认识》第4期。

张超英、李杨、李建华，2012，《海洋经济增长与中国宏观经济增长关系分析》，《海洋经济》第3期。

张静、韩立民，2006，《试论海洋产业结构的演进规律》，《中国海洋大学学报》（社会科学版）第6期。

张军、吴桂英、张吉鹏，2004，《中国省际物质资本存量估算：1952～

2000》，《经济研究》第 10 期。

张兰婷、倪国江、韩立民、史磊，2018，《国外海洋开发利用的体制机制经验及对中国的启示》，《世界农业》第 8 期。

赵康杰、景普秋，2014，《资源依赖、有效需求不足与企业科技创新挤出——基于全国省域层面的实证》，《科研管理》第 12 期。

赵莎莎，2019，《R&D 资本、异质型人力资本与全要素生产率——基于空间相关性和区域异质性的实证分析》，《现代经济探讨》第 3 期。

中国新闻网，2017，《海洋生态保护警钟长鸣：全球海洋治理中国在行动》，搜狐网，9 月 27 日，https://www.sohu.com/a/194888884_123753。

周玲玲、鲍献文、余静、张宇、武文、冯若燕，2017，《中国生态用海管理发展初探》，《中国海洋大学学报》（社会科学版）第 6 期。

朱彬、唐庆蝉、宋跃群，2015，《传统产业绿色转型升级路径选择研究》，《环境科学与管理》第 12 期。

Alvarez-Romero, Jorge G., Robert L. Pressey, Natalie C. Ban, Ken Vance-Borland, Chuck Willer, Carissa Joy Klein, and Steven D. Gaines. 2011. "Integrated Land-Sea Conservation Planning: The Missing Links." *Annual Review of Ecology, Evolution, and Systematics* 42: 381-409.

Arbia, Giuseppe, and Bernard Fingleton. 2008. "New Spatial Econometric Techniques and Applications in Regional Science." *Regional Science* 87 (3): 311-317.

Battese, G. E., and T. J. Coelli. 1995. "A Model for Technical Inefficiency Effects in a Stochastic Frontier Production Function for Panel Data." *Empirical Economics* 20: 325-332.

Boarnet, Marlon G. 1998. "Spillovers and Locational Effects of Public Infrastructure." *Journal of Regional Science* 38 (3): 381-400.

Clark, Colin. 1957. *The Conditions of Economic Progress* (London: MacMillan).

Colgan, Charles. 2013. "The Ocean Economy of the United States: Measurement, Distribution, & Trends." *Ocean & Coastal Management* 71:

334 – 343.

Dunn, Edgar S. 1960. "A Statistical and Analytical Technique for Regional Analysis." *Papers of the Regional Science Association* 6: 97 – 112.

Elhorst, Paul J., Gianfranco Piras, and Giuseppe Arbia. 2010. "Growth and Convergence in a Multiregional Model with Space-Time Dynamics." *Geographical Analysis* 42 (3): 338 – 355.

Ertur, Cem, and Wilffried Koch. 2006. "Convergence, Human Capital and International Spillovers." Working Paper, https://xueshu.baidu.com/usercenter/paper/show? paperid = e423125288eb2df78e8877bd881513c3.

Farrell, M. J. 1957. "The Measurement of Productive Efficiency." *Journal of the Royal Statistical Society* 120: 253 – 281.

Montero, Guillermo Garcia. 2002. "The Caribbean: Main Experiences and Regularities in Capacity Building for the Management of Coastal Areas." *Ocean and Coastal Management* 45: 677 – 693.

Musmann, Klaus, and William H. Kennedy. 1989. *Diffusion of Innovations: A Select Bibliography* (New York: Greenwood Press).

Nazara, Suahasil, and Geoffrey J. D. Hewings. 2004. "Spatial Structure and Taxonomy of Decomposition in Shift-Share Analysis." *Growth and Change* 35: 476 – 490.

Park, Kwang Seo, and Judith T. Kildow. 2014. "Rebuilding the Classification System of the Ocean Economy." *Journal of Ocean and Coastal Economics* 2014: Iss. 1, Article 4.

Paul, Read, and Fernandes Teresa. 2003. "Management of Environmental Impacts of Marine Aquaculture in Europe." *Aquaculture* 226: 139 – 163.

Peneder, Michael. 2003. "Industrial Structure and Aggregate Growth." *Structural Change & Economic Dynamics* 14: 427 – 448.

后　记

“海洋梦”是“中国梦”实现的关键。海洋作为经济社会发展的重要战略空间，是孕育新产业、引领新增长的重要领域。海洋经济领域也是中国“供给侧结构性改革”中最大的短板。适时推进海洋供给侧结构性改革，提高海洋经济全要素生产率水平，保护海洋生态环境，是适应和引领海洋经济发展新常态的重大创新，是转变海洋经济发展方式和经济结构战略性调整的关键。本书作为国家社会科学基金项目“海洋经济供给侧结构性改革的实现路径研究”（16BJY048）的重要成果，由以向晓梅为组长的广东省社会科学院经济研究所课题组历经三年时间打磨而成，针对目前中国必须利用海洋资源来破解土地与环境发展瓶颈以形成新的供给空间的紧迫性与现实可能性，构建了海洋经济供给侧结构性改革动力机制模型，提出“要素效率—空间结构—产业结构—政府职能”四位一体研究框架，通过海洋要素效率的提升，推动海洋产业结构的优化；通过海洋要素资源的集聚，改善海洋空间结构布局；通过海洋制度供给引导投资和资源流向，实现海洋技术、海洋产业和海洋空间“三大突破”。

全书由绪论和八章共九个部分组成，由向晓梅副院长对全书拟定提纲和研究框架、思路及重要观点等，并进行统稿和文字审定。各章节的主要内容及写作分工如下。绪论是全书的理论导引，主要阐释本书的选题背景和研究意义，概述全书的逻辑框架、主要内容及创新点。绪论由向晓梅、张拴虎负责撰写。第一章是全书的理论综述，立足于国内外海洋经济供给侧结构性改革的研究基础，对影响海洋经济供给侧结构性改革的要素结构、产业结构、区域空间结构、制度结构的相关文献进行了述评。第一章由张拴虎、胡晓珍负责撰写。第二章具体分析海洋经济供给侧结构性改革的动力机制，重新界定了海洋经济供给侧结构性改革的内涵及维度，提出海洋经济供给侧结构性改革的提升要素效率、优化产业结构、优化空间结构、优化政府职能四大突破路径，为本书提供了理论分析框架和基础。第二章由向晓梅、吴伟萍负责撰写。第三章是中国海洋经济发展现状与供给侧结构性改革的现状分析，概括总结了中国海洋经济整体实力、区域海洋经济发展、海洋科技创新、海洋综合管理的主要现状，探讨了中国海洋经济发展的优势、劣势、机遇、挑战，并从去产能、去杠杆、去库存、降成本、补短板的角度对中国海洋经济供给侧结构性改革的实施现状进行分析。第三章由吴伟萍、张拴虎负责撰写。第四章是中国海洋经济要素供给及要素效率分析，从海洋自然要素、社会要素、环境要素三个方面的供给状况切入，分析了海域自然属性对中国 11 个沿海省（区、市）经济要素构成和分布的影响，拟合海洋环境综合指数，考察纳入海洋环境保护因素后海洋全要素生产率增长差异。第四章由胡晓珍、陆茸负责撰写。第五章具体分析中国海洋固定资产投资、人力资本、技术进步与海洋经济增长之间的互动机制，探讨海洋经济发展的空间交互效应和空间溢出效应。第五章由陈世栋、吴伟萍负责撰写。第六章概括总结了海洋传统产业转型升级的影响因素和理论机制，指出中国海洋渔业、海洋交通运输业、滨海旅游业三大海洋传统支柱产业转型升级的方向与重点，并对供给侧结构性改革背景下海洋传统产业转型升级的路径进行探讨。第六章由何颖珊、杨娟负责撰写。第七章对海洋战略性新兴产业的概念、产业特征、形成模式进行界定，测算了中国海洋战略性新兴产业综合技术效率，指出中国海洋战略性新兴产业推进供给侧结构性改革的“三大战略”和“两条路径”。第七章由童玉芬、杨娟负责撰写。第八章从海洋经济发展的制度创新逻辑角度，结合海洋经济强国海洋经济制度创新的经验，提出中国海洋经济供给侧结构性改革中制度创新的“有为政府”和“有效市场”路径。第八章由陈明宝、燕雨林负责撰写。此外，经济研究所陈小红也参与了全书排版校对及课题协调管理工作。

本书的重要特点是，形成了海洋经济供给侧结构性改革“要素效率—空间结构—产业结构—政府职能”四位一体的新的逻辑框架，提出以海洋要素资源的合理配置提升海洋经济效率，以“优化存量、提升增量”推进不同类型海洋产业转型升级、强化海洋空间交互效应、推进海洋经济区域空间格局优化，以“有为政府”和“有效市场”增强海洋制度创新绩效。分析资料翔实，对丰富海洋经济相关理论、掌握中国海洋经济发展效率及空间交互作用、指导中国海洋产业转型升级、缩小海洋经济区域发展差距、持续推进海洋经济供给侧结构性改革等具有重要的理论和实践意义。

在课题研究和本书写作过程中，五位国家社科基金匿名评审专家提出了十分中肯、有益的修改意见，在此一并表示感谢。

中国是海洋大国，推进海洋经济供给侧结构性改革是中国面临的重大课题，也是引起国内外学术界广泛关注的重要议题，我们将以此书为起点，继续拓展研究深度，为中国海洋强国建设持续贡献力量。当然，由于编撰人员水平有限，书中难免有错漏，敬请海涵。

向晓梅

2021 年 4 月 20 日

图书在版编目(CIP)数据

海洋经济供给侧结构性改革研究 / 向晓梅等著. -- 北京：社会科学文献出版社，2021.11
ISBN 978-7-5201-9133-3

Ⅰ.①海… Ⅱ.①向… Ⅲ.①海洋经济-经济改革-研究 Ⅳ.①P74

中国版本图书馆CIP数据核字（2021）第200770号

海洋经济供给侧结构性改革研究

著　　者 / 向晓梅 等

出 版 人 / 王利民
组稿编辑 / 宋月华
责任编辑 / 韩莹莹
文稿编辑 / 陈丽丽
责任印刷 / 王京美

出　　版 / 社会科学文献出版社 · 人文分社（010）59367215
地址：北京市北三环中路甲29号院华龙大厦　邮编：100029
网址：www.ssap.com.cn
发　　行 / 市场营销中心（010）59367081　59367083
印　　装 / 三河市东方印刷有限公司

规　　格 / 开 本：787mm × 1092mm　1/16
印 张：17　字 数：253千字
版　　次 / 2021年11月第1版　2021年11月第1次印刷
书　　号 / ISBN 978-7-5201-9133-3
定　　价 / 168.00元